普通高等学校土木工程专业"十一五"新编系列教材

施工组织设计与工程造价计价

刘武成　黄南清　主编

中国铁道出版社有限公司

2021年·北京

内 容 简 介

全书共分 10 章,主要内容有:施工组织设计概论,施工准备工作,流水施工原理,网络计划技术,施工组织总设计,单位工程施工组织设计,工程造价计价概论,工程造价的定额计价方法,工程造价工程量清单计价方法,建设工程价款的支付与结算。全书以我国现行法规、规范与定额为依据进行编写,辅以实例解析,既有先进适用的理论知识,又有灵活多变的使用技巧与方法。

本书可作为土木工程专业、工程管理专业及相关土木工程专业的本科和成人教育教材或参考书,也可作为工程技术人员学习参考用书。

图书在版编目(CIP)数据

施工组织设计与工程造价计价/刘武成,黄南清主编.
北京:中国铁道出版社,2007.3(2021.1重印)
(普通高等学校土木工程专业"十一五"新编系列教材)
ISBN 978-7-113-07578-1

Ⅰ.施… Ⅱ.①刘…②黄… Ⅲ.①建筑工程-施工组织-设计-高等学校:技术学校-教材②建筑工程-工程造价-高等学校:技术学校-教材 Ⅳ.TU721 TU723.3

中国版本图书馆 CIP 数据核字(2007)第 024208 号

书　　名:**施工组织设计与工程造价计价**
作　　者:刘武成　黄南清
出版发行:中国铁道出版社有限公司　(100054,北京市西城区右安门西街8号)
责任编辑:刘红梅
封面设计:薛小卉
印　　刷:北京市建宏印刷有限公司
开　　本:787×1092　1/16　印张:18　字数:452 千
版　　本:2007 年 3 月第 1 版　　2021 年 1 月第 3 次印刷
印　　数:6 001～6 500 册
书　　号:ISBN 978-7-113-07578-1
定　　价:54.00 元

Preface

前言

　　本书是为适应建筑市场发展和我国工程造价管理体制改革的要求,适应土木工程专业拓宽后的教学需要,充分体现"宽口径"的专业建设和学生培养的指导意见,按照全国高等学校土木工程专业指导委员会制定的《土木工程专业本科教育培养目标、培养方案及课程教学大纲》,结合近年来国内外工程项目管理和工程造价计价发展的新形势而编写。

　　本书是土木工程专业的必修课。全书从施工组织设计与工程造价计价两方面入手,结合目前我国建设市场的实际情况,详细阐述了施工组织设计的编制及工程造价计价的方法。该课程具体内容包括:施工组织设计概论,施工准备工作,流水施工原理,网络计划技术,施工组织总设计,单位工程施工组织设计;工程造价计价概论,工程造价的定额计价方法,工程造价工程量清单计价方法,建设工程价款的支付与结算。

　　参加本书编写的有:中南大学刘武成(第3、4、7、9章),广州铁路(集团)公司黄南清(第1、2、5、10章),广州铁路(集团)公司罗威(第6章),铁道部经济规划研究院刘骐(第8章)。全书由刘武成、黄南清主编并统稿。

　　本书内容由浅入深,并以我国现行法规、规范与定额为依据进行编写,辅以实例解析,既有先进适用的理论知识,又有灵活多变的使用技巧与方法。可作为土木工程专业、工程管理专业及相关土木工程专业本科及成人教育教材或参考书,也可作为工程技术人员学习参考用书。

　　本书在编写过程中,撷取了一些专家、学者的论著和有关文件资料的精华,并加以引用,在此谨向他们表示衷心的感谢!

　　限于作者的水平和经验,书中难免存在缺点和错误,敬请读者批评指正。

编　者

2006 年 12 月

Contents

目 录

1 施工组织设计概论

1.1 工程建设与建设项目

1.1.1 工程建设概念

工程建设,是指固定资产的建筑、添置和安装,是国民经济各部门为了扩大再生产而进行的增加固定资产的建设工作。具体来讲,就是把一定的建筑材料、设备等,通过购置、建造和安装等活动,转化为固定资产的过程,诸如铁路、公路、工厂、矿山、港口、学校、医院等工程的建设以及机具、车辆、各种设备等的添置和安装。

固定资产一般是指使用年限在一年以上,单位价值在规定标准以上,并且在使用过程中基本上不改变实物形态的劳动资料和其他物资资料,如房屋、建筑物、机器、机械、运输设备等。根据现行财务制度的规定,使用年限在一年以上的房屋、建筑物、机器、机械、运输工具及其他与生产经营有关的设备、器具、工具等资产均应作为固定资产;不属于生产经营主要设备的物品,单位价值在 2 000 元以上,并且使用年限超过两年的也应作为固定资产。达不到固定资产标准的,称为低值易耗品。

工程建设的最终成果表现为固定资产的增加,它是一种横跨国民经济许多部门,涉及生产、流通和分配等各个环节的综合性经济活动。工程建设的内容包括建筑(土木)安装工程、设备和工器具的购置及与其相联系的土地征用、勘察设计、研究试验、技术引进、职工培训、联合试运转等其他建设工作。

1.1.2 工程建设程序

工程建设程序是指工程建设工作中必须遵循的先后次序。它反映了工程建设各个阶段之间的内在联系,是从事建设工作的各有关部门和人员都必须遵守的原则。

现将工程建设项目程序的具体内容分述如下:

(1)提出项目建议书。为推荐的拟建项目提出说明,论述建设的必要性。

(2)进行可行性研究。对拟建项目的技术可行性与经济合理性进行分析和论证,编制可行性研究报告,选择最优建设方案。

(3)编制设计文件。组织开展设计方案竞赛或设计招标,确定设计方案和设计单位。

(4)施工准备。包括施工现场征地、拆迁;完成施工用水、电、通信、道路和场地平整等工作;组织设备、材料订货,组织建设监理和施工招标投标,并择优选定建设监理单位和施工承包队伍;报批开工报告等项工作。

(5)生产准备。生产准备应根据不同类型的工程要求确定,一般应包括如下主要内容:生产组织准备、人员培训、技术准备、物资准备等。

(6)竣工验收、交付使用。

(7)后评价。项目建成投产,经过 1~2 年的生产运营后,对该项目的项目目的、执行过程、效益、作用和影响进行系统的、客观的分析,以达到肯定成绩、总结经验、研究问题、吸取教训、提出建议、改进工作、不断提高项目决策水平和投资效果的目的。

以上工程建设程序可以概括为:先调查、规划、评价,而后确定项目、投资;先勘察、选址,而后设计;先设计,而后施工;先安装试车,而后竣工投产;先竣工验收,而后交付使用。工程建设程序顺应了市场经济的发展,体现了项目业主责任制、建设监理制、工程招标投标制、项目咨询评估制的要求,并且与国际惯例基本趋于一致。

工程建设程序如图 1-1 所示。

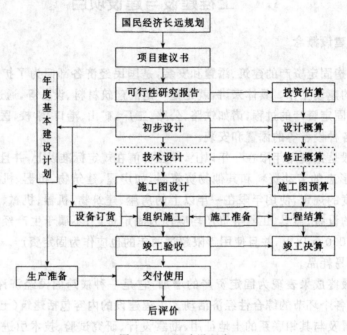

图 1-1　工程建设程序

1.1.3　工程建设项目的分类

工程建设项目由于性质、用途、规模和资金来源等不同,可进行如下分类:

1. 按建设性质不同分

(1)新建项目:是指从无到有,新开始建设的项目。对原有项目扩建,其新增加的固定资产价值超过原有固定资产价值三倍以上的,也属于新建项目。

(2)扩建项目:是指原有企业、事业单位为扩大原有产品的生产能力和效益,或增加新产品的生产能力和效益而进行的固定资产的增建项目。

(3)改建项目:是指原有企业、事业单位为提高生产效率、改进产品质量或改变产品方向,对原有设备工艺流程进行技术改造的项目;或为提高综合生产能力,增加一些附属和辅助车间或非生产性工程的项目。

(4)恢复项目:是指企业、事业单位的固定资产因自然灾害、战争或人为灾害等原因,已全部或部分报废,而后又投资恢复建设的项目。不论是按原有规模恢复建设,还是在恢复同时进行扩建都属于恢复项目。

(5)迁建项目:是指原有企业、事业单位,由于各种原因迁移到另外的地方建设的项目。搬迁到另外地方建设,不论其建设规模是否维持原来规模,均属于迁建项目。

2. 按投资的用途不同分

(1)生产性建设项目:是指直接用于物质生产或满足物质生产需要的建设项目,包括工业、农业、建筑业、林业、运输、邮电、商业以及物质供应、地质资源勘探等建设项目。

(2)非生产性建设项目:是指用于满足人民物质文化需要的建设项目,包括住宅、文教卫生、科研试验、公用事业以及其他建设项目。

3. 按建设总规模和投资的多少分

工程建设项目按建设总规模和投资的多少一般分为:大型、中型和小型建设项目。划分标准根据行业、部门的不同有不同的规定。

4. 按资金来源和渠道不同分

(1)国家投资项目:是指国家预算直接安排的工程建设投资项目。

(2)银行信用筹资项目:是指通过银行信用方式供应工程建设投资的项目。

(3)自筹资金项目:是指各地区、部门、单位按照财务制度提留管理和自行分配用于工程建设投资的项目。

(4)引进外资项目:是指吸引利用国外资金(包括与外商合资经营、合作经营、合作开发以及外商独资经营等形式)建设的项目。

(5)利用资金市场项目:是指利用国家债券筹资和社会集资(包括股票、国内债券、国内补偿贸易等)项目。

1.1.4 工程建设项目的层次划分

根据工程建设项目的组成内容和层次不同,从大到小,依次可划分为:

1. 建设项目(又称工程建设项目)

建设项目一般是指具有计划任务书和总体设计,经济上实行独立核算,行政上具有独立组织形式的建设单位。在我国工程建设中,通常以一个企业、事业单位,或一个独立工程作为一个建设项目。如运输建设方面的一条公路、一条铁路、一个港口;工业建设方面的一个矿井等。

2. 单项工程

它是建设项目的组成部分。一个建设项目,可以是一个单项工程,也可以包括若干个单项工程。所谓单项工程是指具有独立的设计文件,建成后能够独立发挥生产能力或效益的工程。如某公路建设项目中的独立大、中桥梁工程,某隧道工程等;工矿企业中的车间、办公楼等。

3. 单位工程

单位工程是单项工程的组成部分,一般指不能独立发挥生产能力或效益,但具有独立施工条件的工程。如隧道单项工程可分为土建工程、照明和通风工程等单位工程。

4. 分部工程

分部工程是单位工程的组成部分,一般是按照单位工程的各个部位划分的。如基础工程,桥梁上、下部工程,路面工程,路基工程等。

5. 分项工程

分项工程是分部工程的组成部分,是按照工程的不同结构,不同材料和不同施工方法等因素划分的。如基础工程可划分为:围堰、挖基、基础砌筑、回填等分项工程。分项工程的独立存在是没有意义的,它只是建设工程的一种基本的构成因素,是为了确定建筑安装工程造价而区分的一种产品。

综上所述,一个建设项目由一个或几个单项工程组成,一个单项工程由若干个单位工程组成,一个单位工程又可以划分为若干个分部分项工程。工程造价的计价工作就是从分项工程开始,计算不同专业的单位工程造价,汇总各单位工程造价得单项工程造价,进而组合成为建设项目总造价。

建设项目的划分与构成之间的关系如图 1-2 所示。

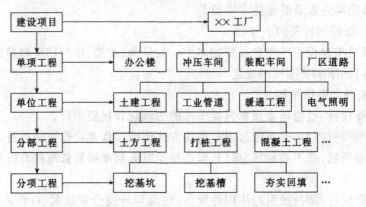

图 1-2　建设项目的划分示意图

1.2　工程建设产品和工程建设的特点

1.2.1　工程建设产品的特点

1. 产品的固定性

一般的工程建设产品均由自然地面以下的基础和自然地面以上的主体两部分组成。基础承受主体的全部荷载(包括基础的自重),并传递给地基,同时将主体固定在地面上。任何工程建设产品都是在选定的地点上建造,与选定地点的土地不可分割,同时只能在建造的地方长期使用。所以,工程建设产品的建造和使用地点在空间上是固定的。

2. 产品的多样性

由于工程建设产品使用目的、技术等级、技术标准、自然条件以及使用功能不同,对于房屋建筑工程产品而言,还要体现不同地区的民族风格、物质文明和精神文明,从而使工程建设产品在规模、结构、构造、形式等诸方面千差万别、复杂多样。

3. 产品形体的庞大性

工程建设产品为了满足使用功能的要求,并结合建筑材料的物理力学性能,需要大量的物质资源,占据广阔的土地与空间,因而建筑产品具有形体的庞大性。

1.2.2　工程建设的特点

工程建设的特点是由工程建设产品本身的特点所决定的。具体特点如下:

1. 施工流动性大

工程建设产品地点的固定性决定了工程建设的流动性。由于工程建设产品的固定性和严格的施工顺序,因而要组织各类工作人员和各种机械围绕这一固定产品,在同一工作面不同时间或同一时间不同工作面上进行施工活动,这就需要科学地解决这种空间布置上和时间安排上两者之间的矛盾。此外,当某一工程建设项目竣工后,还要解决施工队伍向新的施工现场转移的问题。

2. 施工的单件性

工程建设类型多、施工环节多、工序复杂,每项工程又具有不同的功能、不同的施工条件,不仅要进行个别设计,而且要个别组织施工。即使选用标准设计、通用构件或配件,由于工程建设产品所在地区的自然、技术、经济条件的不同,也使工程建设产品的结构和构造、建筑材料、施工组织和施工方法等要因地制宜加以修改,从而使各建筑产品施工具有单件性。

3. 施工周期长

工程建设产品的固定性和形体的庞大性决定了工程建设产品施工周期长。工程建设产品形体庞大,使得最终工程建设产品的建成必然消耗大量的人力、物力和财力。同时,工程建设产品的施工全过程还要受到工艺流程和施工程序的制约,使各专业、工种之间必须按照合理的施工顺序进行配合和衔接。又由于工程建设产品的固定性,使施工活动的空间具有局限性,从而导致工程建设产品施工具有周期长,占用资金大的特点。

4. 受外界干扰及自然因素影响大

工程建设产品的固定性和形体庞大的特点,决定了工程建设产品施工露天作业多。因此,受自然条件的影响较大,如气候冷暖、地势高低、洪水、雨雪等。设计变更,地质情况、物资供应条件、环境因素等对工程进度、工程质量、成本等都有很大的影响。

5. 施工协作性高

由上述工程建设产品施工的特点可以看出,工程建设产品施工涉及面广。每项工程都涉及到建设、设计、施工等单位的密切配合,需要材料、动力、运输等各个部门的通力协作。因此,施工过程中的综合平衡和调度、严密的计划和科学的管理就显得尤为重要。

工程建设的这些特点,决定了工程建设施工活动的特有规律,研究和遵循这些规律,对科学地组织和管理工程建设,提高工程建设的经济效益具有重要意义。

1.3 施工组织设计概述

1.3.1 施工组织设计的概念及任务

1. 施工组织设计的概念

施工组织设计是指导拟建工程项目进行施工准备、组织施工、指导施工活动、保证拟建工程项目正常进行的重要技术经济文件,是对拟建工程项目在人力和物力、时间和空间、技术和组织等方面所做出的全面科学合理的安排。

施工组织设计作为指导拟建工程项目的全局性文件,应尽量适应建筑安装施工过程的复杂性和具体施工项目的特殊性,并尽可能保持施工生产的连续性、均衡性和协调性,以实现生产活动的最佳经济效果。

施工过程的连续性是指施工过程的各阶段、各工序之间,在时间上紧密衔接的特性。保持施工过程的连续性,可缩短施工周期、保证产品质量和节约流动资金的占用;施工过程的均衡性是指工程项目的施工单位及其各施工生产环节,具有在相等的时间段内产生相等或稳定递增的特性,即施工生产各环节不出现前松后紧、时松时紧的现象。保持施工过程的均衡性,可以充分利用设备和人力,减少浪费、保证安全生产和产品质量;施工过程的协调性,是指施工过程的各阶段、各环节、各工序之间,在施工机具、劳动力的配备及工作面积的占用上保持适当比例关系的特性,它是施工过程连续性的物质基础。施工过程只有按照连续生产、均衡生产和协调生产的要求去组织,才能得以顺利进行。

2. 施工组织设计的任务

施工组织设计是根据业主对拟建工程的各项要求、设计图纸和编制施工组织设计的基本原则,从拟建项目施工全过程的人力、物力和空间三要素入手,在人力与物力、主体与辅助、供应与消耗、生产与储存、专业与协作、使用与维修、空间布置与时间排列等方面进行科学合理的部署,制订出最优的方案,以确保全面优质高效地完成最终建筑产品。其具体任务如下:

(1)确定开工前必须完成的各项准备工作。

(2)计算工程数量、合理布置施工力量,确定劳动力、机械台班、各种材料、构件等的需要量和供应方案。

(3)确定施工方案,选择施工机具。

(4)确定施工顺序,编制施工进度计划。

(5)确定工地上各种临时设施的平面布置。

(6)制定确保工程质量及安全生产的有效技术措施。

此外,工程项目的施工方案可以是多种多样的,我们应依据工程建设的具体任务特点、工期要求、劳动力数量及技术水平、机械装备能力、材料供应及构件生产、运输能力、地质、气候等自然条件及技术经济条件进行综合分析,从众多方案中选择出最理想的方案。

将上述各项问题加以综合考虑,并做出合理决定,就形成了指导施工生产的技术经济文件——施工组织设计。它本身是施工准备工作,而且是指导施工准备工作、全面安排施工生产、规划施工全过程活动、控制施工进度、进行劳动力和机械调配的基本依据,对于能否多快好省地完成土木工程的施工生产任务起着决定性的作用。

1.3.2　施工组织设计的作用

施工组织设计是建设项目管理中项目规划的主要文件,在项目管理中具有重要的规划作用、组织作用和指导作用,具体表现在以下几个方面:

1. 施工组织设计是拟建工程项目施工准备工作的一项重要内容,同时又是指导各项施工准备工作的依据。

2. 施工组织设计可体现实现基本建设计划和设计的要求,可进一步验证设计方案的合理性与可行性。

3. 施工组织设计为拟建工程项目所确定的施工方案、施工进度和施工顺序等,是指导开展紧凑、有秩序施工活动的技术依据。

4. 施工组织设计所提出的拟建工程项目的各项资源需要量计划,直接为物资组织供应工作提供数据。

5. 施工组织设计对现场所作的规划和布置,为现场的文明施工创造了条件,并为现场平面管理提供了依据。

6. 施工组织设计对施工企业计划起决定和控制时作用。施工计划是根据施工企业对建筑市场所进行科学预测和中标为结果,结合本专业的具体情况,制定出的企业不同时期应完成的生产计划和各项技术经济指标。而施工组织设计是按具体的拟建工程项目开竣工时间编制的指导施工的文件。因此,施工组织设计与施工企业的施工计划二者之间有着极为密切、不可分割的关系。施工组织设计是编制施工企业施工计划的基础,反过来,制定施工组织设计又应服应企业的施工计划,两者相辅相成、互为依据。

7. 通过编制施工组织设计,可以合理地确定各种临时设施的数量、规模和用途。

8. 通过编制施工组织设计,可充分考虑施工中可能遇到的困难与障碍,主动调整施工中的薄弱环节,事先予以解决或排除,从而提高了施工的预见性,减少了盲目性,使管理者和生产者做到心中有数,为实现建设目标提供技术保证。

施工组织设计除具有以上作用外,还是上级主管部门督促检查工作及工程造价计价的依据。

1.3.3 施工组织设计的分类及基本内容

1. 施工组织设计的分类

施工组织设计是一个总的概念,根据建设项目的类别、工程规模、编制阶段、编制对象和范围的不同,在编制深度和广度上也有所不同。

(1)按编制单位和编制阶段不同分类

具体分类详见表 1-1。

表 1-1　施工组织设计分类表

编制单位	编制阶段		分 类 名 称		
			铁路工程	公路工程	房屋建筑工程
设计单位	预可行性研究阶段		概略施工组织方案意见		
	可行性研究阶段		施工组织方案意见		
	三阶段设计	初步设计		施工方案	施工组织设计大纲
		技术设计		修正施工方案	施工组织总设计
		施工图设计		施工组织计划	单位工程施工组织设计
	两阶段设计	初步设计	施工组织设计	施工方案	施工组织总设计
		施工图设计		施工组织计划	单位工程施工组织设计
	一阶段施工图设计		施工组织设计	施工方案	单位工程施工组织设计
施工单位	投标阶段		投标施工组织设计(综合指导性施工组织设计)		
	中标后施工阶段		标后施工组织设计(实施性施工组织设计)		

(2)按编制对象范围不同分类

施工组织设计按编制对象范围的不同分为施工组织总设计、单位工程施工组织设计、分部分项工程施工组织设计三种。

1)施工组织总设计

施工组织总设计是以一个建筑群或一个建设项目为编制对象,用以指导整个建筑群或建设项目施工全过程的各项施工活动的技术、经济和组织的综合性文件。

2)单位工程施工组织设计

单位工程施工组织设计是以一个单位工程(一个建筑物或构筑物,一个交工系统)为编制对象,用以指导其施工全过程各项施工活动的技术、经济和组织的综合性文件。

3)分部分项工程施工组织设计

分部分项工程施工组织设计又叫分部分项工程工程生产作业设计。它是以分部(分项)工程为编制对象,由单位工程的技术人员负责编制,用以具体实施其分部(分项)工程施工全过程的各项施工活动的技术、经济和组织的综合性文件。一般对于工程规模大、技术复杂或施工难度大的建筑物或构筑物,在编制单位工程施工组织设计之后,常需对某些重要的又缺乏经验的分部(分项)工程再深入编制生产作业设计。例如深基础工程、大型结构安装工程、高层钢筋混凝土主体结构工程、地下防水工程等。

施工组织总设计、单位工程施工组织设计和分部分项工程施工组织设计,是同一建设项目,不同广度、深度和作用的三个层次。施工组织总设计是对整个建设项目的全局性战略部署。其内容和范围比较概括;单位工程施工组织设计是在施工组织总设计的控制下,以施工组织总设计和企业施工计划为依据,针对具体的单位工程,把施工组织总设计的内容具体化;分部分项工程施工组织设计是以施工组织总设计、单位工程施工组织设计和企业施工计划为依据编制的,针对具体的分部分项工程,把单位工程施工组织设计进一步具体化,它是专业工程具体的组织施工的设计。

2. 施工组织设计的基本内容

虽然施工组织设计因用途不同而有多种类型,但基本内容主要包括:

(1)工程概况。

(2)施工部署和施工方案。

(3)施工准备工作计划。

(4)施工进度计划。

(5)劳动力、主要材料和机械需要量计划。

(6)施工现场平面布置图。

(7)保证质量、安全生产、文明施工、环境保护、降低消耗的技术组织措施。

(8)主要技术经济指标。

1.4 组织施工的基本原则

在组织施工或编制施工组织设计时,应根据工程建设的特点及以往积累的经验,遵循以下原则进行:

1.4.1 认真执行工程建设程序

工程建设必须遵循的总程序是计划、设计和施工三个阶段。施工阶段应该在设计阶段结束和施工准备完成之后方可正式进行。如果违背工程建设程序,就会给施工带来混乱,造成时间上的浪费、资源上的损失、质量上的低劣等后果。

1.4.2 坚持施工程序,合理安排施工顺序

工程施工有其本身的客观规律,按照反映这种规律的工作程序组织施工,就能保证各施工过程相互促进,加快施工进度。

(1)施工顺序随工程性质、施工条件和使用要求会有所不同,但一般应遵循如下规律:先做准备工作,后正式施工。准备工作是一切正常施工活动的必要条件,且准备工作必须有计划、分阶段地完成。

(2)先进行全场性工作,后进行各个工程项目施工。平整场地、管网铺设、道路修筑等全场性工作,应在正式施工前完成。

(3)对于单位工程,既要考虑空间顺序,也要考虑各工种之间的顺序。空间顺序解决施工流向问题,它是根据工程使用要求、工期和工程质量来决定的。工种顺序解决时间上的搭接问

题,它必须做到保证质量、充分利用工作面、争取时间。

1.4.3 采用先进技术,进行科学的组织和管理

采用先进的技术和科学的组织管理方法是提高劳动生产率、改善工程质量、加快工程进度、降低工程成本的主要途径。在选择施工方案时,要积极采用新技术、新工艺、新设备,以获得最大的经济效益。同时,也要防止片面追求新技术而忽视经济效益的做法。

1.4.4 采用流水施工方法和网络计划技术组织施工

实践证明,采用流水施工方法组织施工,不仅能使拟建工程的施工有节奏、均衡、连续地进行,而且还会带来显著的技术、经济效益。

网络计划技术是应用网络图的形式表示计划中各项工作的相互关系,具有逻辑严密、层次清晰的特点,可进行计划方案的优化、控制和调整,有利于计算机在计划管理中的应用。实践证明,管理中采用网络计划技术,可有效地缩短工期和节约成本。

1.4.5 合理布置施工平面图,尽量减少临时工程和施工用地

尽量利用正式工程、原有设施或就近利用已有设施,以减少各种临时设施;尽量利用当地资源,合理安排运输、装卸与存储作业,减少物资运输量,避免二次搬运;精心进行现场布置,节约现场用地,不占或少占农田;做到文明施工。

1.4.6 科学安排冬、雨季施工项目,保证全年生产的均衡性和连续性

由于工程建设产品露天作业的特点,因此拟建工程项目的施工必然要受到气候和季节的影响,冬季的严寒和夏季的多雨,都不利于工程项目施工的正常进行。如果不采取相应的、可靠的技术组织措施,全年施工的均衡性、连续性就不能得到保障。因此,在安排施工进度计划时应严肃地对待,恰当地安排冬雨季施工的项目。

1.4.7 保证施工质量和施工安全

要贯彻"百年大计、质量第一"和"预防为主"的方针,严格执行施工操作规程、施工验收规范和质量检验评定标准,加强安全措施、安全教育,确保施工安全,建造满足用户要求的优质工程。

1.4.8 降低工程成本,提高工程经济效益

施工项目要建立、健全经济核算制度。制定各种人工、材料、机械的消耗量标准,编制施工成本计划和各种降低成本的技术组织措施,以便于成本的测算和控制。

2 施工准备工作

2.1 施工准备工作概述

2.1.1 施工准备工作的意义

施工准备工作是为了保证工程顺利开展和施工活动正常进行所必须事先做好的各项准备工作。它是生产经营管理的重要组成部分,是施工程序中的重要一环。

做好施工准备工作具有以下意义:

1. 是全面完成施工任务的必要条件

工程施工不仅需要消耗大量的人力、物力、财力,而且还会遇到各种各样复杂的技术问题、协作配合问题等。它是一项复杂而庞大的系统工程,如果事先缺乏充分的统筹安排,必然使施工过程陷于被动,施工无法正常进行。由此可见,做好施工准备工作,既可以为整个工程的施工打下基础,又可以为各个分部(分项)工程的施工创造先决条件。

2. 是降低工程成本、提高企业经济效益的有力保证

认真细致地做好施工准备工作,能充分发挥各方面的积极因素、合理组织各种资源,能有效地加快施工进度、提高工程质量、降低工程成本、实现文明施工、保证施工安全,从而获得较高的经济效益,为企业赢得良好的社会声誉。

3. 是取得施工主动权、降低施工风险的有力保障

工程建设产品的生产要素多且易变,影响因素多且预见性差,可能遇到的风险也大,只有充分做好施工准备工作,采取预防措施,增强应变能力,才能有效地降低风险损失。

4. 是遵循工程建设程序的重要体现

工程建设产品的生产,有其科学的技术规律和市场经济规律。工程建设的总程序是按照规划、设计和施工等几个阶段进行的,施工阶段又分为施工准备、土建施工、设备安装和交工验收阶段。由此可见,施工准备是工程建设实施的重要阶段之一。

由于工程建设产品及工程建设的特点,施工准备工作的好坏将直接影响工程建设产品生产的全过程。实践证明,凡是重视施工准备工作,积极为拟建工程创造一切良好施工条件的,其工程的施工就会顺利地进行;凡是不重视施工准备工作的,将会处处被动,给工程的施工带来麻烦,甚至造成重大损失。

2.1.2 施工准备工作的分类和内容

1. 施工准备工作的分类

(1)按施工准备工作的对象分类

1)施工总准备。施工总准备是指以整个建设项目为对象而进行的,需要统一部署的各项施工准备。其特点是施工准备工作的目的、内容是为整个建设项目的顺利施工创造有利条件。它既为全场性的施工做好准备,也兼顾了单位工程施工条件的准备工作。

2)单位工程施工准备。单位工程施工准备是指以单位工程为对象而进行的施工条件的准备工作。其特点是准备工作的目的、内容是为单位工程施工服务的。它不仅要为单位工程在开工前做好一切准备,而且要为分部(分项)工程做好施工准备工作。

3)分部(分项)工程作业条件的准备。分部(分项)工程作业条件的准备是指以某分部(分项)工程为对象而进行的作业条件的准备。

4)季节性施工准备。季节性施工准备是指为冬、雨季施工创造条件的施工准备工作。

(2)按拟建工程所处施工阶段分类

1)开工前施工准备。它是拟建工程正式开工之前所进行的一切施工准备工作。其目的是为工程正式开工创造必要的施工条件,它带有全局性和总体性。

2)工程作业条件的施工准备。它是在拟建工程开工以后,在每一个分部(分项)工程施工之前所进行的一切施工准备工作。其目的是为各分部(分项)工程的顺利施工创造必要的施工条件。它具有局部性和经常性。

综上所述,不仅在拟建工程开工之前要做好施工准备工作,而且随着工程施工的进展,在各施工阶段开工之前也要做好施工准备工作。施工准备工作既要有阶段性,又要有连续性。因此,施工准备工作必须要有计划、有步骤、分期和分阶段地进行,贯穿于拟建工程的整个建造过程。

2. 施工准备工作的内容

施工准备工作涉及的范围广、内容多,应视该工程本身及其具备的条件的不同而不同。一般可归纳为以下六个方面:

(1)原始资料的调查收集。

(2)技术资料的准备。

(3)施工现场的准备。

(4)生产资料的准备。

(5)施工现场人员的准备。

(6)冬、雨季施工的准备。

2.1.3 施工准备工作应遵循的原则

1. 编制好施工准备工作计划

为了有步骤、有组织、全面地做好施工准备工作,在进行施工准备之前,应编制好施工准备工作计划。其形式可参照表 2-1。

表 2-1 施工准备工作计划表

序号	项目	施工准备工作内容	要求	负责单位	负责人	配合单位	起止时间		备注
							月·日	月·日	
1									
2									
...									

施工准备工作计划是施工组织设计的重要组成部分,应依据施工方案、施工进度计划、资源需要量等进行编制。除了用上述表格外,还可采用网络计划进行编制,以明确各项准备工作之间的关系并找出关键工作,并且可在网络计划上进行施工准备期的调整。

2. 建立严格的施工准备工作责任制

施工准备工作必须有严格的责任制,按施工准备工作计划将责任落实到有关部门和具体人员。项目经理全权负责整个项目的施工准备工作,对准备工作进行统一布置和安排,协调各方面关系。以便按计划要求及时、全面地完成准备工作。

3. 建立施工准备工作检查制度

施工准备工作不仅要有明确的分工和责任,有布置、有交底,在实施过程中还要定期检查。其目的在于督促和控制,通过检查发现问题和薄弱环节,并进行分析,找出原因,及时解决,不断协调和调整。把工作落到实处。

4. 严格遵守工程建设程序,执行开工报告制度

必须遵循工程建设程序,坚持没有做好施工准备不准开工的原则。当施工准备工作的各项内容已完成、满足开工条件、已办理施工许可证时,项目经理部应提出开工报告申请,报上级批准后才能开工。实行工程建设监理的工程,应将开工报告送驻地监理机构审批,由总监理工程师签发开工通知书。

5. 处理好各方面的关系

施工准备工作的顺利实施,必须将多工种、多专业的准备工作统筹安排、协调配合,承包商要取得业主、设计单位、监理单位及有关单位的大力支持与协作,使准备工作深入有效地实施。为此,要处理好以下几个方面的关系。

(1)业主准备与承包商准备相结合

为保证施工准备工作全面完成,不出现漏洞或职责推诿的情况,应明确划分业主和承包商准备工作的范围、职责及完成时间,并在实施过程中,相互沟通、相互配合,保证施工准备工作的顺利完成。

(2)前期准备与后期准备相结合

施工准备工作有一些是开工前必须做的,有一些是在开工之后交叉进行的,因而既要立足于前期准备工作,又要着眼于后期的准备工作,两者不能偏废。

(3)内业准备与外业准备相结合

内业准备工作是指工程建设的各种技术经济资料的编制和汇集;外业准备工作是指对施工现场和施工活动所必需的技术、经济、物质条件的建立。外业准备与内业准备应并举,互相创造条件;内业准备工作对外业准备工作起着指导作用,而外业准备工作则对内业准备工作起促进作用。

(4)现场准备与预制加工准备相结合

在现场准备的同时,对大批预制加工构件应提出供应进度要求,并委托生产。另外对一些大型构件应进行技术经济分析,及时确定是现场预制,还是加工厂预制。同时对于构件加工还应考虑现场的存放能力及使用要求。

(5)土建工程与安装工程相结合

土建承包商在拟定出施工准备工作规划后,要及时与其他专业工程以及供应部门相结合,研究总包与分包之间综合施工、协作配合的关系,然后各自进行施工准备工作,相互提供施工条件,有问题及早提出,以便采取有效措施,促进各方面准备工作的进行。

(6)班组准备与工地总体准备相结合

在各班组做施工准备工作时,必须与工地总体准备相结合。要结合图纸交底及施工组织设计的要求,熟悉有关的技术规范、规程,协调各工种之间的衔接配合,力争连续、均衡地施工。

班组作业的准备工作包括：

1)进行计划和技术交底,下达施工任务书;

2)对施工机械进行保养和就位;

3)将施工所需的材料、构配件,经质量检查合格后,供应到施工地点;

4)具体布置操作场地,创造操作环境;

5)检查前一道工序的质量,搞好标高与轴线的控制。

2.2 原始资料的调查收集

调查研究和收集有关施工资料,是施工准备工作的重要内容之一。尤其是当承包商进入一个新的地区,此项工作尤为显得重要,直接关系到承包商全局的部署与安排。通过对原始资料的调查研究和收集分析,可以为编制出合理的、符合客观实际的施工组织设计文件提供全面、系统、科学的依据,为图纸会审、编制施工图预算和施工预算提供依据,为承包商管理人员进行经营管理决策提供可靠的依据。

2.2.1 自然条件资料的调查收集

自然条件资料调查的主要内容有建设项目所在地的气象、地形、地貌、工程地质、水文地质、场地周围环境及障碍物。资料可以通过向气象部门、设计单位等有关部门调查了解获得,主要用做确定施工方法和技术措施、编制施工进度计划和进行施工平面图布置设计的依据。

1. 气象资料

在勘测中或施工前,应与工程所在地气象部门联系,抄录以下资料:

(1)气温资料。主要调查收集工程所在地年平均、最高、最低、最冷、最热月份的逐月平均温度。调查目的是确定防暑降温措施、冬季施工措施、估计混凝土及砂浆强度等。

(2)雨雪资料。主要调查雨季起止时间、月平均降雨(雪)量、月最大降雨(雪)量、一昼夜最大降雨(雪)量、全年雷暴天数等。其目的是确定雨季施工措施、排水及防洪方案、防雷设施等。

(3)风向、风力资料。调查工程所在地区主导风向及频率、风力,其目的是确定临时设施的布置方案、高空作业及吊装的技术安全措施。

2. 水文地质资料

可向工程所在地的水文地质部门或向本测量队的桥涵组、地质组抄录:地质构造、土质类别、地基土承载能力、地震等级;地下水位、水量、水质、洪水位。以便于进行施工用地的选择、布置施工总平面图、选择施工方法等等。

2.2.2 交通运输资料的调查收集

工程建设中,通常采用铁路、公路和航运等三种主要交通运输方式。资料来源主要是当地铁路、公路、水运和航运管理部门,主要用做决定选用材料和设备的运输方式、组织运输业务的依据。

1. 铁路。调查了解邻近铁路专用线、车站至工地的距离及沿途运输条件;站场卸货线长度、起重能力和储存能力;装卸单个货物的最大尺寸、重量的限制等。

2. 公路。调查了解主要材料产地至工地的公路等级、路面构造、路宽及完好情况,允许最大载重量;途经桥涵等级、允许最大尺寸、最大载重量;当地专业运输机构及附近村镇能提供的装卸、运输能力,运输工具的数量及运输效率、运费、装卸费;当地有无汽车修配厂,修配能力和至工地距离。

3. 航运。调查了解货源、工地至邻近河流码头、渡口的距离,道路情况;洪水、平水、枯水时期,通航的最大船只及吨位,取得船只的可能性;码头装卸能力、最大起重量,增设码头的可能性;渡口的渡船能力,同时可载汽车数,每日次数,能为施工提供能力;运费、渡口费、装卸费。

2.2.3 工程给排水、供电等资料的调查收集

水、电和蒸汽是施工不可缺少的条件。资料来源主要是当地建设、电业、电讯等管理部门。水、电、汽等资料主要作为选用施工用水、用电和供热、供汽方式的依据。

(1)供水、排水。调查工地用水与当地现有水源连接的可能性,可供水量、接管地点、管径、材料、埋深、水压、水质及水费,至工地距离,沿途地形地物状况。自选临时江河水源的水质、水量、取水方式,至工地距离,沿途地形地物状况;自选临时水井的位置、深度、管径、出水量和水质。利用永久性排水设施的可能性,施工排水的去向、距离和坡度;有无洪水影响,防洪设施状况等。调查的目的是确定生活与生产供水方案、确定工地排水方案和防洪方案、拟定供排水设施的施工进度计划。

(2)供电、电讯。调查当地电源位置,引入的可能性,可供电的容量、电压、导线截面和电费,引入方向,接线地点及其至工地距离,沿途地形地物情况;业主和承包商自有发、变电设备的型号、台数和容量;利用邻近电讯设施的可能性,电活、电报局等至工地的距离,可能增设电讯设备、线路的情况。以便于确定供电方案、通讯方案,拟定供电、通讯设施的施工进度计划。

(3)供气、供热。调查蒸汽来源,可供蒸汽量,接管地点、管径、埋深,至工地距离,沿途地形地物状况,蒸汽价格;业主、承包商自有锅炉的型号、台数和能力,所需燃料及水质标准;当地或业主可能提供的压缩空气、氧气的能力,至工地距离。其目的是确定生产、生活用汽的方案;确定压缩空气、氧气的供应计划。

2.2.4 建筑材料资料的调查收集

工程建设需要消耗大量的材料,主要有钢材、木材、水泥、地方材料(砖、瓦、石灰、砂、石)、装饰材料、构件制作、商品混凝土、工程机械等。其内容见表2-2和表2-3。资料来源主要是当地主管部门、业主及各建材生产厂家、供货商,主要用来做选择建筑材料和施工机械的依据。

表2-2 当地建筑材料调查表

序号	材料名称	产地	储量	质量	开采量	出厂价	供应能力	运距	单位运价

表2-3 "三材"、特殊材料和主要设备调查表

序　号	项　目	调查内容	调查目的
1	三材	(1)钢材订货的规格、型号、数量及到货时间 (2)木材订货的规格、等级、数量及到货时间 (3)水泥订货的品种、标号、数量及到货时间	(1)确定临时设施和堆放场地 (2)确定木材加工计划 (3)确定水泥储存方式
2	特殊材料	(1)需要的品种、规格、数量 (2)试制、加工和供应情况	(1)制定供应计划 (2)确定储存方式
3	主要设备	(1)主要工艺设备的名称、规格、数量和供货单位 (2)供应时间,分批和全部到货时间	(1)确定临时设施和堆放场地 (2)拟定防雨措施

2.2.5 社会劳动力和生活条件资料的调查收集

工程建设是劳动密集型的生产活动。社会劳动力是工程施工劳动力的主要来源。资料来源是当地劳动、商业、卫生和教育主管部门,主要用做为劳动力安排计划、布置临时设施和确定施工力量提供依据。

1. 社会劳动力

调查少数民族地区的风俗习惯,当地能支持的劳动力人数、技术水平和来源,上述人员的生活安排。以便于拟定劳动力计划、安排临时设施。

2. 房屋设施

调查必须在工地居住的单身人数和户数,能作为施工用的现有的房屋栋数、每栋面积、结构特征总面积、位置、水、暖、电、卫生设备状况,上述建筑物的适宜用途,作宿舍、食堂、办公室的可能性。以确定原有房屋为施工服务的可能性、安排临时设施。

3. 生活服务

调查主副食品供应、日用品供应、文化教育、消防治安等机构能为施工提供的支持能力;邻近医疗单位至工地的距离,可能就医的情况;周围是否存在有害气体污染情况,有无地方病。以便安排职工生活基地。

2.2.6 与工程造价计价有关资料的调查收集

1. 当地政府和职能机构的相关文件

工程所在地省、市、自治区工程建设主管部门关于工程造价的补充规定,省、市、自治区计委、国土局、物价局等地方性文件。

2. 工资标准

工资标准应向工程所在地政府主管部门调查,包括建筑安装生产工人标准工资地区类别、各种工资性补贴标准(施工津贴、流动施工津贴、副食品价格补贴、燃煤气补贴、住房补贴、交通费补贴及特殊地区津贴、补贴等)。若为民工建勤施工,则应向主管部门调查民工补助标准、有关津贴和费用标准。

3. 当地建筑材料

外购材料、自采加工材料来源、产量等的调查如前所述。材料价格应向工程所在地工程定额站进行调查。

4. 运输

向铁路运输部门了解《铁路货物运价规则》及有关规定,了解工程所在地省、市、自治区关于汽车运价的有关规定,调查运价、装卸费、其他杂费及运输路线的路况等。

5. 占地补偿

工程建设用地,应按国家规定计算土地补偿费、菜田建设费、安置补助费等。为此,应调查土地类别及各项有关补偿方面的资料。

6. 拆迁补偿

按工程建设用地范围,实地测量并确定需拆除的各种建筑物(如房屋、水井、坟墓等),然后再与建筑物的所有者根据有关规定协商补偿金额,并签订协议书。

对于必须迁移的电力、电讯设备,应由电力、电讯部门与测绘设计单位共同在现场查实,由电力、电讯部门提出迁移费用预算,经测绘设计单位同意后,列入工程造价,并签订协议书。

7. 施工可利用的房屋

调查落实工程建设期间可用作临时生活、办公用房及生产用房的建筑面积、租用费、修缮费以及生活用水情况,并签订合同,明确费用支付办法。

8. 供水、供电

施工中所需自来水,应调查所需费用并签订协议。如需架设临时电力、电讯线路,应向电力、电讯部门协商原有线路的电杆可否利用和加挂要求,并调查供电电源、电量及电费标准,签订协议书。

9. 设备、工器具及生产家具购置费

工程建设项目运营、服务、管理、维护等需购置的设备、工器具及生产家具,调查其规格、售价与运杂费。

2.3　技术资料的准备工作

技术资料的准备是施工准备工作的核心,是现场施工准备工作的基础。由于任何技术的差错或隐患都可能引起人身安全和质量事故,造成生命、财产和经济的巨大损失,因此必须认真地做好技术准备工作。具体有以下内容:

2.3.1　熟悉、审查施工图纸及有关设计资料

1. 熟悉、审查设计图纸的目的

(1)能够在工程开工之前,使工程技术人员充分了解和掌握设计图纸的设计意图、结构与构造特点和技术要求。

(2)通过审查发现图纸中存在的问题和错误并加以改正,为工程施工提供一份准确、齐全的设计图纸。

(3)保证能按设计图纸的要求顺利施工,生产出符合设计要求的工程建设产品。

2. 熟悉、审查设计图纸的内容

(1)各项计划的安排,设计图纸和资料是否符合国家有关方针、政策和规定,图纸是否齐全,图纸内容及相互之间有无错误和矛盾。

(2)掌握设计内容和技术条件,弄清工程规模,结构特点和形式。

(3)设计文件所依据的水文、地质、气象、岩土等资料是否准确、可靠、齐全。

(4)核对路线中线、主要控制点、转角点、三角点、基线等是否准确无误;重要构造物的位置、尺寸大小、孔径等是否恰当,能否采用先进技术或使用新材料。

(5)路线或构造物与农田、水利、铁路、电讯、管道、公路、航道及其它建筑物的互相干扰情况和解决办法是否恰当,干扰可否避免。

(6)工业项目审查生产工艺流程和技术要求,掌握配套投产的先后次序和相互关系,以及设备安装图纸与其相配合的土建施工图纸在坐标、标高上是否一致,掌握土建施工质量是否满足设备安装的要求。

(7)对不良地质地段采取的处理措施,对水土流失、环境影响的处理措施。

(8)施工方法、料场分布、运输方式、道路条件等是否符合实际情况。

(9)临时房屋、便道、便线、便桥、电力、电讯设备、临时供水、供电等场地布置是否恰当。

(10)各项协议书等文件是否完善、齐备。

现场核对发现设计不合理或错误之处,应提出修改意见报上级机关审批,然后根据批复的

修改设计意见进行施工测量、补充图纸等工作。

2.3.2 补充调查资料

进行现场补充调查,是为修改设计和编制实施性施工组织设计收集资料。调查研究、搜集资料是施工准备工作中不可缺少的内容。应重点做好以下两个方面的调查分析:

1. 自然条件的调查分析

建设地区自然条件调查分析的主要内容有地区水准点和绝对标高等情况;地质构造、土的性质和类别、地基土的承载力、地震级别和裂度等情况;河流流量和水质、最高洪水和枯水期的水位等情况;地下水位高低变化情况,含水层的厚度、流向、流量和水质等情况;气温、雨、雪、风和雷电等情况;土的冻结深度和冬季施工期限等情况。

2. 技术经济条件的调查分析

建设地区技术经济条件调查分析的主要内容有:地方建筑施工企业的状况;施工现场的动迁状况;当地可利用的地方材料状况;地方能源和交通状况;地方劳动力和技术水平状况;当地生活供应、教育和卫生防疫状况;当地消防、治安状况和参加施工单位的力量状况。

2.3.3 编制实施性施工组织设计

实施性施工组织设计是指导施工现场全部生产活动的技术经济文件。它既是施工准备工作的重要组成部分,又是做好其他施工准备工作的依据;它既要体现建设计划和设计的要求,又要符合施工活动的客观规律,对建设项目的全过程起到战略部署和战术安排的双重作用。

由于工程建设产品及工程建设的特点,决定了工程建设种类繁多、施工方法多变,没有一个通用的、一成不变的施工方法。每个工程建设项目都需要分别确定施工组织方法,作为组织和指导施工的重要依据。

2.3.4 编制施工预算,进行"两算"对比

施工预算是根据施工图预算、施工图纸、施工组织设计或施工方案、施工定额等文件,综合企业和工程实际情况编制的。施工预算在工程确定承包关系以后进行。它是企业内部经济核算和班组承包的依据,因而是企业内部使用的一种预算。

施工图预算是按照施工图确定的工程量、施工组织设计所拟定的施工方法、工程建设预算定额及其取费标准,由设计单位编制的确定建筑安装工程造价的经济文件。它是承包商签订工程承包合同、工程结算、银行拨贷款及进行企业经济核算的依据。

"两算"对比是指施工预算与施工图预算的对比。进行"两算"对比,是促进工程承包企业降低物资消耗、增加积累的重要手段。

施工图预算与施工预算存在很大区别:施工图预算是业主、承包商双方确定预算造价、发生经济联系的技术经济文件;施工预算是工程承包企业内部经济核算的依据。将"两算"进行对比,是促进工程承包企业降低物资消耗、增加积累的重要手段。

2.4 施工现场的准备工作

施工现场的准备,主要为工程施工创造有利的施工条件。施工现场的准备应按施工组织设计的要求和安排进行,其主要内容为"三通一平"、测量放线、临时设施的搭设等。

2.4.1　现场"三通一平"

"三通一平"是指工程用地范围内,接通施工用水、用电、道路和平整场地的总称。而工程实际的需要往往不止水通、电通、路通,有些工地上还要求有"热通"(供蒸汽)、"气通"(供煤气)、"话通"(通讯)等等,但最基本的仍然是"三通"。

1. 平整施工场地

施工场地的平整工作。首先通过测量,按建筑总平面图中确定的标高,计算出挖土及填土的数量,设计土方调配方案,组织人力或机械进行平整工作。若拟建场内有旧建筑物,则须拆迁房屋。其次,要清理地面下的各种障碍物,对地下管道、电缆等要采取可靠的拆除或保护措施。

2. 修通道路

施工现场的道路是组织大量物资进场的运输动脉。为了保证各种建筑材料、施工机械、生产设备和构件按计划到场,必须按施工总平面图要求修通道路。为了节省工程费用,应尽可能利用已有道路或结合正式工程的永久性道路。在利用正式工程的永久性道路时,为使施工时不损坏路面,可先做路基,施工完毕后再做路面。

3. 通水

施工现场的通水包括给水与排水。施工用水包括生产、生活和消防用水,其布置应按施工总平面图的规划进行安排。施工用水设施应尽量利用永久性给水线路。临时管线的铺设,既要满足用水点的需要和使用方便,又要尽量缩短管线。施工现场要做好有组织的排水系统,否则将会影响施工的顺利进行。

4. 通电

施工现场的通电包括生产用电和生活用电。根据生产、生活用电的电量,选择配电变压器,与供电部门或业主联系,按施工组织要求布设线路和通电设备。当供电系统供电不足时,应考虑在现场建立发电系统,以保证施工的顺利进行。

2.4.2　测量放线

测量放线的任务是把图纸上所设计好的建筑物、构筑物及管线等测设到地面或实物上,并用各种标志表现出来,作为施工的依据。在土方开挖前,按设计单位提供的总平面图及给定的永久性经、纬坐标控制网和水准控制基桩,进行场区施工测量,设置场区永久性坐标、水准基桩和建立场区工程测量控制网。在进行测量放线前,应做好以下几项准备工作:

(1)了解设计意图,熟悉并校核施工图纸。

(2)对测量仪器进行检验和校正。

(3)校核红线桩与水准点。

(4)制定测量放线方案。测量放线方案主要包括平面控制、标高控制、±0.00以下施测、±0.00以上施测、沉降观测和竣工测量等项目,该方案依据设计图纸要求和施工方案来确定。

建筑物定位放线是确定整个工程平面位置的关链环节,施测中必须保证精度,杜绝错误,否则其后果将难以处理。建筑物的定位放线,一般通过设计图中平面控制轴线来确定建筑物的轮廓位置,经自检合格后,提交有关部门和业主(监理人员)验线,以保证定位的准确性。沿红线的建筑物,还要由规划部门验线,以防止建筑物超、压红线。

2.4.3 搭设临时设施

现场所需临时设施,应报请规划、市政、消防、交通、环保等有关部门审查批准,按施工组织设计和审查情况来实施。

对于指定的施工用地周围,应用围墙(栏)围挡起来。围挡的形式和材料应符合市容管理的有关规定和要求,并在主要出、入口设置标牌,标明工程名称、施工单位、工地负责人、监理单位等。

各种生产(仓库、混凝土搅拌站、预制构件厂、机修站、生产作业棚等)、生活(办公室、宿舍、食堂等)用的临时设施,应严格按批推的施工组织设计规定的数量、标准、面积、位置等来组织实施,不得乱搭乱建,并尽可能做到以下几点:

(1)利用原有建筑物,减少临时设施的数量,以节省投资。

(2)适用、经济、就地取材,尽量采用移动式、装配式临时建筑。

(3)节约用地,少占农田。

2.5 机具、材料的准备工作

机具、材料的准备是指对工程施工中必需的劳动手段(施工机械、机具等)和劳动对象(材料、构件、配件等)的准备。该项工作应根据施工组织设计的各种资源需要量计划,分别落实货源、组织运输和安排储备。

机具、材料的准备工作是工程连续施工的基本保证,主要内容有以下三方面:

2.5.1 建筑材料的准备

建筑材料的准备包括对"三材"(钢材、木材、水泥)、地方材料(砖、瓦、石灰、砂、石等)、装饰材料(面砖、地砖等)、特殊材料(防腐、防射线、防爆材料等)的准备。为保证工程顺利施工,材料准备工作应按如下要求进行:

1. 编制材料需要量计划,签订供货合同

根据预算的工料分折,按施工进度计划的使用要求、材料储备定额和消耗定额,分别按材料名称、规格、使用时间进行汇总,编制材料需用量计划。同时,根据不同材料的供应情况,随时注意市场行情,及时组织货源,签订定货合同,保证采购供应计划的准确可靠。

2. 材料的储备和运输

材料的储备和运输要按工程进度分期、分批进场。现场储备过多会增加保管费用、占用流动资金,过少则难以保证施工的连续进行。对于使用量少的材料,尽可能一次进场。

3. 材料的堆放和保管

现场材料的堆放应按施工平面布置图的位置,按材料的性质、种类,选取不同的堆放方式,合理堆放,避免材料的混淆及二次搬运。进场后的材料要依据材料的性质妥善保管,避免材料变质或损坏,以保持材料的原有数量和原有的使用价值。

2.5.2 施工机具和周转材料的准备

施工机具包括施工中所确定选用的各种土方机械、木工机械、钢筋加工机械、混凝土机械、砂浆机械、垂直与水平运输机械、吊装机械等。在进行施工机具的准备工作时,应根据采用的施工方案和施工进度计划,确定施工机械的数量和进场时间,确定施工机具的供应方法和进场后的存放地点和方式,并提出施工机具需要量计划,以便企业内部平衡或对外签约租借机械。

周转材料主要指模板和脚手架等。此类材料施工现场使用量大、堆放场地面积大、规格多、对堆放场地的要求高,应按施工组织设计的要求分规格、型号整齐码放,以便使用和维修。

2.5.3 预制构件和配件的加工准备

工程施工中使用的大量的钢筋混凝土构件、木构件、金属构件、水泥制品、塑料制品、卫生洁具等,应在图纸会审后提出预制加工单,确定加工方案、供应渠道及进场后的储备地点和方式,现场预制的大型构件,应依施工组织设计做好规划,提前加工预制。

此外,对采用商品混凝土的现浇工程,要根据施工进度计划要求确定需用量计划,主要内容有商品混凝土的品种、规格、数量、需要时间、送货方式、交货地点,并提前与生产单位签订供货合同,以保证施工顺利进行。

2.5.4 生产工艺设备的准备

按照拟建工程生产工艺流程及工艺设备的布置图,提出工艺设备的名称、型号、生产能力和需要量,确定分期分批进场时间及保管方式,编制工艺设备需要量计划,为组织运输、确定堆场面积提供依据。

2.6 劳动组织的准备工作

2.6.1 建立拟建工程项目的领导机构

施工组织机构的建立应遵循以下原则:根据拟建工程项目的规模、结构特点和复杂程度,确定拟建工程项目的领导机构人选和名额;坚持合理分工与密切协作相结合;把有施工经验、有创业精神、有工作效率的人选入领导机构;认真执行因目标设事、因事设机构定编制,按编制设岗位定人员,以职责定制度授权利的原则。

对一般单位工程可设一名工地负责人,配一定数量的施工员、材料员、质检员、安全员等即可;对大中型单位工程或群体工程,则要配备包括技术、计划等管理人员在内的一套班子。

2.6.2 建立精干的施工队组

施工队组的建立要考虑专业、工种的合理配合,技工、普工的比例要满足合理的劳动组织,要符合流水施工组织方式的要求,确定建立施工队组(是专业施工队组,或是混合施工队组),要坚持合理、精干的原则。在施工过程中,以工程实际进度需要,动态管理劳动力数量。

随着建筑市场的开放,施工单位往往依靠自身的力量难以满足施工需要,因而需联合其他施工队伍(外包施工队)来共同完成施工任务。联合时要通过考察外包队伍的市场信誉、已完工程质量、确认资质、施工力量水平等来选择,联合要充分体现优势互补的原则。

2.6.3 集结施工力量、组织劳动力进场

工地的领导机构确定之后,按照开工日期和劳动力需要量计划、组织劳动力进场。同时要进行安全、防火和文明施工等方面的教育,并做好职工生活后勤保障工作。

2.6.4 向施工队组、工人进行施工组织设计、计划和技术交底

施工组织设计、计划和技术交底的目的是把拟建工程的设计内容、施工计划和施工技术等内容,详尽地向施工队组和工人讲解交待。它是落实计划和技术责任的有效方法。

施工组织设计、计划和技术交底的时间应在单位工程或分部分项工程开工之前及时进行,以保证工程严格地按照设计图纸,施工组织设计、安全操作规程和施工验收规范等要求进行施工。

施工组织设计、计划和技术交底的内容有工程施工进度计划、月(旬)作业计划;施工组织计划,尤其是施工工艺、质量标准、安全技术措施、降低成本措施和施工验收规范的要求;新结构、新材料、新技术和新工艺的实施方案和保证措施;图纸会审中所确定的有关部位的设计变更和技术核定等事项。交底工作应按照管理系统逐级进行,由上而下直到工人队组。交底的方式有书面形式、口头形式和现场示范形式等。

队组、工人接受施工组织设计、计划和技术交底后,要组织其成员进行认真地分析研究,弄清关键部位、质量标准、安全措施和操作要领。必要时应进行示范,并明确任务及做好分工协作,同时建立健全岗位责任制和保证措施。

2.6.5 建立健全各项管理制度

工地的各项管理制度是否建立、健全,直接影响其各项施工活动的顺利进行。通常内容如下:

工程质量检查与验收制度;工程技术档案管理制度;建筑材料(构件、配件、制品)的检查验收制度;技术责任制度;施工图纸学习与会审制度;技术交底制度;职工考勤、考核制度;工地及班组经济核算制度;材料出入库制度;安全操作制度;机具使用保养制度。

2.7 冬、雨季施工的准备工作

2.7.1 冬季施工准备工作

1. 合理安排冬季施工项目

工程建设周期长,且多为露天作业,冬季施工条件差、技术要求高。因此,在施工组织设计中应合理安排冬季施工项目,尽可能保证工程连续施工。一般情况下,尽量安排费用增加少、易保证质量、对施工条件要求低的项目在冬季施工。

2. 落实各种热源的供应工作

提前落实供热渠道,准备热源设备,储备和供应冬季施工用的保温材料,做好司炉培训工作。

3. 做好保温防冻工作

(1)临时设施的保温防冻。包括:给水管道的保温,防止管道冻裂;防止道路积水、积雪成冰,保证运输顺利进行。

(2)工程已成部分的保温保护。如基础完成后及时回填至基础顶面同一高度,砌完一层墙后及时将楼板安装到位等。

(3)冬季要施工部分的保温防冻。如凝结硬化尚未达到强度要求的砂浆、混凝土要及时测温,加强保温,防止遭受冻结;将要进行的室内施工项目,先完成供热系统,安装好门、窗、玻璃等。

4. 加强安全教育

要有冬季施工的防火、安全措施,加强安全教育,做好职工培训工作,避免火灾、安全事故的发生。

2.7.2 雨季施工准备工作

1. 合理安排雨季施工项目

在施工组织设计中要充分考虑雨季对施工的影响。一般情况下,雨季到来之前,多安排土方、基础、室外及屋面等不宜在雨季施工的项目,多留一些室内工作在雨季进行,以避免雨季窝工。

2. 做好现场的排水工作

施工现场雨季来临前,应做好排水沟,准备好抽水设备,防止场地积水,最大限度地减少因泡水而造成的损失。

3. 做好运输道路的维护和物资储备

雨季前检查道路边坡排水情况,适当提高路面,防止路面凹陷,保证运输道路的畅通。多储备一些物资,减少雨季运输量,节约施工费用。

4. 做好机具设备等的保护

对现场各种机具、电器、工棚都要加强检查,特别是脚手架、塔吊、井架等,要采取防倒塌、防雷击、防漏电等一系列技术措施。

5. 加强施工安全管理

认真编制雨季施工的安全措施,加强对职工的教育,防止各种事故的发生。

3 流水施工原理

3.1 流水施工的基本概念

工程建设产品的生产过程非常复杂,往往需要几十个、上百个甚至更多的施工过程以及多个不同专业的施工班组的相互配合才能完成。由于施工组织方法不同、施工班组不同、工作程序不同等,使得工程的工期、造价、质量有所不同。这就需要找到一种较好的施工组织方法,使得工程在工期、成本、质量等几个方面都较优。

3.1.1 组织施工的基本方式

在工程建设实践中,通常有三种基本施工组织方式:顺序施工组织方式、平行施工组织方式和流水施工组织方式。其中以流水施工组织方式最为经济合理。为说明这三种施工组织方式的概念和特点,现以四座小桥的下部建筑为例进行对比与分析。

【例 3-1】 拟修建四座同类型的钢筋混凝土小桥,其编号分别为①、②、③、④。假定各桥的基础工程数量相等,而且都划分为挖基坑、砌基础、砌墩台、墩台镶面四个施工过程。组织了四个专业工作队,分别完成上述四个施工过程的任务。把每座小桥看作一个施工段,各专业工作队在每个施工段上完成各自施工过程上的任务均按 4 天完成的估计配备专业队劳动力和机具,则各专业队的人员分别由 6 人、5 人、12 人、3 人组成。

1. 顺序施工组织方式

顺序施工组织方式是将拟建工程项目的整个建造过程分解成若干个施工过程,按照一定的施工顺序,前一个施工过程完成后,后一个施工过程才开始施工;或前一个工程项目完成后,后一个工程项目才开始施工。它是一种最基本、最原始的施工组织方式。对上述四座小桥的下部建筑施工如采用顺序施工组织方式建造,其施工进度计划如图 3-1"顺序施工"栏所示。

从图 3-1"顺序施工"栏可以看出,顺序施工组织方式具有以下特点:

(1)工期长;

(2)各专业队(组)不能连续工作,产生窝工现象;

(3)工作面闲置多,空间不连续;

(4)若由一个工作队完成全部施工任务,不能实现专业化生产;

(5)单位时间内投入的资源量的种类较少,有利于组织资源供应;

(6)施工现场的组织管理较简单。

2. 平行施工组织方式

在拟建工程任务十分紧迫、工作面允许以及资源保证供应的条件下,可以组织几个相同的工作队,在同一时间、不同的空间上进行施工,这种施工组织方式称为平行施工组织方式。在上例中如采用平行施工组织方式,其施工进度计划如图 3-1"平行施工"栏所示。

从图 3-1 可以看出,平行施工组织方式具有以下特点:

（1）工期短；

（2）工作面能充分利用，施工段上无闲置；

（3）若由一个工作队完成全部施工任务，不能实现专业化生产；

（4）单位时间内投入的资源数量成倍增加，不利于资源供应组织；

（5）施工现场的组织管理较复杂。

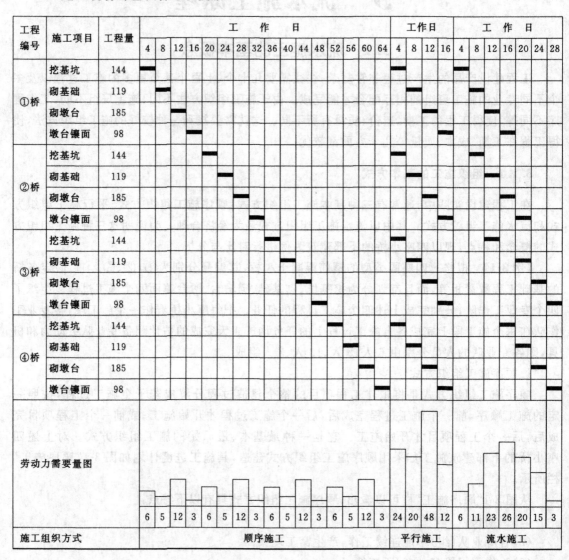

图 3-1　工程进度横道图

3. 流水施工组织方式

流水施工组织方式是将拟建工程项目的整个建造过程分解成若干个施工过程，也就是划分成若干个工作性质相同的分部、分项工程或工序；同时将拟建工程项目在平面上划分成若干个劳动量大致相等的施工段；在竖向上划分成若干个施工层，按照施工过程分别建立相应的专业工作队；各专业工作以按照一定的施工顺序投入施工，在完成第一个施工段的施工任务后，在专业工作队的人数、使用的机具和材料不变的情况下，依次地、连续地投入到第二、第三……直到最后一个施工段的施工，在规定的时间内，完成相同的施工任务，不同的专业工作队在工作时间上最大限度地、合理地搭接起来；当第一施工层各个施工段上的相应施工任务全部完成后，专业工作队依次地、连续地投入到第二、第三……施工层，保证拟建工程项目的施工全过程在时间上、空间上，有节奏、连续、均衡地进行下去，直到完成全部施工任务。在上例中，如采用流水施工组织方式，施工进度计划如图3-1"流水施工"栏所示。

从图3-1可以看出，流水施工综合了顺序施工和平行施工的优点，克服了它们的缺点，与之相比较，流水施工组织方式具有以下特点：

（1）科学地利用了工作面，争取了时间，工期比较合理；

（2）工作队及其工人实现了专业化施工，可使工人的操作技术熟练，更好地保证工程质量，提高劳动生产率；

（3）专业工作队及其工人能够连续作业，相邻的专业工作队之间实现了最大限度地合理地搭接；

（4）单位时间投入施工的资源量较为均衡，有利于资源供应的组织工作；

（5）为文明施工和进行现场的科学管理创造了有利条件。

3.1.2 流水施工的组织条件和技术经济效果

1. 流水施工的组织条件

（1）划分施工过程

根据工程项目特点、施工要求、工艺要求、工程量大小，将建造过程分解为若干个施工过程。这是组织专业化施工和分工协作的前提。

（2）划分施工段

根据组织流水施工的需要，将拟建工程在平面上或空间上划分为工程量大致相等的若干个施工段。它是将工程建设单件产品变成多件产品，以便成批生产，形成流水作业的前提。

（3）每个施工过程组织独立的施工班组

在一个流水组织中，每一个施工过程尽可能组织独立的施工班组。根据施工需要，其形式可以是专业班组，也可以是混合班组。这样可使每个施工班组按施工顺序，依次地、连续地、均衡地从一个施工段转移到另一施工段进行相同的操作。它是提高质量、增加效益的重要手段。

（4）主导施工过程必须连续、均衡地施工

主导施工过程是指工程量较大、施工时间较长、对总工期有决定性影响的施工过程，对主导施工过程必须组织连续、均衡施工。对次要施工过程，可考虑与相邻的施工过程合并。如不能合并，为缩短工期，可安排间断施工。

（5）不同的施工过程尽可能组织平行搭接施工

根据施工顺序和不同施工过程之间的关系，在工作面允许的条件下，除去必要的技术和组织间歇时间外，力求在工作时间上和工作空间上有搭接，从而使工作面的使用与工期安排更加合理。

2. 流水施工的技术经济效果

流水施工组织方式是一种先进的、科学的施工组织方式，它在工艺划分、时间排列和空间布置上的统筹安排，必然会对施工带来优越的技术经济效果。具体可归纳为以下几方面：

（1）缩短施工工期

由于流水施工具有连续性，减少了时间间歇，加快了各专业队的施工进度，相邻工作队在开工时间上最大限度地、合理地搭接，充分利用了工作面，从而可以大大地缩短施工工期。

（2）提高劳动生产率,保证质量

各个施工过程均采用专业班组操作,可提高工人的熟练程度和操作技能,从而提高工人的劳动生产率。同时,工程质量也易于保证和提高。

（3）方便资源调配、供应和运输

采用流水施工,使得劳动力和其他资源的使用比较均衡,从而可避免出现劳动力和资源的使用大起大落的现象,减轻了施工组织者的压力,为资源的调配、供应和运输带来方便。

（4）降低工程成本

由于组织流水施工缩短了工期,提高了工作效率,资源消耗均衡,便于物资供应,用工少,因此减少了人工费、机械使用费、临时工程费、施工管理费等有关费用支出,降低了工程成本。

3.1.3 流水施工的分类及表达方式

1. 流水施工的分类

根据流水施工组织的范围不同,流水施工通常可分为以下几种类型。

（1）分项工程流水施工

分项工程流水施工也称为细部流水施工。它是在一个专业工种内部组织起来的流水施工。在项目施工进度计划表上,它是一组标有施工段或工作队编号的水平进度指示线段或斜向进度指示线段。

（2）分部工程流水施工

分部工程流水施工也称为专业流水施工。它是在一个分部工程内部各分项工程之间组织起来的流水施工。在项目施工进度计划表上,它由一组标有施工段或工作队编号的水平进度指示线段或斜向进度指示线段来表示。

（3）单位工程流水施工

单位工程流水施工也称为综合流水施工。它是在一个单位工程内部各分部工程之间组织起来的流水施工。在项目施工进度计划表上,它是若干组分部工程的进度指示线段,并由此构成一张单位工程施工进度计划。

（4）群体工程流水施工

群体工程流水施工亦称为大流水施工。它是在若干单位工程之间组织起来的流水施工。反映在项目施工进度计划上,是一张项目施工总进度计划。

前两种流水是流水施工组织的基本形式。在实际施工中,分项工程流水的效果不大,只有把若干个分项工程流水组织成分部工程流水,才能得到良好的效果。后两种流水实际上是分部工程流水的扩充应用。

2. 流水施工进度计划的表达方式

流水施工进度计划的表达方式,主要有线条式进度图和网络图两类表达方式。

（1）线条式进度图

1）横道图

横道图即甘特图（Gantt Chart）,它是 19 世纪中叶,美国 Fran kford 兵工厂顾问 H. L. Gantt 设计的一种表示工作计划和进度的图示方法,是工程建设中安排施工进度计划和组织流水施工常用的一种表达方式。横道图中的横向表示时间进度,纵向表示施工过程,表中横道线条的长度表示计划中各项工作（施工过程、工序或分部工程、工程项目等）的作业持续时间和进度,表中横道线条所处的位置则表示各项工作的作业开始和结束时刻以及它们之间相互配合的关系。

利用横道图形式绘制进度计划比较简单,它所表达的计划内容(工作项目)排列整齐有序,标注具体详细(可以在横道图中加入各分部、分项工程量、机械需要量、劳动力需求量等,使横道图所表示的内容更加丰富),各项工作的进度形象直观,计划工期一目了然,对人力等资源的计算也便于依图叠加。但是横道图所提供的手段严格地说还没有构成完整的计划方法,它既没有一套协调整体计划方案的技术,也没有判断计划方案优劣的完善方法,实质上横道图只是计划工作者表达施工组织计划思想的一种简单工具,当计划内容比较复杂时,横道图不容易分辨计划内部工作的相互依存关系,不能反映出计划任务内在矛盾和关键。但由于横道图具有简单形象、易学易用等优点,所以至今仍是工程实践中应用最普遍的计划表达方式之一。

在土木工程施工实践中,横道图通常又有以下几种表达方式:

① 水平指示图表

在流水施工水平指示图表的表达方式中,横坐标表示流水施工的持续时间,纵坐标表示开展流水施工的施工过程、专业工作队的名称、编号和数目;呈梯形分布的水平线段表示流水施工的开展情况,如图 3-2 所示。

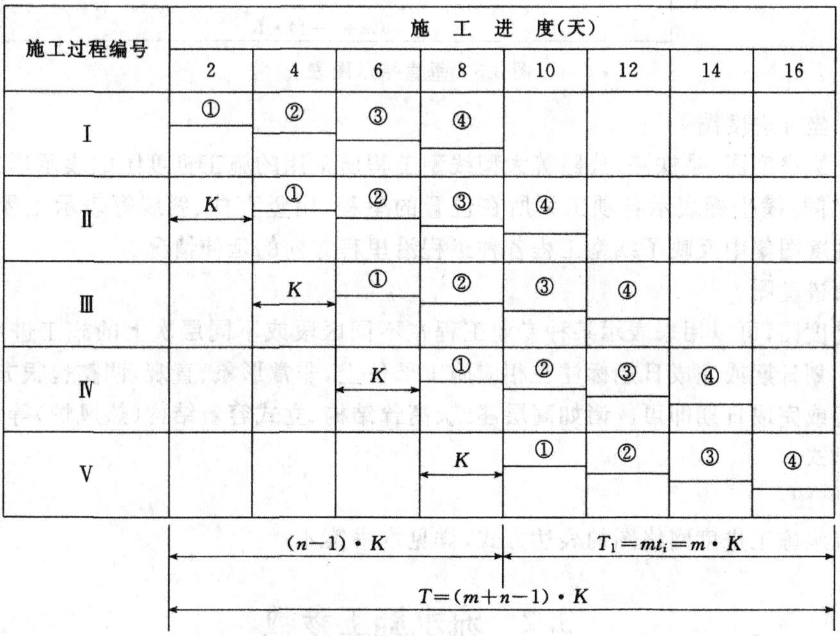

施工过程编号	施 工 进 度(天)							
	2	4	6	8	10	12	14	16
I	①	②	③	④				
II	K	①	②	③	④			
III		K	①	②	③	④		
IV			K	①	②	③	④	
V				K	①	②	③	④

$(n-1) \cdot K$ $T_1 = m t_i = m \cdot K$

$T = (m+n-1) \cdot K$

图 3-2　水平指示图表

图中　　T——流水施工计划总工期;

T_1——各个专业工作队或施工过程完成其全部施工段的持续时间;

n——专业工作队数或施工过程数;

m——施工段数;

K——流水步距;

t_i——流水节拍,本图中 $t_i = K$;

Ⅰ、Ⅱ、……——表示专业工作队或施工过程的编号;

①、②、③、④——表示施工段的编号。

②垂直指示图表

在流水施工垂直指示图表的表达方式中,横座标表示流水施工的持续时间;纵坐标表示开展流水施工所划分的施工段编号;几条斜线段表示各专业工作队或施工过程开展流水施工的情况,如图 3-3 所示。图中符号的含义同前图。

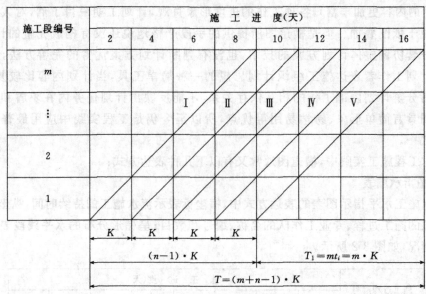

图 3-3　垂直指示图表

2)纵横坐标进度图

纵横坐标进度图,是铁路、公路等大型线型工程所常用的施工进度图的表示形式。它以纵坐标表示时间,横坐标表示各项工程所在位置的里程,用竖直柱、斜线等表示工程施工进度。这种施工进度图集中反映了线型工程各种工程沿里程方向的延伸情况。

3)形象进度图

形象进度图,可以用来表示某种专业工程在不同区段或不同层次上的施工进度。它可直接将施工计划日期或完成日期标注在相应施工部位上,非常形象、直观,调整也很方便,只需修改计划日期或完成日期即可。诸如高层建筑、高耸结构、立式容量结构(热风炉)等均可采用这种进度图形式。

(2)网络图

有关流水施工进度网络图的表达方式,详见本书第 4 章。

3.2　流水施工参数

在组织拟建工程项目流水施工时,用以表达流水施工在工艺流程、空间布置和时间排列等方面开展状态的参数,称为流水参数。

流水施工参数按其性质不同,一般分为工艺参数、空间参数和时间参数三类。

3.2.1　工艺参数

在组织流水施工时,用以表达流水施工在施工工艺上开展顺序及其特征的参数,称为工艺参数。具体地说是指在组织流水施工时,将拟建工程项目的整个建造过程可分解为施工过程的种类、性质和数目的总称。通常,工艺参数包括施工过程和流水强度两种。

1. 施工过程数(n)

施工过程数是指一组流水施工的施工过程数目,以符号"n"表示。施工过程既可以是分项工程、分部工程,也可以是单位工程,甚至单项工程。施工过程划分的数目多少、粗细程度与下列因素有关。

(1)施工进度计划的对象范围和作用

编制控制性流水施工的进度计划时,划分的施工过程通常较粗,数目要少,一般情况下,施工过程最多分解到分部工程;编制实施性进度计划时,划分的施工过程通常较细,数目要多,绝大多数施工过程要分解到分项工程。

(2)工程建筑和结构的复杂程度

工程建筑和结构越复杂,相应的施工过程数目就越多。

(3)工程施工方案

不同的施工方案,其施工顺序和施工方法也不相同,因此施工过程数也不相同。

(4)劳动组织及劳动量大小

劳动量小的施工过程,当组织流水施工有困难时,可与其他施工过程合并。如垫层劳动量较小时可与挖土合并成一个施工过程。这样可以使各个施工过程的劳动量大致相等,便于组织流水施工。

此外,施工过程的划分与施工班组及施工习惯有关。如安装玻璃、油漆施工可分可合,因为有的是混合班组,有的是单一专业的班组。

划分施工过程数目时要适量,分得过多、过细,会使施工班组多、进度计划繁琐,指导施工时,抓不住重点;分得过少、过粗,则会使计划过于笼统,而失去指导施工的作用。

对一单位工程而言,其流水进度计划中不一定包括全部施工过程数。因为有些过程并非都按流水方式组织施工,如制备类、运输类施工过程。

2. 流水强度(V)

流水强度又称流水能力、生产能力,某一施工过程在单位时间内所完成的工程量,称为该施工过程的流水强度,一般用符号"V_i"表示。

(1)机械操作流水强度

$$V_i = \sum_{i=1}^{x} R_i \cdot S_i \tag{3-1}$$

式中 R_i——某种施工机械台数;

S_i——该种施工机械台班产量定额;

X——用于同一施工过程的主导施工机械种类数。

(2)人工操作流水强度

$$V_i = R_i \cdot S_i \tag{3-2}$$

式中 R_i——投入施工过程 i 的专业工作队工人数;

S_i——投入施工过程 i 的专业工作队平均产量定额。

3.2.2 空间参数

在组织流水施工时,用以表达流水施工在空间布置上所处状态的参数,称为空间参数。空间参数主要有:工作面和施工段两种。

1. 工作面(a)

工作面又称工作前线,是指某种专业工种的工人在从事施工生产活动中,所必须具备的活动空间。它的大小可表明施工对象能安置多少工人操作和布置机械地段的大小,也即反映施工过程在空间布置上的可能性。在确定一个施工过程必需的工作面时,不仅要考虑前一施工过程为这个施工过程可能提供的工作面大小,也要遵守安全技术规程和施工技术规范的规定。工作面过大或过小都会影响工人的工作效率。

2. 施工段数(m)

为了有效地组织流水施工,通常把拟建工程项目在平面上划分成若干个劳动量大致相等的施工段落,这些施工段落称为施工段。施工段的数目,通常以"m"表示,它是流水施工的基本参数之一。一般情况下,一个施工段内只能安排一个施工过程的专业工作队进行施工。在一个施工段上,只有前一个施工过程的工作队提供足够的工作面,后一个施工过程的工作队才能进入该段从事下一个施工过程的施工。

(1)划分施工段的原则

划分施工段是组织流水施工的基础。施工段的划分,在不同的流水线中,可采用不同的划分方法,但在同一流水线中最好采用统一的划分办法。在划分时应注意施工段数要适当,过多,势必要减少工人人数而延长工期;过少,又会造成资源供应过分集中,不利于组织流水施工。因此,为了使施工段划分得更科学、更合理,通常应遵循以下原则:

1)为了保证拟建工程项目的结构整体完整性,不能破坏结构的力学性能,不能在不允许留施工缝的结构构件部位分段,应尽可能利用伸缩缝、沉降缝等自然分界线。

2)为了充分发挥工人、主导施工机械的效率,每个施工段要有足够的工作面,使其所容纳的劳动力人数或机械台数,能满足合理劳动组织的要求。

3)尽量使主导施工过程的工作队能连续施工。由于施工过程的工程量不同,所需最小工作面不同,以及施工工艺上的不同要求等原因,如要求所有工作队都能连续作业,所有施工段上都连续有工作队在工作,有时往往是不可能的,这时应组织主导施工过程能连续施工。例如多层砖混结构的房屋,主体工程施工的主导过程是砌砖墙,确定施工段数时,应使砌砖墙的工作队能连续施工。

4)对于多层的拟建工程项目,既要划分施工段,又要划分施工层,以保证相应的专业工作队在施工段与施工层之间,组织有节奏、连续、均衡地施工。施工层的划分要按照工程项目的具体情况,根据建筑物的高度、楼层来确定。如砌筑工程的施工高度一般为 1.2m,室内抹灰、木装饰、油漆、玻璃和水电安装等,可按楼层进行施工层划分。

5)对于多层或高层建筑物,施工段的数目,要满足合理流水施工组织的要求,应使 $m \geqslant n$。

(2)在循环施工(即含有施工层时)中,施工段数(m)与施工过程数(n)的关系:

1)当 $m > n$ 时

【例 3-2】 某局部二层的现浇钢筋混凝土结构的建筑物,按照划分施工段的原则,在平面上将它分成四个施工段,即 $m=4$;在竖向上划分两个施工层,即结构层与施工层相一致;现浇结构的施工过程为支模板、绑扎钢筋和浇筑混凝土,即 $n=3$;各个施工过程在各施工段上的持续时间均为 3 天,即 $t_i=3$;则流水施工的开展状况,如图 3-4 所示。

由图 3-4 看出,当 $m > n$ 时,各专业工作队能够连续作业,但施工段有空闲。如图 3-4 中各施工段在第一层浇完混凝土后,均空闲 3 天,即工作面空闲 3 天。这种空闲,可用于弥补由于技术间歇、组织管理间歇和备料等要求所必需的时间。

施工层	施工过程名称	施工进度(天)									
		3	6	9	12	15	18	21	24	27	30
I	支模板	①	②	③	④						
	绑扎钢筋		①	②	③	④					
	浇混凝土			①	②	③	④				
II	支模板					①	②	③	④		
	绑扎钢筋						①	②	③	④	
	浇混凝土							①	②	③	④

图 3-4 $m > n$ 时流水施工开展状况

在项目实际施工中,若某些施工过程需要考虑技术间歇等,则可用公式(3-3)确定每层的最少施工段数:

$$m_{\min} = n + \frac{\sum Z}{K} \tag{3-3}$$

式中 $m_{\min}$——每层需划分的最少施工段数;

   n——施工过程或专业工作队数;

   $\sum Z$——某些施工过程要求的技术间歇时间的总和;

   K——流水步距。

【例 3-3】 在例 3-2 中,如果流水步距 $K=3$,当第一层浇注混凝土结束后,要养护 6 天才能进行第二层的施工。为了保证专业工作队连续作业,至少应划分多少个施工段?

解:依题意,由公式(3-3)可求得:

$$m_{\min} = n + \frac{\sum Z}{K} = 3 + \frac{6}{3} = 5 \text{ 段}$$

按 $m=5$, $n=3$ 绘制的流水施工进度图表如图 3-5 所示。

施工层	施工过程名称	施工进度(天)											
		3	6	9	12	15	18	21	24	27	30	33	36
I	支模板	①	②	③	④	⑤							
	绑扎钢筋		①	②	③	④	⑤						
	浇混凝土			①	②	③	④	⑤					
II	支模板				Z=6天		①	②	③	④	⑤		
	绑扎钢筋							①	②	③	④	⑤	
	浇混凝土								①	②	③	④	⑤

图 3-5 流水施工进度图

2)当 $m=n$ 时

【例 3-4】 在例 3-2 中,如果将该建筑物在平面上划分成三个施工段,即 $m=3$,其余不变,则此时的流水施工开展状况,如图 3-6 所示。

由图 3-6 看出:当 $m=n$ 时,各专业工作队能连续施工,施工段没有空闲。这是理想化的流水施工方案,此时要求项目管理者,提高管理水平,只能进取,不能回旋、后退。

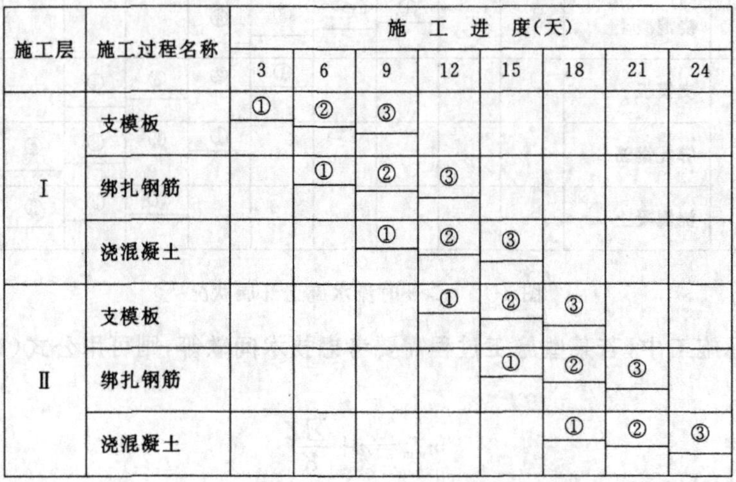

施工层	施工过程名称	施工进度(天)							
		3	6	9	12	15	18	21	24
Ⅰ	支模板	①	②	③					
	绑扎钢筋		①	②	③				
	浇混凝土			①	②	③			
Ⅱ	支模板				①	②	③		
	绑扎钢筋					①	②	③	
	浇混凝土						①	②	③

图 3-6 $m=n$ 时流水施工开展状况

3)当 $m<n$ 时

【例 3-5】 上例中,如果将其在平面上划分成两个施工段,即 $m=2$,其他不变,则流水施工开展的状况,如图 3-7 所示。

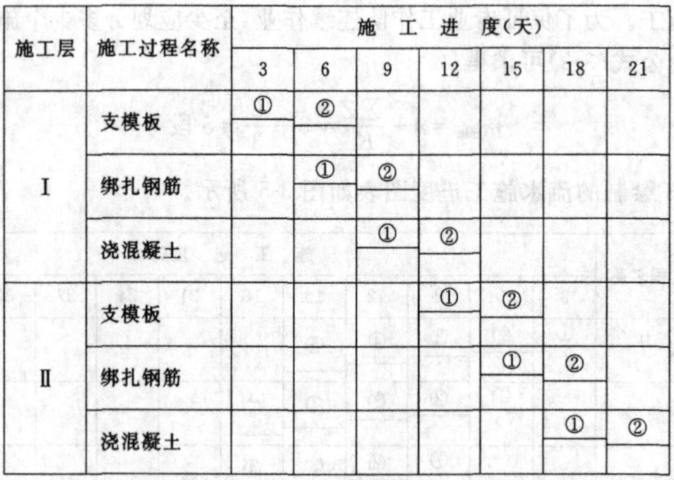

施工层	施工过程名称	施工进度(天)						
		3	6	9	12	15	18	21
Ⅰ	支模板	①	②					
	绑扎钢筋		①	②				
	浇混凝土			①	②			
Ⅱ	支模板				①	②		
	绑扎钢筋					①	②	
	浇混凝土						①	②

图 3-7 $m<n$ 时流水施工开展状况

由图 3-7 可见:当 $m<n$ 时,专业工作队不能连续作业,施工段没有空闲;但特殊情况下,施工段也会出现空闲,以致造成大多数专业工作队停工。因一个施工段只供一个专业工作队施工,这样,超过施工段数的专业工作队就无工作面而停工。在图 3-7 中,支模板工作队完成第一层的施工任务后,要停工 3 天才能进行第二层第一段的施工,其他队组同样也要停工 3 天。因此,工期延长了。这种情况对有多个同类型的建筑物,可组织各建筑物之间

的大流水施工,以弥补上述停工现象;但对单一建筑物的流水施工是不适宜的,应加以杜绝。

从上面的三种情况可以看出:施工段数的多少,直接影响工期的长短,而且要想保证专业工作队能够连续施工,必须满足公式(3-4):

$$m \geqslant n \tag{3-4}$$

应该指出,当无层间关系或无施工层(如某些单层建筑物、基础工程等)时,则施工段数不受公式(3-3)和公式(3-4)的限制,可按前面所述划分施工段的原则进行确定。

3.2.3 时间参数

在组织流水施工时,用以表达流水施工在时间排列上所处状态的参数,称为时间参数。它主要包括:流水节拍和流水步距两种。

1. 流水节拍(t_i)

在组织流水施工时,每个专业工作队在各个施工段上完成相应的施工任务所需要的工作持续时间,称为流水节拍。通常用"t_i"表示,它是流水施工的基本参数之一。流水节拍的大小,可以反映出流水施工速度的快慢、节奏感的强弱和资源消耗的多少。

(1)流水节拍的确定

流水节拍的确定通常有两种方法,一种是根据工期要求来确定;另一种是根据现有能投入的资源(劳动力、机械台班数和材料量)来确定。流水节拍可按下式计算:

$$t_i = \frac{Q_i}{C \cdot R} = \frac{P_i}{R} \tag{3-5}$$

式中　Q_i——某施工段的工程量($i=1,2,3,\cdots,m$);

　　　C——每一工日(或台班)的计划产量(产量定额);

　　　R——施工人数(或机械台数);

　　　P_i——某施工段所需的劳动量(或机械台班量)。

(2)确定流水节拍应注意以下问题:

1)流水节拍的取值必须考虑到专业工作队组织方面的限制和要求,尽可能不过多的改变原来劳动组织的状况,以便对施工队进行领导。专业工作队的人数应有起码的要求,以使他们具备集体协作的能力;

2)流水节拍的确定,应考虑到工作面条件的限制,必须保证有关专业工作队有足够的施工操作空间,保证施工操作安全和能充分发挥专业工作队的劳动效率;

3)流水节拍的确定,应考虑到机械设备的实际负荷能力和可能提供的机械设备数量。也要考虑机械设备操作场所安全和质量的要求。

4)有特殊技术限制的工程,如有防水要求的钢筋混凝土工程、受潮汐影响的水工作业、受交通条件影响的道路改造工程、铺管工程,以及设备检修工程等,都受技术操作和安全质量等方面的限制,对作业时间长度和连续性都有限制和要求,在安排其流水节拍时,应当满足这些限制要求;

5)必须考虑材料和构配件供应能力和水平对进度的影响和限制,合理确定有关施工过程的流水节拍;

6)首先应确定主导施工过程的流水节拍,并以它为依据确定其他施工过程的流水节拍。主导施工过程的流水节拍应是各施工过程流水节拍的最大值,应尽可能是有节奏的,以便组织节奏流水。

2. 流水步距(K)

在组织流水施工时,相邻两个专业工作队在保证施工顺序、满足连续施工、最大限搭接和保证工程质量要求的条件下,相继投入施工的最小时间间隔,称为流水步距。通常以"$K_{j,j+1}$"表示,它是流水施工的基本参数之一。

(1)确定流水步距的原则

图 3-8 所示的基础工程施工,挖土与垫层相继投入第一段开始施工的时间间隔为 2 天,即流水步距 $K=2$(本图 $K_{j,j+1}=K$),其他相邻两个施工过程的流水步距均为 2 天。

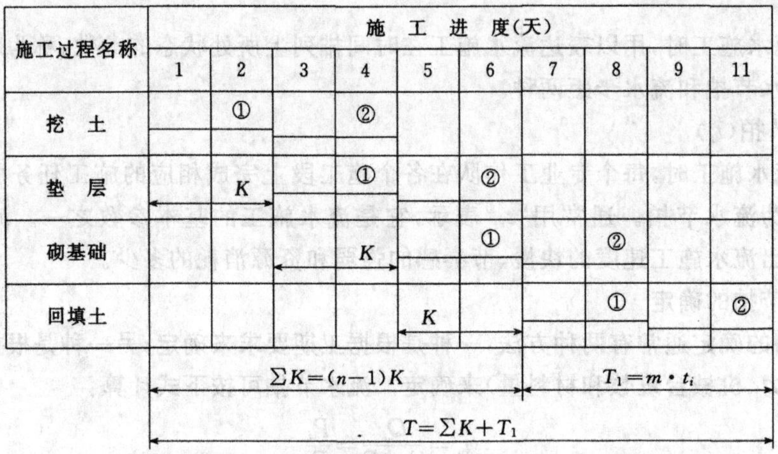

施工过程名称	施 工 进 度(天)									
	1	2	3	4	5	6	7	8	9	11
挖 土		①		②						
垫 层			K	①		②				
砌基础					K	①		②		
回填土						K		①		②

$\sum K=(n-1)K$　　　　$T_1=m \cdot t_i$

$T=\sum K+T_1$

图 3-8　流水步距与工期的关系

从图 3-8 可知:当施工段确定后,流水步距的大小直接影响着工期的长短。如果施工段不变,流水步距越大,则工期越长;反之,工期就越短。

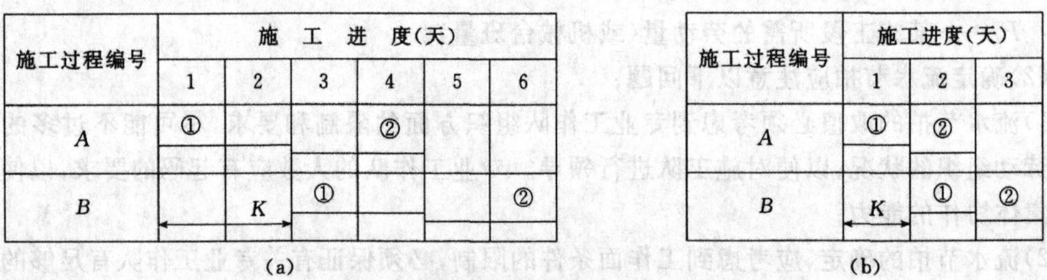

施工过程编号	施 工 进 度(天)					
	1	2	3	4	5	6
A	①			②		
B		K	①			②

(a)

施工过程编号	施 工 进 度(天)		
	1	2	3
A	①	②	
B		K	①	②

(b)

图 3-9　流水步距与流水节拍的关系

图 3-9 表示流水步距与流水节拍的关系。(a)图表示 A、B 两个施工过程,分两段施工,流水节拍均为 2 天的情况,此时 $K=2$;(b)图表示在工作面允许条件下,各增加一倍的工人,使流水节拍缩小,流水步距的变化情况。

从图 3-9 可知,当施工段不变时,流水步距随流水节拍的增大而增大,随流水节拍的缩小而缩小。如果人数不变,增加施工段数,使每段人数达到饱和,而该段施工持续时间总和不变,则流水节拍和流水步距都相应地会缩小,但工期拖长了,如图 3-10 所示。

从上述几种情况的分析,我们可以得知确定流水步距的原则如下:

1)流水步距应满足相邻两个专业工作队,在施工顺序上的相互制约关系;

2)流水步距要保证各专业工作队都能连续作业;

3)流水步距要保证相邻两个专业工作队,在开工时间上最大限度地、合理地搭接;

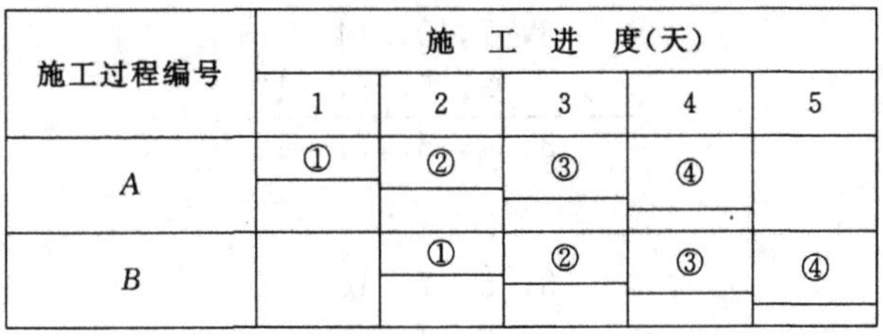

施工过程编号	施 工 进 度（天）				
	1	2	3	4	5
A	①	②	③	④	
B		①	②	③	④

图 3-10　流水步距、流水节拍与施工段的关系

4）流水步距的确定要保证工程质量，满足安全生产。

（2）确定流水步距的方法

流水步距的确定方法很多，而简捷实用的方法，主要有图上分析法、分析计算法和潘特考夫斯基法等。本书仅介绍潘特考夫斯基法。

潘特考夫斯基法也称为"最大差法"，简称累加数列法。此法通常在计算等节拍、无节奏的专业流水中，较为简捷、准确。其计算步骤如下：

1）根据专业工作队在各施工段上的流水节拍，求累加数列；

2）根据施工顺序，对所求相邻的两累加数列，错位相减；

3）根据错位相减的结果确定相邻专业工作队之间的流水步距，即相减结果中数值最大者。

【例 3-6】　某项目由四个施工过程组成，分别由 A、B、C、D 四个专业工作队完成，在平面上划分成四个施工段，每个专业工作队在各施工段上的流水节拍如表 3-1 所示，试确定相邻专业工作队之间的流水步距。

表 3-1　某项目的流水节拍

流水节拍（天）＼施工段　工作队	①	②	③	④
A	4	2	3	2
B	3	4	3	4
C	3	2	2	3
D	2	2	1	2

解：（1）求各专业工作队的累加数列

A：4，6，9，11

B：3，7，10，14

C：3，5，7，10

D：2，4，5，7

（2）错位相减

A 与 B：

$$
\begin{array}{r}
4,\ 6,\ 9,\ 11 \\
-)\quad 3,\ 7,\ 10,\ 14 \\
\hline
4,\ 3,\ 2,\ 1,-14
\end{array}
$$

B 与 C：

$$\begin{array}{r} 3,\ 7,10,\ 14 \\ -)\quad 3,\ 5,\ 7,\ \ 10 \\ \hline 3,\ 4,\ 5,\ 7,-10 \end{array}$$

C 与 D：

$$\begin{array}{r} 3,\ 5,\ 7,\ 10 \\ -)\quad 2,\ 4,\ 5,\ \ 7 \\ \hline 3,\ 3,\ 3,\ 5,-7 \end{array}$$

（3）求流水步距

因流水步距等于错位相减所得结果中数值最大者，故有

$$K_{A,B}=\max\{4,3,2,1,-14\}=4 \text{ 天}$$
$$K_{B,C}=\max\{3,4,5,7,-10\}=7 \text{ 天}$$
$$K_{C,D}=\max\{3,3,3,5,-7\}=5 \text{ 天}$$

3. 其他时间参数

此外，在组织流水施工，确定计划总工期时，项目管理人员还应根据本项目的具体情况，考虑要确定以下几个时间参数的值。

（1）平行搭接时间

在组织流水施工时，有时为了缩短工期，在工作面允许的条件下，如果前一个专业工作队完成部分施工任务后，能够提前为后一个专业工作队提供工作面，使后者提前进入前一个施工段，两者在同一施工段上平行搭接施工，这个搭接的时间称为平行搭接时间，通常以"$C_{j,j+1}$"表示。

（2）技术间歇时间

在组织流水施工时，除要考虑相邻专业工作队之间的流水步距外，有时根据建筑材料或现浇构件等的工艺性质，还要考虑合理的工艺等待间歇时间，这个等待时间称为技术间歇时间。如混凝土浇筑后的养护时间、砂浆抹面和油漆面的干燥时间等。技术间歇时间以"$Z_{j,j+1}$"表示。

（3）组织间歇时间

在流水施工中，由于施工技术或施工组织的原因，造成的在流水步距以外增加的间歇时间，称为组织间歇时间。如墙体砌筑前的墙身位置弹线，施工人员、机械转移，回填土前地下管道检查验收等等。组织间歇时间以"$G_{j,j+1}$"表示。

在组织流水施工时，项目经理部对技术间歇和组织间歇时间，可根据项目施工中的具体情况分别考虑或统一考虑，但二者的概念、作用和内容是不同的，必须结合具体情况灵活处理。

3.3 流水施工的基本方式

在工程建设实践中，在组织工程项目流水施工时，根据各施工过程流水节拍的数值特征，流水施工通常可分为：全等节拍流水、异节拍流水和无节奏流水等几种组织形式。

3.3.1 全等节拍流水

在组织流水施工时，如果所有的施工过程在各个施工段上的流水节拍彼此相等，则这种流水施工组织方式称为全等节拍流水，又称为固定节拍流水或等节拍流水。

1. 基本特点

(1)流水节拍彼此相等。

如有 n 个施工过程,流水节拍为 t_i,则:

$$t_1 = t_2 = \cdots = t_{n-1} = t_n = t（常数）$$

(2)流水步距彼此相等,而且等于流水节拍,即:

$$K_{1,2} = K_{2,3} = \cdots = K_{n-1,n} = K = t（常数）$$

(3)每个专业工作队都能够连续施工,施工段没有空闲。

(4)专业工作队数(n_1)等于施工过程数(n)。

2. 组织步骤

(1)确定项目施工起点流向,分解施工过程。

(2)确定施工顺序,划分施工段。划分施工段时,其数目 m 的确定如下:

1)无层间关系或无施工层时,取 $m = n$。

2)有层间关系或有施工层时,施工段数目 m 分两种情况确定:

①无技术和组织间歇时,取 $m = n$;

②有技术和组织间歇时,为了保证各专业工作队能连续施工,应取 $m > n$。

若一个楼层内各施工过程间的技术、组织间歇时间之和为 $\sum Z_1$,楼层间技术、组织间歇时间为 Z_2。则每层的施工段数 m 可按公式(3-6)确定:

$$m = n + \frac{\max \sum Z_1}{K} + \frac{\max Z_2}{K} \tag{3-6}$$

(3)根据等节拍专业流水要求,计算流水节拍数值。

(4)确定流水步距,$K = t$。

(5)计算流水施工的工期:

1)不分施工层时,可按公式(3-7)进行计算:

$$T = (m + n - 1) \cdot K + \sum Z_{j,j+1} + \sum G_{j,j+1} - \sum C_{j,j+1} \tag{3-7}$$

式中　T——流水施工总工期;

　　　m——施工段数;

　　　n——施工过程数;

　　　K——流水步距;

　　　j——施工过程编号,$1 \leqslant j \leqslant n$;

$Z_{j,j+1}$——j 与 $j+1$ 两个施工过程之间的技术间歇时间;

$G_{j,j+1}$——j 与 $j+1$ 两个施工过程之间的组织间歇时间;

$C_{j,j+1}$——j 与 $j+1$ 两个施工过程之间的平行搭接时间。

2)分施工层时,可按公式(3-8)进行计算:

$$T = (m \cdot r + n - 1) \cdot K + \sum Z_1^1 - \sum C_{j,j+1} \tag{3-8}$$

式中　r——施工层数;

$\sum Z_1^1$——第一个施工层中各施工过程之间的技术与组织间歇时间之和;

其他符号含义同前。

(6)绘制流水施工进度图。

【例 3-7】 某项目由Ⅰ、Ⅱ、Ⅲ、Ⅳ等四个施工过程组成,划分两个施工层组织流水施工,施工过程Ⅱ完成后养护一天下一个施工过程才能施工,且层间技术间歇为一天,流水节拍均为一天。为了保证工作队连续作业，试确定施工段数，计算工期，绘制流水施工进度图。

解：(1)确定流水步距

因为　$t_i=t=1$ 天

所以　$K=t=1$ 天

(2)确定施工段数

因项目施工时分两个施工层，其施工段数可按公式(3-6)确定。

$$m=n+\frac{\max\sum Z_1}{K}+\frac{\max Z_2}{K}=4+\frac{1}{1}+\frac{1}{1}=6(\text{段})$$

(3)计算工期

由公式(3-8)得：

$$\begin{aligned}T&=(m\cdot r+n-1)\cdot K+\sum Z_1^1-\sum C_{j,j+1}\\&=(6\times2+4-1)\times1+1-0=16(\text{天})\end{aligned}$$

(4)绘制流水施工进度图，如图 3-11 所示。

施工层	施工过程名称	施工进度(天) 1	2	3	4	5	6	7	8	9	10	11	12	13	14	15	16
1	Ⅰ	①	②	③	④	⑤	⑥										
	Ⅱ		①	②	③	④	⑤	⑥									
	Ⅲ				①	②	③	④	⑤	⑥							
	Ⅳ					①	②	③	④	⑤	⑥						
2	Ⅰ							①	②	③	④	⑤	⑥				
	Ⅱ								①	②	③	④	⑤	⑥			
	Ⅲ										①	②	③	④	⑤	⑥	
	Ⅳ											①	②	③	④	⑤	⑥
		$(n-1)\cdot K+Z_1$				$m\cdot r\cdot t$											

图 3-11　分层并有技术、组织间歇时间的等节拍专业流水

3.3.2　成倍节拍流水

成倍节拍流水是指在组织流水施工时，如果同一个施工过程在各施工段上的流水节拍彼此相等，不同施工过程在同一施工段上的流水节拍彼此不等但互为倍数的流水施工组织方式，又称为异节拍流水。

1. 基本特点

(1)同一施工过程在各施工段上的流水节拍彼此相等，不同的施工过程在同一施工段上的流水节拍彼此不同，但互为倍数关系；

(2)流水步距彼此相等,且等于流水节拍的最大公约数;

(3)各专业工作队都能够保证连续施工,施工段没有空闲;

(4)专业工作队数大于施工过程数,即 $n_1 > n$。

2. 组织步骤

(1)确定施工起点流向,分解施工过程;

(2)确定施工顺序,划分施工段;

1)不分施工层时。可按划分施工段的原则确定施工段数。

2)分施工层时。每层的段数可按公式(3-9)确定:

$$m = n_1 + \frac{\max \sum Z_1}{K_b} + \frac{\max Z_2}{K_b} \tag{3-9}$$

式中　n_1——专业工作队总数;

　　K_b——等步距的异节拍流水的流水步距;

其他符号含义同前。

(3)按异节拍专业流水确定流水节拍;

(4)按公式(3-10)确定流水步距;

$$K_b = \text{最大公约数}\{t^1, t^2, \cdots, t^n\} \tag{3-10}$$

(5)按公式(3-11)和公式(3-12)确定专业工作队数;

$$b_j = \frac{t_j}{K_b} \tag{3-11}$$

$$n_1 = \sum_{j=1}^{n} b_j \tag{3-12}$$

式中　t_j——施工过程 j 在各施工段上的流水节拍;

　　b_j——施工过程 j 所要组织的专业工作队数;

　　j——施工过程编号,$1 \leq j \leq n$。

(6)确定计划总工期。可按公式(3-13)或公式(3-14)进行计算。

$$T = (r \cdot n_1 - 1) \cdot K_b + m^{zh} \cdot t^{zh} + \sum Z_{j,j+1} + \sum G_{j,j+1} - C_{j,j+1} \tag{3-13}$$

或

$$T = (m \cdot r + n_1 - 1) \cdot K_b + \sum Z_1^1 - \sum C_{j,j+1} \tag{3-14}$$

式中　r——施工层数(不分层时,$r=1$;分层时,$r=$实际施工层数);

　　m^{zh}——最后一个施工过程的最后一个专业工作队所要完成的施工段数;

　　t^{zh}——最后一个施工过程的流水节拍;

其他符号含义同前。

(7)绘制流水施工进度图。

【例 3-8】　某项目由Ⅰ、Ⅱ、Ⅲ、Ⅳ四个施工过程组成,流水节拍分别为 $t_1=5$ 天,$t_2=10$ 天,$t_3=10$ 天,$t_4=5$ 天,试组织成倍节拍流水,并绘制流水施工进度图。

解:(1)求流水步距

$$K_b = \text{最大公约数}\{5, 10, 10, 5\} = 5 \text{ 天}$$

(2)求专业工作队数

$$b_1 = 5/5 = 1 \text{ 个}$$

$$b_2 = b_3 = 10/5 = 2 \text{ 个}$$

$$b_4 = 5/5 = 1 \text{ 个}$$

所以
$$n_1 = \sum_{j=1}^{4} b_j = 1 + 2 + 2 + 1 = 6 \text{ 个}$$

(3)计算工期

$$T = (m + n_1 - 1) \cdot K_b = (4 + 6 - 1) \times 5 = 45 \text{ 天}$$

(4)绘制流水施工进度表,如图 3-12 所示。

施工过程名称	工作队	施工进度(天)								
		5	10	15	20	25	30	35	40	45
基　础	Ⅰ	①	②	③	④					
结构安装	Ⅱₐ		①		③					
	Ⅱ_b			②		④				
室内装修	Ⅲₐ				①		③			
	Ⅲ_b					②		④		
室外工程	Ⅳ						①	②	③	④

图 3-12　流水施工进度图

3.3.3　无节奏专业流水

在工程项目实际施工中,通常每个施工过程在各个施工段上的工程量彼此不等,各专业工作队的劳动效率存在一定差异,导致大多数施工过程的流水节拍也彼此不相等,不可能组织全等节拍流水或成倍节拍流水。在这种情况下,往往利用流水施工的基本概念,在保证施工工艺、满足施工顺序要求的前提下,按照一定的计算方法,确定相邻专业工作队之间的流水步距,使其在开工时间上最大限度地、合理地搭接起来,形成每个专业工作队能连续作业的流水施工方式,称为无节奏专业流水。它是流水施工的普遍形式。

1. 基本特点

(1)每个施工过程在各个施工段上的流水节拍,不尽相等;

(2)在多数情况下,流水步距彼此不相等,而且流水步距与流水节拍二者之间存在着某种函数关系;

(3)各专业工作队都能连续施工,个别施工段可能有空闲;

(4)专业工作队数等于施工过程数,即 $n_1 = n$。

2. 组织步骤

(1)确定施工起点流向,分解施工过程;

(2)确定施工顺序,划分施工段;

(3)计算各施工过程在各个施工段上的流水节拍;

(4)按一定的方法确定相邻两个专业工作队之间的流水步距;

(5)按公式(3-15)计算流水施工的计划工期;

$$T = \sum_{j=1}^{n-1} K_{j,j+1} + \sum_{i=1}^{m} t_i^{zh} + \sum Z + \sum G - \sum C_{j,j+1} \tag{3-15}$$

式中　　T——流水施工的计划工期;

　　$K_{j,j+1}$——j 与 $j+1$ 两专业工作队之间的流水步距;

　　　t_i^n——最后一个施工过程在第 i 个施工段上的流水节拍;

　　$\sum Z$——技术间歇时间总和;

　　$\sum G$——组织间歇时间之和;

　$\sum C_{j,j+1}$——相邻两专业工作队 j 与 $j+1$ 之间的平行搭接时间之和($1 \leqslant j \leqslant n-1$)。

(6)绘制流水施工进度图。

【**例 3-9**】 某项目经理部拟建一工程,该工程有 Ⅰ、Ⅱ、Ⅲ、Ⅳ、Ⅴ 等五个施工过程。施工时在平面上划分成四个施工段,每个施工过程在各个施工段上的流水节拍如表 3-2 所示。规定施工过程 Ⅱ 完成后,其相应施工段至少要养护 2 天,施工过程 Ⅳ 完成后,其相应施工段要留有 1 天的准备时间。为了尽早完工,允许施工过程 Ⅰ 与 Ⅱ 之间搭接施工 1 天,试编制流水施工方案。

解:(1)根据题设条件,该工程只能组织无节奏专业流水

Ⅰ:3,5,7,11

Ⅱ:1,4,9,12

Ⅲ:2,3,6,11

Ⅳ:4,6,9,12

Ⅴ:3,7,9,10

表 3-2　某工程流水节拍

施工段 \ 施工过程（流水节拍(天)）	Ⅰ	Ⅱ	Ⅲ	Ⅳ	Ⅴ
①	3	1	2	4	3
②	2	3	1	2	4
③	2	5	3	3	2
④	4	3	5	3	1

(2)确定流水步距

1)$K_{Ⅰ,Ⅱ}$

$$
\begin{array}{r}
3,\ 5,\ 7,\ 11 \\
-)\quad 1,\ 4,\ 9,\ \ 12 \\
\hline
3,\ 4,\ 3,\ 2,-12
\end{array}
$$

所以 $K_{Ⅰ,Ⅱ} = \max\{3,4,3,2,-12\} = 4$ 天

2)$K_{Ⅱ,Ⅲ}$

$$
\begin{array}{r}
1,\ 4,\ 9,\ 12 \\
-)\quad 2,\ 3,\ 6,\ \ 11 \\
\hline
1,\ 2,\ 6,\ 6,-11
\end{array}
$$

所以 $K_{Ⅱ,Ⅲ} = \max\{1,2,6,6,-11\} = 6$ 天

3)$K_{Ⅲ,Ⅳ}$

$$\begin{array}{r} 2,\ \ 3,\ \ 6,\ \ 11 \\ -)\quad 4,\ \ 6,\ \ 9,\ \ 12 \\ \hline 2,-1,\ \ 0,\ \ 2,-12 \end{array}$$

所以 $K_{\text{III},\text{IV}} = \max\{2, -1, 0, 2, -12\} = 2$ 天

4)$K_{\text{IV},\text{V}}$

$$\begin{array}{r} 4,\ \ 6,\ \ 9,\ \ 12 \\ -)\quad 3,\ \ 7,\ \ 9,\ \ 10 \\ \hline 4,\ \ 3,\ \ 2,\ \ 3,-10 \end{array}$$

所以 $K_{\text{IV},\text{V}} = \max\{4, 3, 2, 3, -10\} = 4$ 天

(3)确定计划工期

由题给条件可知：

$Z_{\text{II},\text{III}} = 2$ 天，$G_{\text{IV},\text{V}} = 1$ 天，$C_{\text{I},\text{II}} = 1$ 天，代入公式(3-15)得：

$$T = (4 + 6 + 2 + 4) + (3 + 4 + 2 + 1) + 2 + 1 - 1 = 28 \text{ 天}$$

(4)绘制流水施工进度表

如图 3-13 所示。

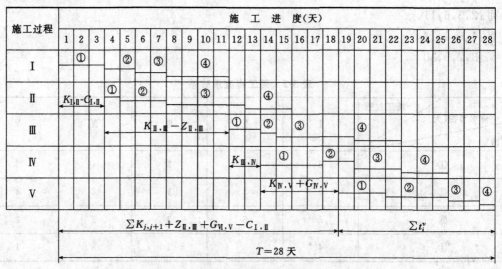

图 3-13　流水施工进度图

4 网络计划技术

4.1 网络计划技术概述

4.1.1 网络计划技术的产生和发展

网络计划技术是随着现代科学技术和工业生产的发展而产生的一种科学的计划管理方法,最早出现于20世纪50年代后期的美国。应用最早的网络计划技术是关键线路法(CPM)和计划评审技术(PERT)。前者1956年由美国杜邦公司提出,并在1957年首先应用于一个价值一千多万美元的化工厂建设工程,取得了良好的效果;后者在1958年由美国海军武器局特别计划室提出,首先应用于制定美国海军北极星导弹研制计划,它使北极星导弹研制工作在时间和成本控制方面取得了显著的效果。

网络计划技术既是一种科学的计划方法,又是一种有效的生产管理方法。被许多国家认为是当前最为行之有效的、先进的、科学的管理方法而广泛应用在工业、农业、国防和科研计划与管理中。在工程领域,网络计划技术的应用尤为广泛,许多国家将其用于投标、签订合同及拨款业务;在资源和成本优化等方面也应用较多。国外多年实践证明,应用网络计划技术组织与管理生产一般能缩短工期20%左右,降低成本10%左右。由于这种方法主要用于进行规划、计划和实施控制,因此,在缩短建设周期、提高工效、降低造价以及提高生产管理水平方面取得了显著的效果。

我国从20世纪60年代中期,在著名数学家华罗庚教授的倡导下,开始在国民经济各部门试点应用网络计划方法。当时为结合我国国情,并根据"统筹兼顾、全面安排"的指导思想,将这种方法命名为"统筹法"。此后,在工农业生产实践中有效地推广起来。1980年成立了全国性的统筹法研究会,1982年在中国建筑学会的支持下,成立了建筑统筹管理研究会。目前,全国许多高校的土木和管理专业都开设了网络计划技术课程。

为了进一步推进网络计划技术的研究、应用和教学,我国于1991年发布了行业标准《工程网络计划技术》,1992年发布了《网络计划技术》三个国家标准(术语、画法和应用程序),将网络计划技术的研究和应用提升到新水平。10多年来,这些网络计划技术的标准化文件在规范网络计划技术的应用,促进该领域科学研究方面发挥了重要作用。新颁发的《工程网络计划技术规程》(JGJ/T 121—1999)于2000年代替了原JGJ/T 1001—1991,于2000年2月1日起施行,必将进一步推进我国工程网络计划技术的发展和应用水平的提高。

4.1.2 网络计划技术基本原理

要说明网络计划技术,首先要了解网络图。网络图是一种表示整个计划(或工程)中各项工作的先后次序和所需时间的网状图形。它由若干个带箭头的箭线、节点和线路组成。

按照网络图中逻辑关系和工作持续时间的不同,网络计划分类如表4-1所示。在众多类型中,关键线路网络(CPM)是工程施工中最常见的网络计划。按画图符号和表达方式不同网络计划可分为单代号网络计划、双代号网络计划、时标网络计划等。本章重点介绍这三种网络计划。

1. 双代号网络图

双代号网络图,是指组成网络图的各项工作由节点表示工作的开始或结束,以箭线表示工作。工作的名称写在箭线上,工作的持续时间(小时、天、周、月等)写在箭线下,箭尾表示工作的开始,箭头表示工作的结束。采用这种符号绘制的网络图,称为双代号网络图,如图 4-1 所示。

表 4-1　网络计划的类型

类　型		持　续　时　间	
		肯　定　型	非　肯　定　型
逻辑关系	肯定型	关键线路网络(CPM) 搭接网络计划	计划评审技术(PERT)
	非肯定型	决策树型网络 决策关键线路网络(DCPM)	图示评审技术(GERT) 随机网络计划(QGERT) 风险型随机网络(VERT)

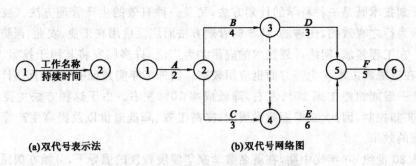

(a)双代号表示法　　　　　(b)双代号网络图

图 4-1　双代号表示法及双代号网络图

2. 单代号网络图

单代号网络图,指组成网络图的各项工作是由节点表示,以箭线表示各项工作的相互制约关系。用这种符号从左向右绘制而成的表示一项计划中各工作之间逻辑关系的图形,就叫做单代号网络图。如图 4-2 所示。

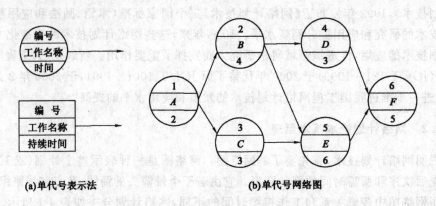

(a)单代号表示法　　　　　(b)单代号网络图

图 4-2　单代号表示法及单代号网络图

3. 时标网络图

时标网络图是在横道图的基础上引进网络图工作之间的逻辑关系而形成的一种网络图。它既克服了横道图不能显示各工作之间逻辑关系的缺点,又解决了一般网络图的时间表示不直观的问题,如图 4-3 所示。

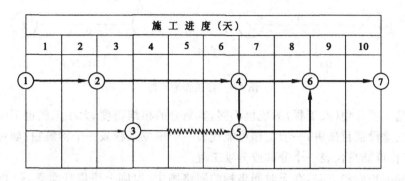

图 4-3　时标网络图

在工程项目计划管理中,可以将网络计划技术的基本原理归纳为:

(1)根据一项计划(或工程)中各项工作之间的开展顺序和相互制约、相互依赖的逻辑关系,绘制网络图;

(2)计算网络图的时间参数,找出计划中的关键工作和关键线路;

(3)利用优化原理,不断改进网络计划,寻求最优方案;

(4)在网络计划执行过程中,进行有效的监督和控制,以最小的消耗取得最大的经济效果。

4.1.3　网络计划技术的优点

与横道图相比,网络图具有如下优点:

(1)能明确而全面地表达出各项工作开展的先后顺序和反映出各工作之间相互制约、相互依赖的逻辑关系,使计划中的各个工作组成一个有机整体;

(2)能在错综复杂的计划中找出决定工程进度的关键工作,便于计划管理者抓住主要矛盾,确保工期,避免盲目施工;

(3)能利用计算机对复杂的计划进行计算、调整与优化,实现计划管理的科学化。

4.2　双代号网络计划

4.2.1　双代号网络图的组成

双代号网络图主要由工作、节点和线路三个基本要素组成。

1. 工作(或称过程、活动、工序)

工作是指计划任务按需要粗细程度划分而成的一个消耗时间或也消耗资源的子项目或子任务。它是网络图的组成要素之一,在双代号网络图中工作用一条箭线和两个圆圈(节点)表示。圆圈中的两个号码代表这项工作的名称,由于是两个号码表示一项工作,故称为双代号表示法,如图 4-1(a)所示。由双代号表示法构成的网络图称为双代号网络图,如图 4-1(b)所示。

工程施工实践中,工作通常可分为三种:需要消耗时间和资源的工作(如浇筑混凝土);仅消耗时间而不消耗资源的工作(如混凝土养护);既不消耗时间、也不消耗资源的工作。前两种是实际存在的工作,称为"实工作",用实箭线表示;后一种是人为虚设的工作,仅表示相邻工作之间的逻辑关系,通常称为"虚工作",以虚箭线或在实箭线下标"0"表示,但实箭线加注零时间表示虚工作的方法实际中很少使用,我们也不予提倡,如图 4-4 所示。

图 4-4　虚工作表示法

工作根据一项计划(或工程)的规模不同,其划分的粗细程度、大小范围也不同。如对于一个规模较大的建设项目来讲,一项工作可能代表一个单位工程或一个构筑物;如对于一个单位工程,一项工作可能只代表一个分部或分项工程。

工作箭线的长度和方向,在无时间坐标的网络图中,原则上可以任意画,但必须满足工作逻辑关系,且在同一张网络图中,箭线的画法要求统一;在有时间坐标的网络图中,其箭线的长度必须根据完成该项工作所需持续时间的大小按比例绘制。

2. 节点(又称结点、事件)

网络图中表示工作开始、结束或连接关系的圆圈称为节点。箭线出发的节点称为该工作的开始节点,箭线进入的节点称为该工作的结束节点;表示整个计划开始的节点称为网络图的起点节点,表示整个计划最终完成的节点称为网络图的终点节点,其余称为中间节点。所有的中间节点都具有双重含义,既是前面工作的结束节点,又是后面工作的开始节点。网络图中,节点只是一个"瞬间",既不消耗时间、也不消耗资源,如图 4-5 所示。

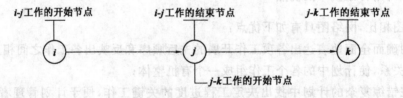

图 4-5　节点示意图

在一个网络图中,可以有许多工作通向同一个节点,也可以有许多工作由同一个节点出发。通常把通向某一节点的工作称为该节点的紧前工作;把从某一节点出发的工作称为该节点的紧后工作,如图 4-6 所示。

网络图中的每个节点都要编号。编号方法是:从起点节点开始,从小到大,自左向右,用阿拉伯数字表示。编号原则是:箭尾节点的编号必须小于箭头节点编号,编号可连续,也可隔号不连续,但在同一个网络图中节点的编号不能重复。

3. 线路

网络图中从起点节点开始,沿箭线方向连续通过一系列箭线与节点,最后到达终点节点所经过的路径,称为线路。每一条线路都有自己确定的完成时间,它等于该条线路上各项工作持续时间的总和,是完成这条线路上所有工作的计划工期。工期最长的线路称为关键线路,位于关键线路上的工作称为关键工作。

在网络图中,关键线路有时可能不止一条,也可能同时存在几条关键线路,即这几条线路上的线路时间相同。但从管理的角度出发,为了实行重点管理,一般不希望出现太多的关键线路。

关键线路并不是一成不变的,在一定的条件下,关键线路和非关键线路可以相互转化。当采取了一定的技术组织措施,缩短了关键线路上各工作的持续时间,就有可能使关键线路发生转移,使原来的关键线路变成非关键线路,而原来的非关键线路却变成了关键线路。

短于但接近于关键线路持续时间的线路称为次关键线路,其余线路称为非关键线路。位于非关键线路上的工作除关键工作外,其余为非关键工作,它具有机动时间(即时差)。非关键工作也不是一成不变的,它可以转化为关键工作,利用非关键工作的机动时间可以科学的、合理的调配资源和对网络计划进行优化。

4.2.2　双代号网络图的绘制

网络计划必须通过网络图来反映,网络图的绘制是网络计划技术的基础。要正确绘制网络图,就必须正确地反映网络图的逻辑关系,遵守绘图的基本规则。

1. 网络图的各种逻辑关系及其正确的表示方法

网络图的逻辑关系是指工作中客观存在的一种先后顺序关系和施工组织要求的相互制约、相互依赖的关系。在表示工程施工计划的网络图中,这种顺序可分为两大类:一类是反映施工工艺的关系,称工艺逻辑;另一类是反映施工组织上的关系,称为组织逻辑。工艺逻辑是由施工工艺所决定的各个工作之间客观存在的先后顺序关系,其顺序一般是固定的,有的是绝对不能颠倒的。组织逻辑是在施工组织安排中,综合考虑各种因素,在各工作之间主观安排的先后顺序关系。这种关系不受施工工艺的限制,不由工程性质本身决定,在保证施工质量、安全和工期等前提下,可以人为安排。

在网络图中,各工作之间在逻辑关系是变化多端的。表 4-2 中所列的是双代号网络图与单代号网络图中常见的一些逻辑关系及其表示方法,工作名称均以字母来表示。

2. 绘制网络图的基本规则

(1)必须正确表达各项工作之间的相互制约和相互依赖的关系。

(2)网络图中,只允许有一个起点节点,一个终点节点(多目标网络除外),如图 4-7 所示。

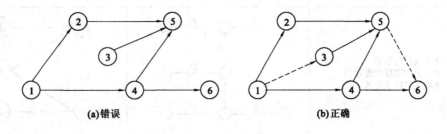

图 4-7　节点绘制规则示意图

(3)不允许出现编号相同的箭线,如图 4-8 所示。

(4)网络图中不允许出现循环回路,如图 4-9 所示。

(5)严禁出现带双向箭头或无箭头的连线,如图 4-10 所示。

表 4-2　网络图中常见的各种工作逻辑关系及其表示方法

序号	工作之间的逻辑关系	双代号表示法	单代号表示法
1	A完成后进行 B 和 C	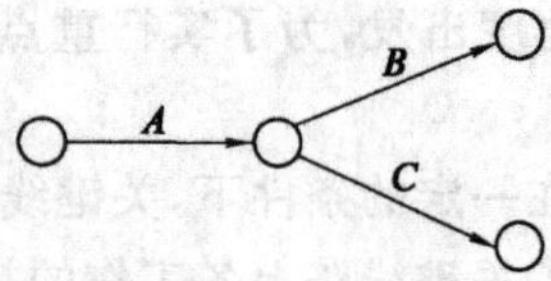	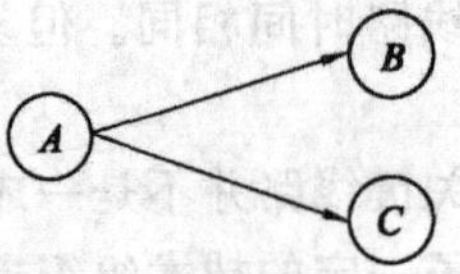
2	A、B 完成后进行 C	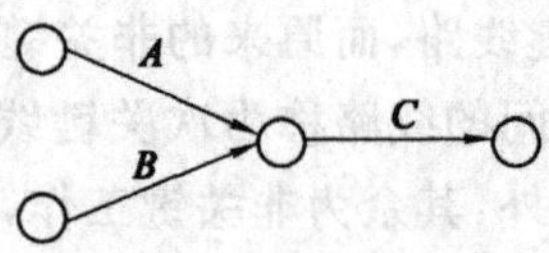	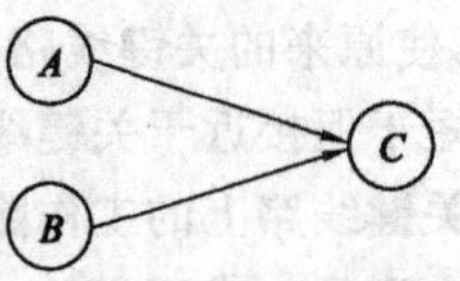
3	A、B 均完成后同时进行 C 和 D	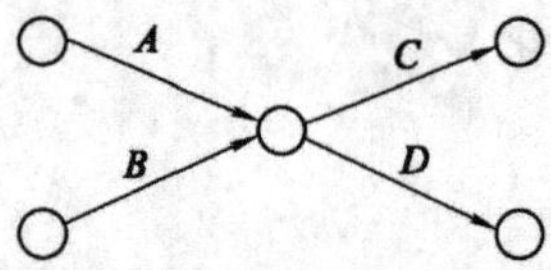	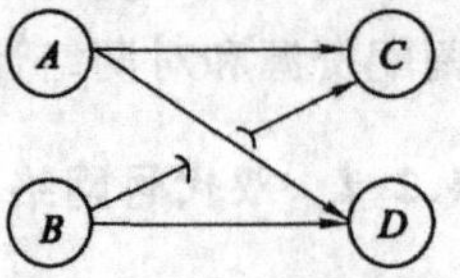
4	A 完成后进行 C A、B 均完成后进行 D	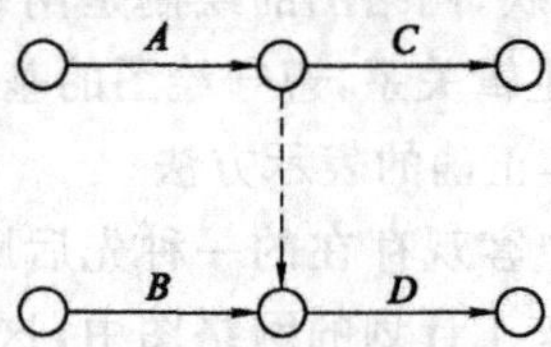	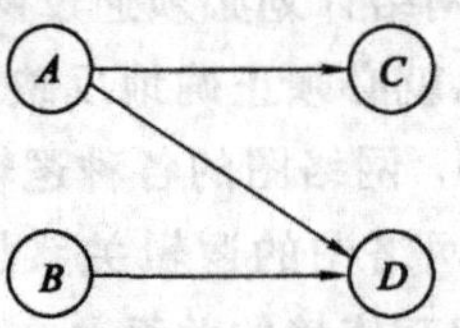
5	A、B 均完成后进行 D A、B、C 均完成后进行 E	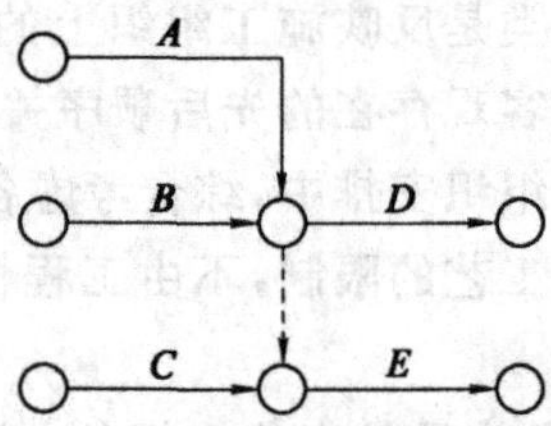	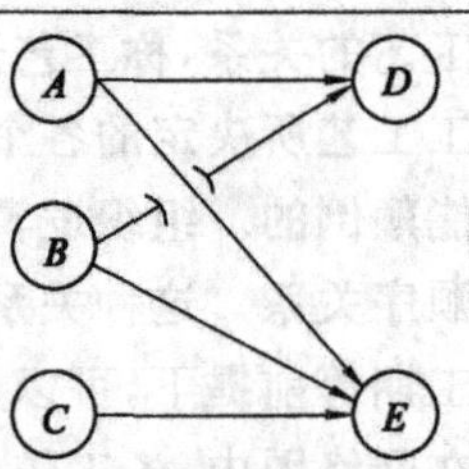
6	A、B 均完成后进行 C B、D 均完成后进行 E	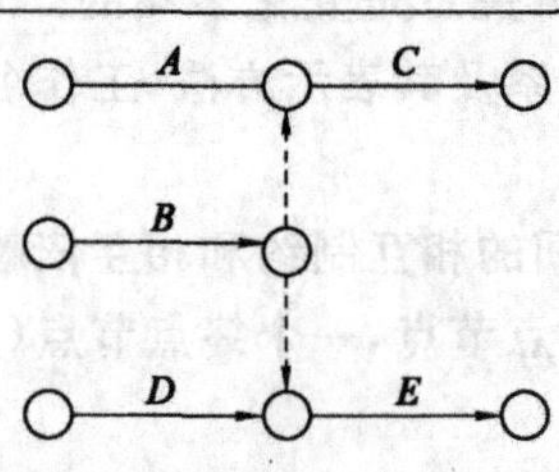	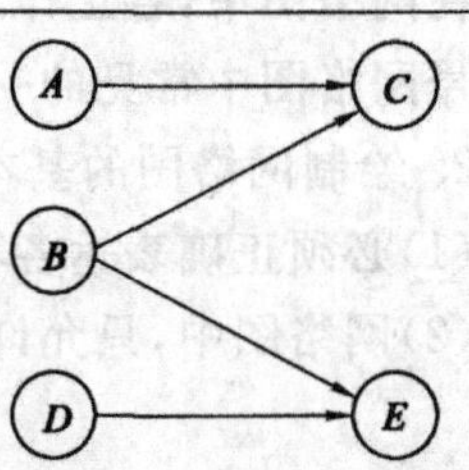
7	A 完成后进行 C A、B 均完成后进行 D B 均完成后进行 E	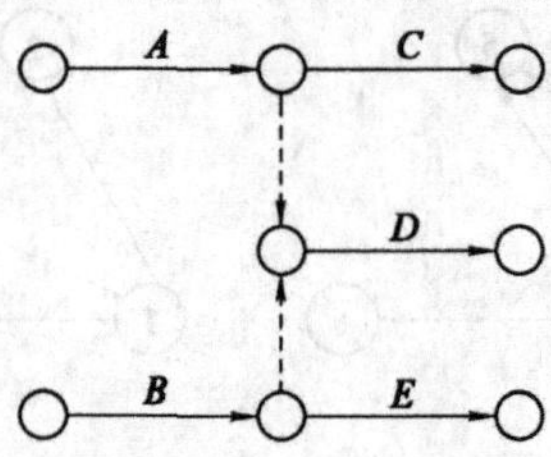	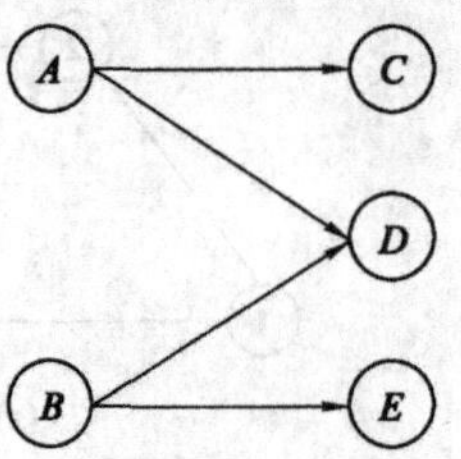

（6）严禁出现没有箭头节点或没有箭尾节点的箭线，如图 4-11 所示。

（7）当网络图中不可避免出现箭线交叉时，可用过桥法或断线法表示，如图 4-12 所示。

（8）当网络图的起点节点有多条外向箭线或终点节点有多条内向箭线时，为使图形简洁，可用母线法表示，如图 4-13 所示。

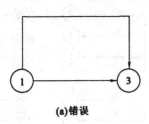

(a)错误

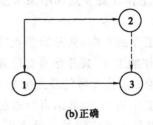

(b)正确

图 4-8 箭线绘制规则示意图

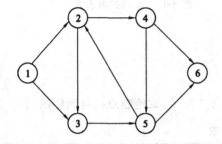

图 4-9 出现循环回路的网络图

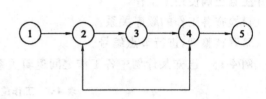

图 4-10 出现双向箭头箭线和无箭头箭线错误的网络图

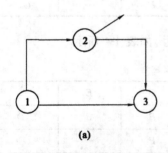

(a)

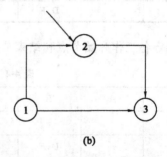

(b)

图 4-11 没有箭头节点的箭线和没有箭尾节点的箭线的错误网络图

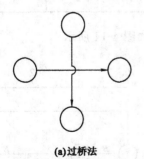

(a)过桥法

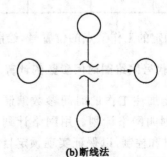

(b)断线法

图 4-12 过桥法交叉与指向法交叉

3. 双代号网络图绘制的方法和步骤

为使双代号网络图绘制简洁、美观,宜优先采用水平箭线和垂直箭线表示。在绘制之前,先确定出各个节点的位置号,再按节点位置及逻辑关系绘制网络图。

(1)制定整个工程的施工方案,确定施工顺序,并列出工作项目和相互关系。

（2）确定各工作开始节点和结束节点的位置号。

1）无紧前工作的工作，其开始节点的位置号为0；有紧前工作的工作，其开始节点位置号等于其紧前工作开始节点位置号的最大值加1。

2）有紧后工作的工作，其结束节点位置号等于其紧后工作开始节点位置号的最小值；无紧后工作的工作，其结束节点位置号等于网络图中各个工作的结束节点位置号的最大值加1。

（3）根据节点位置号和逻辑关系绘出网络图，并注意正确使用虚工作。

（4）检查各工作的顺序关系。

（5）调整整理，进行节点编号。

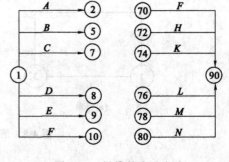

图 4-13　母线的表示方法

【例 4-1】　已知某计划中各工作之间逻辑关系如表 4-3 所示，试绘制双代号网络图。

表 4-3　工作逻辑关系表

工　作	A	B	C	D	E	F	G
紧前工作	—	—	—	B	B	C,D	F
紧后工作	—	D,E	F	F	—	G	—

解：（1）确定各工作开始节点和结束节点的位置号，如表 4-4 所示

表 4-4　工作节点位置号

工　作	A	B	C	D	E	F	G
紧前工作	—	—	—	B	B	C,D	F
紧后工作	—	D,E	F	F	—	G	—
开始节点位置号	0	0	0	1	1	2	3
结束节点位置号	4	1	2	2	4	3	4

（2）根据确定的工作节点的位置号，绘制网络图，如图 4-14 所示

4.2.3　双代号网络图时间参数的计算

在网络图上加注工作的时间参数编制而成的进度计划叫网络计划。用网络计划对工作进行安排和控制，以保证实现预定目标的科学的计划管理技术叫网络计划技术。计算网络图时间参数的目的是找出关键线路，使得在工作中能抓住主要矛盾，向关键线路要时间。计算非关键线路上的富余时间，明确其存在多少机动时间，从而向非关键线路要劳力、要资源；确定总工期，对工程进度做到心中有数。

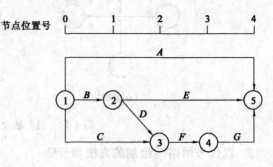

图 4-14　例 4-1 网络图

1. 时间参数的内容与表示符号

网络图时间参数常用的有 9 个,其内容及表示符号如下:

(1)ET_i——节点 i 的最早时间;

(2)LT_i——节点 i 的最迟时间;

(3)$ES_{i\cdot j}$——$i\text{-}j$ 工作的最早开始时间;

(4)$EF_{i\cdot j}$——$i\text{-}j$ 工作的最早完成时间;

(5)$LS_{i\cdot j}$——$i\text{-}j$ 工作的最迟开始时间;

(6)$LF_{i\cdot j}$——$i\text{-}j$ 工作的最迟完成时间;

(7)$TF_{i\cdot j}$——$i\text{-}j$ 工作的总时差;

(8)$FF_{i\cdot j}$——$i\text{-}j$ 工作的自由时差;

(9)$D_{i\cdot j}$——$i\text{-}j$ 工作的持续时间。

网络图时间参数计算的方法有许多种,一般常用的有分析计算法、图上计算法、表上计算法、矩阵计算法和电算法等。本书仅对图上计算法加以介绍。

图上计算法是按照工作时间参数计算公式,直接在网络图上计算时间参数的方法。由于计算过程在图上直接进行,不需列计算公式,既快又不易出错,计算结果直接标注在网络图上,一目了然,同时也便于检查和修改,故此比较常用,但该方法一般适用于工作较少的网络图。

采用图上计算法时,网络图时间参数的标注如图 4-15 所示。

2. 图上计算法计算时间参数的步骤和方法

(1) 节点最早时间的计算

节点最早时间是指双代号网络计划中,以该节点为开始节点的各项工作的最早开始时间。

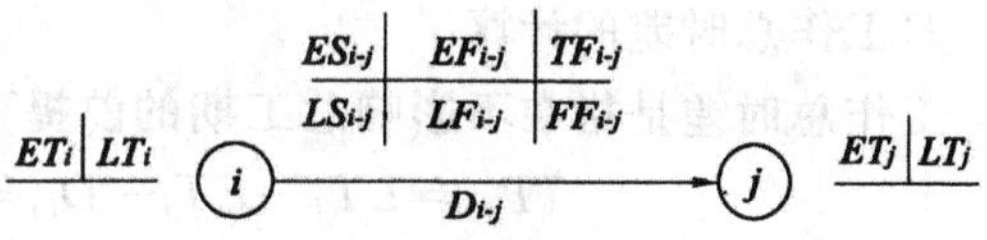

图 4-15 时间参数的标注方法

节点最早时间(ET_i)应从网络计划的起点节点开始,顺着箭线方向,依次逐项计算,直至终点节点。方法是"沿线相加,逢圈取大"。

计算公式为:

1)起点节点的最早时间:$ET_i = 0$; (4-1)

2)其他节点的最早时间:$ET_j = \max(ET_i + D_{i\cdot j})$,$(i < j)$。 (4-2)

(2)网络图工期的计算

1)计算工期的确定(T_c)

网络计划的计算工期,是指根据时间参数计算得到的工期,它应按式(4-3)计算:

$$T_c = ET_n \tag{4-3}$$

式中 ET_n——终点节点 n 的最早时间。

2)计划工期的确定(T_p)

网络计划的计划工期,指按规定工期和计算工期确定的作为实施目标的工期。其计算应符合下述规定:

① 当已规定了要求工期(T_r)时

$$T_p \leqslant T_r \tag{4-4}$$

② 当未规定工期时

$$T_p = T_c \tag{4-5}$$

当计划工期确定后,标注在终点节点之右侧,并用方框框起来。

（3）节点最迟时间的计算

节点最迟时间指双代号网络计划中，以该节点为结束节点的各项工作的最迟必须此时完成。其计算规则是：从网络图的终点节点 n 开始，逆着箭头方向逐步向前计算直至起点节点。方法是"逆线相减，逢圈取小"。

计算公式是：

1）终点节点 n 的最迟时间 $LT_n = T_p$ （4-6）

2）其他节点 i 的最迟时间 $LT_i = \min\{LT_j - D_{i,j}\}, (i < j)$ （4-7）

（4）工作时间参数的计算

1）工作最早开始时间和最早完成时间计算

工作最早开始时间 $ES_{i,j}$ 的含义是指该工作最早此时才能开始；最早完成时间 $EF_{i,j}$ 是指该工作最早此时才能完成。二者均受其开始节点 i 的最早时间控制。其计算公式为：

$$\left.\begin{array}{l} ES_{i,j} = ET_i \\ EF_{i,j} = ES_{i,j} + D_{i,j} \end{array}\right\} \tag{4-8}$$

2）工作最迟完成时间和最迟开始时间的计算

工作最迟完成时间 $LF_{i,j}$ 是指该工作最迟此时必须完成；最迟开始时间 LS_{i-j} 是指该工作最迟此时必须开始。二者均受其结束节点 j 的最迟时间限制。其计算公式为：

$$\left.\begin{array}{l} LF_{i,j} = LT_j \\ LS_{i,j} = LF_{i,j} - D_{i,j} \end{array}\right\} \tag{4-9}$$

3）工作总时差的计算

工作总时差是指在不影响总工期的前提下，本工作可以利用的机动时间。计算公式如下：

$$TF_{i,j} = LT_j - ET_i - D_{i,j} = LF_{i,j} - EF_{i,j} = LS_{i,j} - ES_{i,j} \tag{4-10}$$

4）工作自由时差的计算

工作自由时差是指在不影响其紧后工作最早开始时间的前提下，本工作可以利用的机动时间。其计算公式为：

$$EF_{i,j} = ET_j - ET_i - D_{i,j} = ES_{j,k} - ES_{i,j} - D_{i,j} = ES_{j,k} - EF_{i,j} \tag{4-11}$$

（5）关键工作及关键线路的确定

1）关键工作的确定

关键工作是指网络计划中总时差最小的工作。当计划工期与计算工期相等时，这个"最小值"为 0；当计划工期大于计算工期时，这个"最小值"为正；当计划工期小于计算工期时，这个"最小值"为负。

2）关键线路的确定

关键线路是指自始至终全部由关键工作组成的线路，或线路上总的工作持续时间最长的线路。

在双代号网络计划中，将关键工作自左向右依次首尾相连而形成的线路就是关键线路。

3）关键工作和关键线路的标注

关键工作和关键线路在网络图上应当用粗线、或双线、或彩色线标注其箭线。

【例 4-2】 根据图 4-1（b）所示的网络图，计算网络图节点的时间参数及工作的时间参数，确定网络图计划工期，用粗线标出关键线路。

解：（1）计算节点最早时间

1）起点节点 $ET_1 = 0$

2)其余节点

其余节点的最早时间,可由公式(4-2)得到,计算如下:

$$ET_2 = ET_1 + D_{1\text{-}2} = 0 + 2 = 2$$

$$ET_3 = ET_2 + D_{2\text{-}3} = 2 + 4 = 6$$

$$ET_4 = \max \begin{Bmatrix} ET_2 + D_{2\text{-}4} \\ ET_3 + D_{3\text{-}4} \end{Bmatrix} = \max \begin{Bmatrix} 2+3 \\ 6+0 \end{Bmatrix} = 6$$

$$ET_5 = \max \begin{Bmatrix} ET_3 + D_{3\text{-}5} \\ ET_4 + D_{4\text{-}5} \end{Bmatrix} = \max \begin{Bmatrix} 6+3 \\ 6+6 \end{Bmatrix} = 12$$

$$ET_6 = ET_5 + D_{5\text{-}6} = 12 + 5 = 17$$

(2)确定工期

1)确定计算工期

由于该网络计划未规定工期,所以根据公式(4-3)可得该网络计划的计算工期为:

$$T_c = ET_6 = 17$$

2)确定计划工期

由公式(4-5)可得: $$T_p = T_c = 17$$

(3)节点最迟时间的计算

1)终点节点

终点节点的最迟时间,可由公式(4-6)得到,计算如下:

$$LT_6 = T_p = 17$$

2)其余节点

其余节点的最迟时间,可由公式(4-7)得到,计算如下:

$$LT_5 = LT_6 - D_{5\text{-}6} = 17 - 5 = 12$$

$$LT_4 = LT_5 - D_{4\text{-}5} = 12 - 6 = 6$$

$$LT_3 = \min \begin{Bmatrix} LT_4 - D_{3\text{-}4} \\ LT_5 - D_{4\text{-}5} \end{Bmatrix} = \begin{Bmatrix} 6-0 \\ 12-3 \end{Bmatrix} = 6$$

同理,可计算出 $LT_2 = 2, LT_1 = 0$。

(4)计算工作时间参数

1)计算工作最早开始时间和最早完成时间

工作最早开始时间和最早完成时间的计算,可由公式(4-8)得到,计算如下:

$$ES_{1\text{-}2} = ET_1 = 0 \qquad EF_{1\text{-}2} = ES_{1\text{-}2} + D_{1\text{-}2} = 0 + 2 = 2$$

$$ES_{2\text{-}3} = ET_2 = 2 \qquad EF_{2\text{-}3} = ES_{2\text{-}3} + D_{2\text{-}3} = 2 + 4 = 6$$

同理,可计算出其余工作的最早开始时间和最早完成时间,如图4-16所示。

2)计算工作最迟完成时间和最迟开始时间

工作最迟完成时间和最迟开始时间的计算,可由公式(4-9)得到,计算如下:

$$LF_{1\text{-}2} = LT_2 = 2 \qquad LS_{1\text{-}2} = LF_{1\text{-}2} - D_{1\text{-}2} = 2 - 2 = 0$$

$$LF_{2\text{-}3} = LT_3 = 6 \qquad LS_{2\text{-}3} = LF_{2\text{-}3} - D_{2\text{-}3} = 6 - 4 = 2$$

同理,可计算出其余工作的最迟完成时间和最迟开始时间,如图4-16所示。

3)计算工作总时差

工作总时差的计算,可由公式(4-10)得到,计算如下:

$$TF_{1\text{-}2}=LT_2-ET_1-D_{1\text{-}2}=LF_{1\text{-}2}-EF_{1\text{-}2}=LS_{1\text{-}2}-ES_{1\text{-}2}$$
$$=2-0-2=2-2=0-0=0$$
$$TF_{2\text{-}3}=LT_3-ET_2-D_{2\text{-}3}=LF_{2\text{-}3}-EF_{2\text{-}3}=LS_{2\text{-}3}-ES_{2\text{-}3}$$
$$=6-2-4=6-6=2-2=0$$

同理,可计算出其余工作的总时差,如图 4-16 所示。

4)计算工作自由时差

工作自由时差的计算,可由公式(4-11)得到,计算如下:

$$EF_{1\text{-}2}=ET_2-ET_1-D_{1\text{-}2}=2-0-2=0$$
$$EF_{2\text{-}3}=ET_3-ET_2-D_{2\text{-}3}=6-2-4=0$$

同理,可计算出其余工作的自由时差,如图 4-16 所示。

(5)确定关键工作和关键线路

根据关键工作的定义,图 4-1(b)中的最小总时差为零,故关键工作为 1-2,2-3,3-4,4-5,5-6,共 5 项。

将关键工作自左而右依次首尾相连而形成的线路就是关键线路。因此,图 4-1(b)的关键线路是 1-2-3-4-5-6。

按照网络图时间参数标注的规定,将上述计算结果标注在网络图上,如图 4-16 所示。

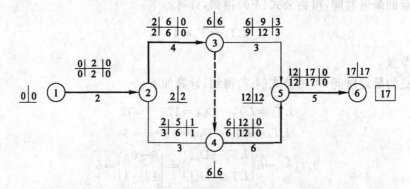

图 4-16　双代号网络图时间参数计算示例

4.3　单代号网络计划

在双代号网络计划中,为了正确地表达网络计划中各项工作(活动)间逻辑关系,而引入了虚工作这一概念,通过绘制和计算可以看到增加虚工作是相当麻烦的事,不仅增加了计算量,也使图形复杂。因此,人们在使用双代号网络的同时,又设想了第二种网络计划图即单代号网络图,从而解决了双代号网络图的上述缺点。

单代号网络图与双代号网络图相比,具有绘图简便、逻辑关系明确、易于修改等优点。因而在国内外日益受到普遍重视,其应用范围和表达功能也在不断发展和扩大。

既然单代号网络图比双代号网络图优越,人们为什么还要继续使用双代号网络图?这主要是一个"习惯问题"。人们首先接受和采用的是双代号网络图,其推广时间较长,这是原因之一;另一个主要原因是双代号网络图表示工程进度比用单代号网络图更为形象,特别是在应用带时间坐标的网络图中。

4.3.1 单代号网络图的表示方法

单代号网络图是用一个圆圈或方框代表一项工作,将工作代号、工作名称和完成工作所需要的时间写在圆圈或方框里面,箭线仅用来表示工作之间的顺序关系。

由于是一个号码表示一项工作,故称为单代号表示法,如图 4-2(a)所示。用单代号表示法把一项计划中所有工作按先后顺序和其相互之间的逻辑关系,从左至右绘制而成的图形,称为单代号网络图,如图 4-2(b)所示。用这种网络图表示的计划叫做单代号网络计划。

4.3.2 单代号网络图的绘制

单代号网络图和双代号网络图所表达的计划内容是一致的,两者的区别仅在于绘图的符号不同。单代号网络图中箭线的含义是表示逻辑关系,节点表示一项工作;而双代号网络图中箭线表示的是一项工作,节点表示联系。在双代号网络图中可能会出现较多的虚工作,而单代号网络图没有虚工作。

1. 单代号网络图的绘制规则

(1)必须按照已定的逻辑关系绘制(常见的各种逻辑关系的表示方法见表 4-2);

(2)不允许出现循环回路;

(3)不允许出现有重复编号的工作,一个编号只能代表一项工作(编号原则及方法同双代号网络图);

(4)严禁在网络图中出现没有箭尾节点的箭线或没有箭头节点的箭线;

(5)绘制网络图时,应尽量避免箭线交叉。当交叉不可避免时,可采用过桥法、断线法等方法表示;

(6)网络图中有多项开始工作或多项结束工作时,应在网络图的两端分别设置一项虚拟的工作作为该网络图的起点节点及终点节点。如图 4-17 所示。

2. 单代号网络图的绘制

(1)制定整个工程的施工方案,确定施工顺序,并列出工作项目和相互关系;

(2)首先绘制出无紧前工作的工作;

(3)根据所给定的紧前、紧后工作关系,从左向右逐个绘制其他工作;

(4)检查各工作的顺序关系;

(5)调整整理,并进行节点编号。

【例 4-3】 已知某计划(或工程)中工作逻辑关系如表 4-5 所示,试绘制单代号网络图。

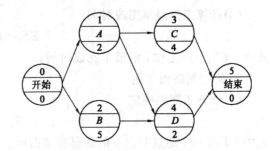

图 4-17 单代号网络图

表 4-5 工作逻辑关系表

工 作	A	B	C	D	E	G	H
紧前工作	—	A	A	B	A,B	C,D,E	D,G
紧后工作	B,E,C	D,E	G	G,H	G	H	—

解:(1)首先绘制出无紧前工作的工作 A

（2）根据所给定的紧前、紧后工作关系，从左向右逐个绘制其他工作。

（3）检查工作关系、整理、编号。如图 4-18 所示。

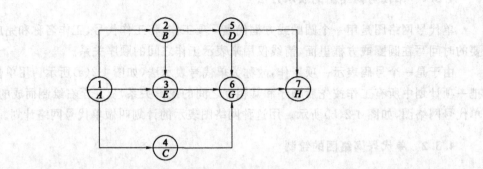

图 4-18　例 4-3 单代号网络图

4.3.3　单代号网络图时间参数的计算

单代号网络图时间参数的计算方法和原理同双代号相似，只是表现形式和参数符号不同。其计算步骤如下：

1. 计算工作最早开始时间和最早完成时间

工作最早开始时间和最早完成时间的计算应从网络计划的起点节点开始，顺着箭线方向按工作编号从小到大的顺序逐个计算。

（1）起点节点的最早开始时间如无规定，其值应等于零。如起点节点编号为"1"，则：

$$ES_i = 0 (i=1)$$

（2）其他工作（或节点）的最早开始时间为

$$ES_j = \max\{ES_i + D_i\} = \max\{EF_i\}, (i < j) \tag{4-12}$$

式中　ES_i——工作 j 的紧前工作 i 的最早开始时间；

　　　D_i——工作 i 的持续时间。

（3）计算工作最早完成时间

$$EF_i = ES_i + D_i \tag{4-13}$$

式中　EF_i——工作 i 的最早完成时间。

2. 确定网络图工期

（1）计算工期的确定

$$T_c = EF_n \tag{4-14}$$

式中　EF_n——终点节点 n 的最早完成时间。

（2）计划工期的确定

单代号网络图计划工期的确定，与双代号相同。

3. 计算相邻工作之间的时间间隔

工作之间的时间间隔是指相邻两项工作 i、j 之间，紧前工作 i 的最早完成时间 EF_i 与其紧后工作 j 的最早开始时间 ES_j 之差，用 $LAG_{i,j}$ 表示。计算公式如下：

$$LAG_{i,j} = ES_j - EF_i \tag{4-15}$$

终点节点与其前项工作的时间间隔为：

$$LAG_{i,n} = T_p - EF_i \tag{4-16}$$

4. 计算工作最迟完成时间与最迟开始时间

工作最迟完成时间与最迟开始时间的计算,应从网络计划的终点节点开始,逆着箭线方向按工作编号从大到小的顺序依次逐项计算。

(1)工作最迟完成时间的计算

终点节点 n 的最迟完成时间:$LF_n = T_p$ (4-17)

其余节点的最迟完成时间:

$$LF_i = \min\{LF_j - D_j\} = \min\{LS_j\} (j \text{ 为 } i \text{ 的紧后工作}) \quad (4-18)$$

(2)工作最迟开始时间的计算

$$LS_i = LF_i - D_i \quad (4-19)$$

5. 计算工作自由时差

$$FF_i = \min\{ES_j - EF_i\} = \min\{LAG_{i,j}\} (j \text{ 为 } i \text{ 的紧后工作}) \quad (4-20)$$

6. 计算工作总时差

$$TF_i = LS_i - ES_i = LF_i - EF_i \quad (4-21)$$

7. 确定关键工作及关键线路

单代号网络计划关键工作的确定方法与双代号相同,即总时差最小的工作为关键工作。

单代号网络计划的关键线路,是指从起点节点开始到终点节点均为关键工作,且所有工作的间隔时间均为零的线路。其标注方法同双代号。

8. 单代号网络图时间参数的标注方法

单代号网络图时间参数的标注方法,如图 4-19 所示。

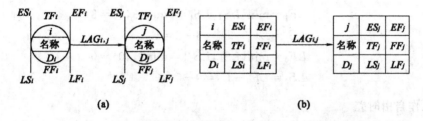

图 4-19 单代号网络图时间参数的标注形式

【**例 4-4**】 根据图 4-17 所示的单代号网络图,计算网络图各工作的时间参数,确定网络图计划工期,并用粗线标出关键线路。

解:(1)计算工作最早开始时间与最早完成时间

$$ES_0 = 0$$

$$EF_0 = ES_0 + D_0 = 0 + 0 = 0$$

$$ES_1 = ES_2 = EF_0 = 0$$

$$EF_1 = ES_1 + D_1 = 0 + 2 = 2$$

$$EF_2 = ES_2 + D_2 = 0 + 5 = 5$$

$$ES_3 = EF_1 = 2$$

$$EF_3 = ES_3 + D_3 = 2 + 4 = 6$$

$$ES_4 = \max\{EF_1, EF_2\} = \max\{2, 5\} = 5$$

$$EF_4 = ES_4 + D_4 = 5 + 2 = 7$$
$$ES_5 = \max\{EF_3, EF_4\} = \max\{6, 7\} = 5$$
$$EF_5 = ES_5 + D_3 = 7 + 0 = 7$$

（2）工期计算

$$T_c = EF_5 = 7$$

由于未规定工期，所以 $T_p = T_c = 7$

（3）计算工作之间的时间间隔

根据公式 4-15 和公式 4-16 可计算出工作之间的时间间隔，计算结果如下：

$$LAG_{0,1} = ES_1 - EF_0 = 0 - 0 = 0$$
$$LAG_{0,2} = ES_2 - EF_0 = 0 - 0 = 0$$

同理，$LAG_{1,3} = 0, LAG_{1,4} = 3, LAG_{3,5} = 1, LAG_{4,5} = 0$

（4）计算工作的最迟完成时间与最迟开始时间

$$LF_5 = T_p = 7$$
$$LS_5 = LF_5 - D_5 = 7 - 0 = 7$$
$$LF_4 = LF_3 = LS_5 = 7$$
$$LS_4 = LF_4 - D_4 = 7 - 2 = 5$$
$$LS_3 = LF_3 - D_3 = 7 - 4 = 3$$
$$LF_2 = LS_4 = 5$$
$$LS_2 = LF_2 - D_2 = 5 - 5 = 0$$
$$LF_1 = \min\{LS_3, LS_4\} = \min\{3, 5\} = 3$$
$$LS_1 = LF_1 - D_1 = 3 - 2 = 1$$
$$LF_0 = \min\{LS_1, LS_2\} = \min\{1, 0\} = 0$$
$$LS_0 = LF_0 - D_0 = 0 - 0 = 0$$

（5）计算工作自由时差

根据公式 4-20 可计算出工作的自由时差，计算结果如下：

$$FF_0 = \min\{LAG_{0,1}, LAG_{0,2}\} = \min\{0, 0\} = 0$$
$$FF_1 = \min\{LAG_{1,3}, LAG_{1,4}\} = \min\{0, 3\} = 0$$

同理，$FF_2 = 0, FF_3 = 1, FF_4 = 0, FF_5 = 0$

（6）计算工作总时差

根据公式 4-21 可计算出工作的总时差，计算结果如下：

$$TF_0 = LS_0 - ES_0 = LF_0 - EF_0 = 0 - 0 = 0$$
$$TF_1 = LS_1 - ES_1 = LF_1 - EF_1 = 1 - 0 = 3 - 2 = 1$$

同理，$TF_2 = 0, TF_3 = 1, TF_4 = 0, TF_5 = 0$

（7）确定关键工作及关键线路

根据关键工作的定义，本例中的关键工作为 B、D 工作。

将计算出的 6 个主要时间参数及相邻工作之间的时间间隔，按图 4-19 所示图例标注在网络图上，并用粗线标注出关键线路，如图 4-20 所示。

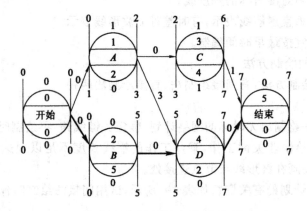

图 4-20　单代号网络图时间参数计算

4.4　双代号时标网络计划

4.4.1　双代号时标网络计划的概念

1. 时标网络计划的含义

"时标网络计划"是以时间坐标为尺度编制的网络计划,是双代号时标网络计划的简称。如图 4-3 所示。

时标网络计划是绘制在时标计划表上的。时标的时间单位应根据需要,在编制时标网络计划之前确定,可以是小时、天、周、旬、月或季等。时间可标注在时标计划表顶部,也可以标注在底部,必要时还可以在顶部和底部同时标注。时标的长度单位必须注明。必要时可在顶部时标之上或底部时标之下加注日历的对应时间。时标计划表中部的刻度线宜为细线。为使图面清晰,该刻度线可以少画或不画。

2. 时标网络计划的基本符号

时标网络计划的工作,以实箭线表示,自由时差以波形线表示,虚工作以虚箭线表示。当实箭线之后有波形线且其末端有垂直部分时,其垂直部分用实线绘制;当虚箭线有时差且其末端有垂直部分时,其垂直部分用虚线绘制。

3. 时标网络计划的特点

时标网络计划与无时标网络计划相比较,有以下特点:

(1)主要时间参数一目了然,具有横道计划的优点,故使用方便。

(2)由于箭线的长短受时标的制约,故绘图比较麻烦,修改网络计划的工作持续时间时必须重新绘图。

(3)绘图时可以不进行计算。只有在图上没有直接表示出来的时间参数,如总时差、最迟开始时间和最迟完成时间,才需要进行计算。所以,使用时标网络计划可大大节省计算量。

4.4.2　时标网络计划的绘制方法

1. 绘图的基本要求

(1)时间长度是以所有符号在时标表上的水平位置及其水平投影长度表示的,与其所代表的时间值相对应。

（2）节点的中心必须对准时标的刻度线。

（3）虚工作必须以垂直虚箭线表示，有时差时加波形线表示。

（4）时标网络计划宜按最早时间编制。

2. 时标网络计划的绘制方法

时标网络计划的绘制方法，有间接绘制法、直接绘制法两种。

（1）间接绘制法

间接绘制法是首先绘制出无时标的网络计划，确定关键线路，再绘制时标网络计划。绘制时先绘出关键线路，再绘制非关键工作，某些工作的箭线长度不足以到达该工作的完成节点时，用波形线补足，箭头画在波形线与节点连接处。

【例 4-5】 已知某计划的有关资料如表 4-6 所示，试用间接法绘制时标网络计划。

表 4-6　例 4-5 的网络计划资料

工　作	A	B	C	D	E	F	G	H
持续时间	1	5	3	2	6	4	4	2
紧前工作	—	—	A	A	B、C	B、C	D、E	D、E、F
紧后工作	C、D	E、F	E、F	G、H	G	H	—	—

解：

第一步：绘制无时标的网络图，并确定关键线路。

根据所给网络计划各工作之间的逻辑关系绘制无时标的网络图，如图 4-21 所示，其中粗线为关键线路。

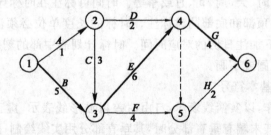

图 4-21　例 4-5 的无时标的网络图

第二步：按时间坐标绘出关键线路，如图 4-22 所示。

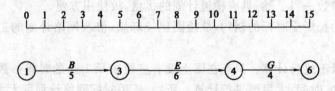

图 4-22　画出时标网络图的关键线路

第三步：画出非关键工作，如图 4-23 所示。

（2）直接绘制法

直接绘制法是不需绘出无时标网络计划，而直接绘制时标网络计划的方法。绘制步骤如下：

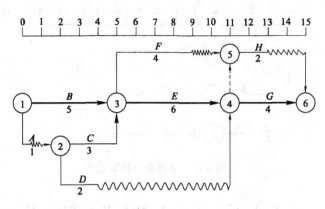

图 4-23 例 4-5 的时标的网络图

1) 将起点节点定位在时标表的起始刻度线上。

2) 按工作持续时间, 在时标表上绘制出以网络计划起点节点为开始节点的工作的箭线。

3) 其他工作的开始节点必须在该工作的全部紧前工作都绘出后, 定位在这些紧前工作中最晚完成的时间刻度上。某些工作的箭线长度不足以达到该节点时, 用波形线补足, 箭头画在波形线与节点连接处。

4) 用上述方法自左至右依次确定其他节点位置, 直至网络计划终点节点定位绘完。网络计划的终点节点是在无紧后工作的工作全部绘出后, 定位在最晚完成的时间刻度上。

【例 4-6】 已知某计划的有关资料如表 4-7 所示, 试用直接法绘制时标网络计划。

表 4-7 例 4-6 的网络计划资料

工 作	A	B	C	D	E	G	H
持续时间	9	4	2	5	6	4	5
紧前工作	—	—	—	B	B, C	D	D, E
紧后工作	—	D, F	E	G, H	H	—	—

解: (1) 将网络计划起点节点定位在时标表的起始刻度线 "0" 的位置上, 并画出以起点节点为开始节点的 A、B、C 三个工作, 如图 4-24 所示。

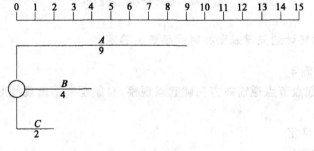

图 4-24 直接绘制法第一步

(2) 画出工作 D、E, 如图 4-25 所示。

(3) 画出工作 G、H, 如图 4-26 所示。

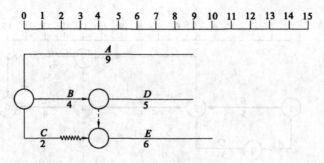

图 4-25　直接绘制法第二步

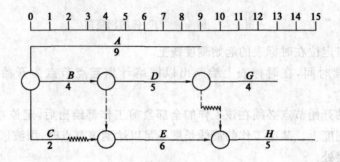

图 4-26　直接绘制法第三步

(4)画出网络计划的终点节点,进行节点编号,并用粗线标出关键线路,如图 4-27。

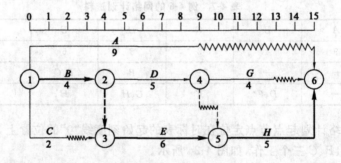

图 4-27　直接绘制法第四步

4.4.3　时标网络计划关键线路和时间参数的确定

1. 关键线路的确定

自终点节点至起点节点逆箭线方向朝起点观察,自始至终不出现波形线的线路,为关键线路。

2. 时间参数的确定

(1)计算工期的确定

时标网络计划的计算工期,是其终点节点与起点节点所在位置的时标值之差。

(2)最早时间的确定

时标网络计划中,每条箭线箭尾节点中心所对应的时标值,代表工作的最早开始时间;箭线实线部分右端或箭头节点中心所对应的时标值,代表工作的最早完成时间。虚箭线的最早开始时间和最早完成时间相等,均为其所在刻度的时标值。

(3)工作自由时差的确定

时标网络计划中,工作自由时差值等于其波形线在坐标轴上水平投影的长度。

(4)工作总时差的计算

时标网络计划中,工作总时差应自右而左进行逐个计算。一项工作只有其紧后工作的总时差全部计算出以后才能计算出其总时差。

工作总时差等于其所有紧后工作总时差的最小值与本工作自由时差之和。其计算公式是:

1)以终点节点 n 为结束节点的工作的总时差

$$TF_{in} = T_p - EF_{in} \tag{4-22}$$

2)其他工作的总时差

$$TF_{ij} = \min\{TF_{jk}\} + FF_{ij} \tag{4-23}$$

(5)工作最迟时间的计算

由于已知最早开始时间和最早结束时间,又知道了总时差,故其工作最迟时间可用以下公式进行计算:

$$LS_{ij} = ES_{ij} + TF_{ij} \tag{4-24}$$

$$LF_{ij} = EF_{ij} + TF_{ij} \tag{4-25}$$

4.5　网络计划的优化

网络计划经绘制和计算后,可得出初始方案。网络计划的初始方案只是一种可行方案,不一定是合乎规定要求的方案或最优的方案。为此,还必须进行网络计划的优化。

网络计划的优化,是在满足既定约束条件下,按某一目标,通过不断改进网络计划寻求满意方案。网络计划的优化目标应按计划任务的需要和条件选定,一般有工期目标、费用目标和资源目标等。因此,网络计划优化的内容有工期优化、费用优化和资源优化。

4.5.1　工期优化

工期优化是压缩计算工期,以达到要求的工期目标,或在一定约束条件下使工期最短的过程。

工期优化一般通过压缩关键工作的持续时间来达到优化目标。在优化过程中,要注意不能将关键工作压缩成非关键工作。但关键工作可以不经压缩而变成非关键工作。当在优化过程中出现多条关键线路时,必须将各条关键线路的持续时间压缩同一数值,否则不能有效地将工期缩短。

1. 选择应缩短持续时间的关键工作时,应考虑的因素

(1)缩短持续时间对质量影响不大的工作;

(2)有充分备用资源的工作;

(3)缩短持续时间所需增加的费用最少的工作。

2. 工期优化的步骤

(1)计算并找出网络计划的计算工期、关键线路及关键工作。

(2)按要求工期计算应缩短的持续时间 ΔT;

$$\Delta T = T_c - T_r \tag{4-26}$$

式中　T_c——计算工期；

　　　T_r——要求工期。

(3)将应优先缩短的关键工作压缩至最短持续时间，并找出关键线路。若被压缩的工作变成了非关键工作，则应将其持续时间延长，使之仍为关键工作。

(4)若计算工期仍超过要求工期，则重复以上步骤，直到满足工期要求或工期已不能再缩短为止。

(5)当所有关键工作或部分关键工作已达最短持续时间而寻求不到继续压缩工期的方案，但工期仍不能满足要求时，应对计划的原技术、组织方案进行调整，或对要求工期重新审定。

【例 4-7】　已知某网络计划如图 4-28 所示，图中箭线下方括号外为正常持续时间，括号内为最短持续时间。箭线上方括号内为优选系数，优选系数愈小愈应优先选择；若同时缩短多个关键工作，则该多个关键工作的优选系数之和(称为组合优选系数)最小者亦应优先选择。假定要求工期为 15 天，试对其进行工期优化。

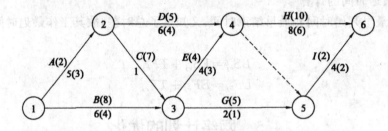

图 4-28　例 4-7 的网络计划

解：(1)确定关键线路及计算工期，如图 4-29 所示。

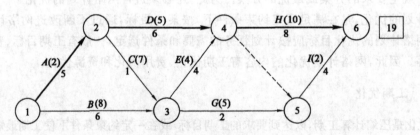

图 4-29　初始网络计划

(2)确定应缩短时间

$$\Delta T = T_c - T_r = 19 - 15 = 4(天)$$

(3)应优先缩短的工作为优先选择系数最小的工作 A。

(4)将优先缩短的关键工作 A 压缩至最短持续时间 3，重新确定关键线路，如图 4-30 所示。此时关键工作 A 压缩后变成了非关键工作，故须将其松弛，使之仍称为关键工作，现将其松弛至 4 天，找出关键线路如图 4-31 所示，此时 A 成了关键工作。图中有两条关键线路，即 ADH、BEH。此时计算工期 $T_c = 18$ 天，$\Delta T_1 = 18 - 15 = 3$ 天，如图 4-31 所示。

(5)由于计算工期仍大于要求工期，故需继续压缩。如图 4-31 所示，有 5 个压缩方案：①压缩工作 A、B，组合优选系数为 $2+8=10$；②压缩工作 A、E，组合优选系数为 $2+4=6$；③压缩工作 D、E，组合优选系数为 $5+4=9$；④压缩工作 H，优选系数为 10；⑤压缩工作 B、D，组合

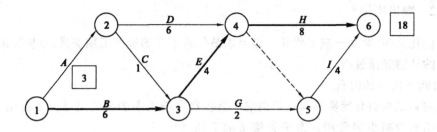

图 4-30　将工作 A 缩短至极限工期

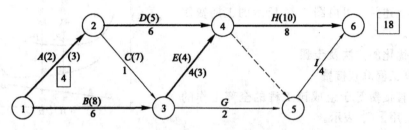

图 4-31　第一次压缩后的网络计划

优选系数为 8+5=13。决定压缩优选系数最小者,即压缩工作 A、E。这两项工作都压缩至最短持续时间 3,即各压缩 1 天。找出关键线路,如图 4-32 所示。此时关键线路仍是两条,即:ADH 和 BEH。此时计算工期 $T_c = 17$ 天,$\Delta T_1 = 17-15 = 2$ 天。由于工作 A、E 已达到最短持续时间,不能再压缩,可假定它们的优选系数为无穷大。

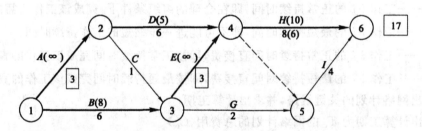

图 4-32　第二次压缩后的网络计划

(6)由于计算工期仍大于要求工期,故需继续压缩。前述的五个压缩方案中前三个方案的优选系数都已变为无穷大,现还剩两个方案:一是压缩工作 H,优选系数为 10;二是压缩工作 B、D,优选系数为 13。现取压缩工作 H 的方案,将工作 H 压缩 2 天,持续时间变为 6 天。得出计算工期 $T_c = 15$ 天,等于要求的工期方案,如图 4-33 所示。

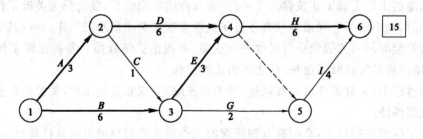

图 4-33　优化的网络计划

4.5.2 费用优化

费用优化又叫"时间—成本优化",是寻求最低成本时的最短工期安排,或按要求工期寻求最低成本的计划安排过程。

1. 时间—成本的关系

工程的总成本由直接费和间接费组成。直接费是随工期的缩短而增加的费用;间接费是随工期的缩短而减少的费用。由于直接费随工期缩短而增加,间接费随工期缩短而减少,故必定有一个总费用最少的工期。这便是费用优化所要寻求的目标。上述关系可由图 4-34 所示的工期费用曲线表示出来。

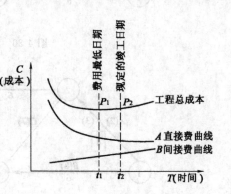

图 4-34 工期费用曲线

2. 费用优化的方法及步骤

(1)计算工程总直接费

工程总直接费等于组成该工程的全部工作的直接费之和,用 $\sum C_{i\text{-}j}^D$ 表示。

(2)计算各工作直接费费用增加率

工作直接费费用增加率简称直接费率,是指缩短工作持续时间每一时间单位所增加的直接费。工作 $i\text{-}j$ 的直接费率用 $a_{i\text{-}j}^D$ 表示。

$$a_{i\text{-}j}^D = \frac{C_{i\text{-}j}^C - C_{i\text{-}j}^N}{D_{i\text{-}j}^N - D_{i\text{-}j}^C} \tag{4-27}$$

式中 $D_{i\text{-}j}^N$ ——工作 $i\text{-}j$ 的正常持续时间,即在合理的组织条件下,完成该工作所需的时间;

$D_{i\text{-}j}^C$ ——工作 $i\text{-}j$ 的最短持续时间,即不可能进一步缩短的工作持续时间;

$C_{i\text{-}j}^N$ ——工作 $i\text{-}j$ 的正常持续时间直接费,即按正常持续时间完成该工作的直接费;

$C_{i\text{-}j}^C$ ——工作 $i\text{-}j$ 的最短持续时间直接费,即按最短持续时间完成该工作的直接费。

(3)找出网络计划的关键线路,并求出计算工期

(4)算出计算工期为 T_c 的网络计划的总费用(C_i^T)

$$C_i^T = \sum C_{i\text{-}j}^D + a^{ID} \cdot t \tag{4-28}$$

式中 $\sum C_{i\text{-}j}^D$ ——计算工期为 T_c 的网络计划的总费用;

a^{ID} ——工程间接费率,即缩短或延长工期每一单位时间所需减少或增加的费用。

(5)压缩工作的持续时间

当只有一条关键线路时,将直接费率最小的一项工作压缩至最短持续时间,并找出关键线路。若被压缩的工作变成了非关键工作,则应将其持续时间延长,使之仍为关键工作。当有多条关键线路时,则需压缩一项或多项直接费率或组合直接费率最小的工作,并以其中正常持续时间与最短持续时间的差值最小为尺度进行压缩,并找出关键线路。若被压缩工作变成了非关键工作,则应将其持续时间延长,使之仍为关键工作。

在压缩过程中,关键工作可以被动地(即未经压缩)变成非关键工作,关键线路也可以因此而变成非关键线路。

在确定了压缩方案以后,必须检查被压缩的工作的直接费率或组合直接费率是否等于、小于或大于间接费率:如等于间接费率,则已得到优化方案;如小于间接费率,则需继续按上述方

法进行压缩;如大于间接效率,则在此前一次的小于间接费率的方案即为优。

(6)列出优化表(如表 4-8 所示)

表 4-8 优 化 表

缩短次数	被压缩工作代号	被压缩工作名称	直接费率或组合直接费率	费率差（正或负）	缩短时间	费用变化（正或负）	工 期	优化点
①	②	③	④	⑤	⑥	⑦=⑤×⑥	⑧	⑨
					费用变化合计			

注:费率差=直接费率或组合直接费率-间接费率;费用变化合计只计负值。

(7)计算优化后的总费用

优化后的总费用=初始网络计划的总费用-费用变化合计的绝对值,或按公式(4-28)计算优化后网络计划的总费用。

(8)绘出优化网络计划,并在箭线上方注明直接费,箭线下方注明持续时间。

【例 4-8】 已知网络计划如图 4-35 所示,图中箭线下方括号外数字为正长持续时间,括号内为最短持续时间。箭线上方方括号外数字为正常直接费,括号内为最短时间直接费。间接费率为 0.8 千元/天,试对该计划进行费用优化。

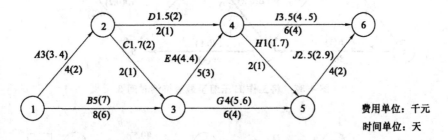

图 4-35 例 4-8 的网络计划

解:(1)计算工程总直接费

$$C^{TD}=3+5+1.5+1.7+4+4+1+3.5+2.5=26.2(千元)$$

(2)计算各工作的直接费率

$$a_{1\text{-}2}^{D}=\frac{C_{1\text{-}2}^{C}-C_{1\text{-}2}^{N}}{D_{1\text{-}2}^{N}-D_{1\text{-}2}^{C}}=\frac{3.4-3}{4-2}=0.2(千元/天)$$

同理计算出其余工作的直接费率如下:

$$a_{1\text{-}3}^{D}=1\ 千元/天、a_{2\text{-}3}^{D}=0.3\ 千元/天、a_{2\text{-}4}^{D}=0.5\ 千元/天、$$

$$a_{3\text{-}4}^{D}=0.2\ 千元/天、a_{3\text{-}5}^{D}=0.8\ 千元/天、a_{4\text{-}5}^{D}=0.7\ 千元/天、$$

$$a_{4\text{-}6}^{D}=0.5\ 千元/天、a_{5\text{-}6}^{D}=0.2\ 千元/天$$

(3)找出网络计划的关键线路并求出计算工期。如图 4-36 所示,计算工期为 19 天。图中箭线上方括号内为直接费率。

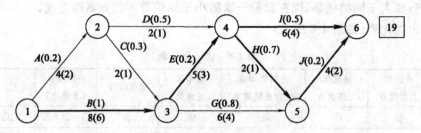

图 4-36　初始网络计划

（4）计算工程总费用

$$C_{19}^T = 26.2 + 0.8 \times 19 = 41.4（千元）$$

（5）进行压缩

1）进行第一次压缩：有两条关键为 BEI 和 $BEHJ$，直接费率最低的关键工作是 E 工作，其直接费率为 0.2，小于间接费率 0.8。尚不能判断是否出现优化点，故需将其压缩。现将工作 E 压缩至最短持续时间 3，找出关键线路，如图 4-37 所示。由于工作 E 被压缩成了非关键工作，故需将其松弛至 4，使之仍为关键工作，且不影响已形成的关键线路 $BEHJ$ 和 BEI。第一次压缩后的网络计划如图 4-38 所示。

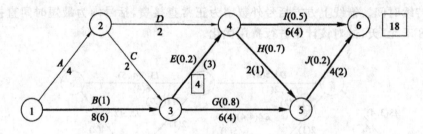

图 4-37　将工作 E 压缩至最短持续时间 3

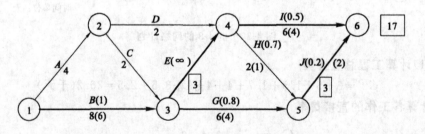

图 4-38　第一次压缩后的网络计划

2）进行第二次压缩：有三条关键线路为 BEI、$BEHJ$、BGJ。共有五个压缩方案：①压缩工作 B，直接费率为 1；②压缩工作 E、G，组合直接费率为 $0.2+0.8=1$；③压缩工作 E、J，组合直接费率为 0.4；④压缩工作 I、J，组合直接费率为 0.7；⑤压缩工作 I、H、G，组合直接费率为 2。决定采用诸方案中直接费率或组合直接费率最小的第③方案，即压缩工作 E、J，组合直接费率为 0.4，小于间接费率 0.8，尚不能判断是否出现优化点，故应继续压缩，此时只有两条关键线路：BEI 和 BEJ，工作 H 未经压缩而被动地变成了非关键工作。第二次压缩后的网络计划如图 4-39 所示。

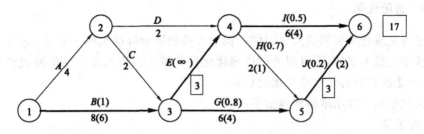

图 4-39　第二次压缩后的网络计划

3)进行第三次压缩:如图 4-39 所示,有四个压缩方案,与第二次压缩时的方案相同,只是第②方案(压缩工作 E、G)和第③方案(压缩工作 E、J)的组合直接费率由于 E 的直接费率已变为无穷大而随之变为无穷大。此时组合直接费率最好的是第④方案(压缩工作 I、J),其组合直接费率为 0.7,小于间接费率 0.8,尚不能判断是否出现优化点,故需继续压缩。由于工作 J 只能压缩 1 天,工作 I 随之只可压缩 1 天。压缩后的关键线路不变,故可不重新画图。

4)进行第四次压缩:由于第②、③、④方案的组合直接费率由于工作 E、J 的不能再压缩而变为无穷大,故只能选用第①方案(压缩工作 B),由于工作 B 的直接费率 1 大于间接费率 0.8,故已出现优化点。优化网络计划即为第三次压缩后的网络计划,如图 4-40 所示。

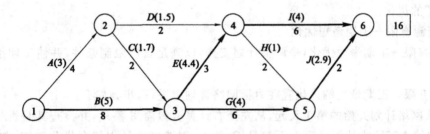

图 4-40　优化网络计划

5)列出优化表,如表 4-9 所示。

6)计算优化后的总费用。$C_{16}^T = 41.4 - 1.1 = 40.3$(千元)

7)绘出优化网络计划,如图 4-40 所示。

表 4-9　例 4-8 的网络计划的优化表

缩短次数	被压缩工作代号	被压缩工作名称	直接费率或组合直接费率	费率差(正或负)	缩短时间	费用变化(正或负)	工期	优化点
①	②	③	④	⑤	⑥	⑦=⑤×⑥	⑧	⑨
0	—	—	—	—	—	—	19	
1	3-4	E	0.2	−0.6	1	0.6	18	
2	3-4、5-6	E、J	0.4	−0.4	1	−0.4	17	
3	4-6、5-6	I、J	0.7	−0.1	1	−0.1	16	优
4	1-3	B	1	0.2	—	—		
				费用变化合计		−1.1		

4.5.3 资源优化

资源是为完成任务所需的人力、材料、机械设备和资金等的统称。完成一项工程任务所需的资源量基本上是不变的,不可能通过资源优化将其减少。资源优化是指通过改变工作的开始时间,使资源按时间的分布符合优化目标。

资源优化中几个常用术语解释如下:

(1)资源强度

资源强度是指一项工作在单位时间内所需的某种资源数量。工作 i-j 的资源强度用 r_{i-j} 表示。

(2)资源需用量

资源需用量是指网络计划中各项工作在某一单位时间内所需某种资源的数量之和。第 t 天资源需用量用 R_t 表示。

(3)资源限量

资源限量是指单位时间内可供使用的某种资源的最大数量,用 R_a 表示。

在资源计划安排时,有两种情况:一种情况是网络计划所需资源受到限制,如果不增加资源数量(例如劳动力)就可能迫使工程的工期延长,或者不能进行(例如材料供应不及时);另一种情况是在一定时间内如何安排各工作的活动,使可供应的资源均衡地消耗。因此,网络计划的资源优化也相应有两种情况:一种是"资源有限—工期最短"的优化,另一种是"工期固定—资源均衡"的优化。

1. 资源有限—工期最短优化

资源有限—工期最短优化,是调整计划安排,以满足资源限制条件,并使工期拖延最少的过程。

资源有限—工期最短的优化宜在时标网络计划上进行,步骤如下:

(1)从网络计划开始的第 1 天起,从左至右计算资源需用量 R_t,并检查其是否超过资源限量 R_a。如检查至网络计划最后 1 天都是 $R_t < R_a$,则该网络计划符合优化要求;如发现 $R_t > R_a$,就停止检查而进行调整。

(2)调整网络计划。将 $R_t > R_a$ 处的工作进行调整。调整的方法是将该处的一项工作移在该处的另一项工作之后,以减少该处的资源需用量。如该处有两项工作 A、B,则有 A 移 B 后和 B 移 A 后两个调整方案。

(3)计算调整后的工期增量。调整后的工期增量等于前面工作的最早完成时间减去移在后面工作的最早开始时间再减移在后面的工作的总时差。如 B 移 A 后,则其工期增量 $\Delta T_{A,B}$ 为:

$$\Delta T_{A,B} = EF_A - ES_B - TF_B \tag{4-29}$$

(4)重复以上步骤,直至出现优化方案为止。

【例 4-9】 已知某网络计划如图 4-41 所示。图中箭线上方为资源强度,箭线下方为工作持续时间,如资源限量 $R_a = 12$,试对其进行资源有限—工期最短优化。

解:(1)计算资源需要量,如图 4-42 所示。到第 4 天时,$R_4 = 13 > R_a = 12$,故需进行调整。

(2)进行调整

方案 11:工作 1-3 移到工作 2-4 后,已知 $EF_{2-4} = 6$、$ES_{1-3} = 0$、$TF_{1-3} = 3$,由公式 4-29 得:
$\Delta T_{2-4,1-3} = 6 - 0 - 3 = 3$;

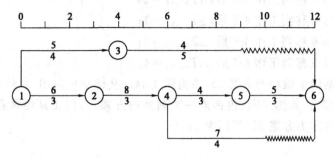

图 4-41 例 4-9 的网络计划

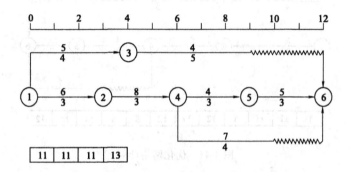

图 4-42 计算资源需要量至大于资源限量为止

方案 12：工作 2-4 移到工作 1-3 后，已知 $EF_{1\text{-}3}=4$、$ES_{2\text{-}4}=3$、$TF_{2\text{-}4}=0$，由公式 4-29 得：$\Delta T_{1\text{-}3,2\text{-}4}=4-3-0=1$；

（3）决定先考虑工期增量较小的方案 12，绘出其网络计划，并计算资源需要量，如图 4-43 所示。

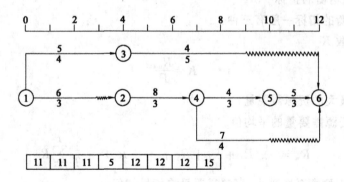

图 4-43 将 2-4 移到 1-3 之后

（4）计算资源需要量到第 8 天时：$R_8=15>R_a=12$，故需进行第二次调整。可考虑调整的工作有 3-6、4-5、4-6 三项。

（5）进行第二次调整

共有以下 6 个方案：

方案 21：工作 4-5 移到工作 3-6 后，$\Delta T_{3\text{-}6,4\text{-}5}=2$；

方案 22：工作 4-6 移到工作 3-6 后，$\Delta T_{3\text{-}6,4\text{-}6}=0$；

方案 23：工作 3-6 移到工作 4-5 后，$\Delta T_{4\text{-}5,3\text{-}6}=2$；

方案 24：工作 4-6 移到工作 4-5 后，$\Delta T_{4\text{-}5,4\text{-}6}=1$；

方案 25：工作 3-6 移到工作 4-6 后，$\Delta T_{4\text{-}6,3\text{-}6}=3$；

方案 26：工作 4-5 移到工作 4-6 后，$\Delta T_{4\text{-}6,4\text{-}5}=4$；

(6)先检查工期增量最小的方案22，绘出图4-44。从图中可看出，自始自终都是 $R_t \leqslant R_a$，故该方案为最优方案。其他方案(包括第一次调整的方案一)的工期增量都大于此优选方案22，故可得出最优方案为方案22，工期为13天。

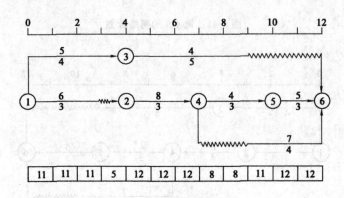

图 4-44　优化网络计划

2.工期固定—资源均衡优化

工期固定—资源均衡的优化是指调整计划安排，在工期保持不变的条件下，使资源需用量尽可能均衡的过程。

资源均衡可以大大减少施工现场各种临时设施(如仓库、堆场、加工场、临时供水供电设施等生产设施和工人临时住房、办公房屋、食堂、浴室等生活设施)的规模，从而可以节省施工费用。

(1)衡量资源均衡的指标

衡量资源均衡的指标一般有三种：

1)不均衡系数 K

$$K=\frac{R_{\max}}{R_m} \tag{4-30}$$

式中　$R_{\max}$——最大的资源需要量；

　　　R_m——资源需要量的平均值。

$$R_m = \frac{1}{T}(R_1 + R_2 + R_3 + \cdots + R_T) = \frac{1}{T}\sum_{t=1}^{T}R_t \tag{4-31}$$

资源需要量不均衡系数越小，资源需要量均衡性越好。

2)极差值 ΔR

$$\Delta R = \max[\,|R_t - R_m|\,] \tag{4-32}$$

资源需要量极差值越小，资源需要量均衡性越好。

3)均方差 σ^2

$$\sigma^2 = \frac{1}{T}\sum_{t=1}^{T}(R_t - R_m)^2 = \frac{1}{T}\sum_{t=1}^{T}R_t^2 - R_m^2 \tag{4-33}$$

(2)优化调整

1)调整顺序

调整宜自网络计划终点节点开始,从右向左逐次进行。按工作结束节点编号值从大到小的顺序进行调整,同一个结束节点的工作则先调整开始时间较迟的工作。

所有工作都按上述顺序自右向左进行多次调整,直至所有工作既不能向右移也不能向左移为止。

2)工作可移性的判断

由于工期固定,故关键工作不能移动。非关键工作是否可移,主要是看是否削低了高峰值,填高了低谷值,即是不是"削峰填谷"。

一般可用下面的方法判断:

① 工作若向右移动一天,则在右移后该工作完成那一天的资源需用量应等于或小于右移前工作开始那一天的资源需用量,否则在削了高峰值的高峰后,又填出了新的高峰值。若用 $k\text{-}l$ 表示被移工作,i,j 分别表示工作未移前开始和完成那一天,则:

$$R_{j+1} + r_{kl} \leqslant R_i \tag{4-34}$$

工作若向左移动一天,则在左移后该工作开始那一天的资源需用量应等于或小于左移前工作完成那一天的资源需用量,否则亦会产生削峰后又填谷成峰的情况。即应符合下式要求:

$$R_{i-1} + r_{kl} \leqslant R_j \tag{4-35}$$

② 若工作右移一天或左移一天不能满足上述要求,则要看右移数天后能否减小 σ^2 值。即按公式(4-33)判断。由于式中 R_m 不变,未受移动影响部分的 R_t 不变。故只需比较受移动影响部分的 R_t 即可,即:

向右移时:

$$[(R_i - r_{kl})^2 + (R_{i+1} - r_{k-1})^2 + (R_{i+2} - r_{kl})^2 + \cdots + (R_{j+1} + r_{kl})^2 + (R_{j+2} + r_{kl})^2 +$$
$$(R_{j+3} + r_{kl})^2 + \cdots] \leqslant [R_i^2 + R_{i+1}^2 + R_{i+2}^2 + \cdots + R_{j+1}^2 + R_{j+2}^2 + R_{j+3}^2 + \cdots] \tag{4-36}$$

向左移时:

$$[(R_j - r_{kl})^2 + (R_{j-1} - r_{kl})^2 + (R_{j-2} - r_{kl})^2 + \cdots + (R_{i-1} + r_{kl})^2 + (R_{i-2} + r_{kl})^2 +$$
$$(R_{i-3} + r_{kl})^2 + \cdots] \leqslant [R_j^2 + R_{j-1}^2 + R_{j-2}^2 + \cdots + R_{i-1}^2 + R_{i-2}^2 + R_{i-3}^2 + \cdots] \tag{4-37}$$

【例 4-10】 已知网络计划如图 4-45 所示。图中箭线上方为资源强度,箭线下方为工作持续时间,网络计划的下方为资源需要量。试对其进行工期固定—资源均衡的优化。

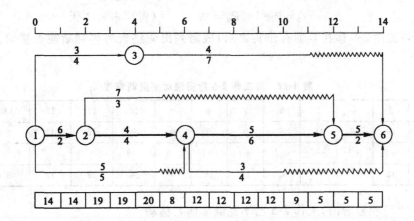

图 4-45 初始网络计划

解：(1)向右移动工作 4-6：

按公式 4-34：

$$R_{11}+r_{4-6}=9+3=R_7=12 \qquad （可右移 1 天）$$
$$R_{12}+r_{4-6}=5+3<R_8=12 \qquad （可再右移 1 天）$$
$$R_{13}+r_{4-6}=5+3<R_9=12 \qquad （可再右移 1 天）$$
$$R_{14}+r_{4-6}=5+3<R_{10}=12 \qquad （可再右移 1 天）$$

至此已移到网络计划的最后一天。

移动后资源需要量变化情况如表 4-10 所示。

表 4-10　移工作 4-6 后资源需要量调整表

1	2	3	4	5	6	7	8	9	10	11	12	13	14
14	14	19	19	20	8	12	12	12	12	5	5	5	5
						−3	−3	−3	−3	+3	+3	+3	+3
14	14	19	19	20	8	9	9	9	9	12	8	8	8

(2)向右移动工作 3-6：

$$R_{12}+r_{3-6}=8+4<R_5=20 \qquad （可右移 1 天）$$

由表 4-10 可明显看出，工作 3-6 已不宜再向右移动，移动后资源需要量变化情况如表 4-11 所示。

表 4-11　移工作 3-6 后资源需要量调整表

1	2	3	4	5	6	7	8	9	10	11	12	13	14
14	14	19	19	20	8	9	9	9	9	12	8	8	8
				−4							+4		
14	14	19	19	16	8	9	9	9	9	12	12	8	8

(3)向右移动工作 2-5：

$$R_6+r_{2-5}=8+7<R_3=19 \qquad （可右移 1 天）$$
$$R_7+r_{2-5}=9+7<R_4=19 \qquad （可再右移 1 天）$$
$$R_8+r_{2-5}=9+7<R_5=19 \qquad （可再右移 1 天）$$

此时已将工作 2-5 移在其原有位置之后，故需列出调整表后再判断能否移动。调整表如表 4-12 所示。

表 4-12　移工作 2-5 后资源需要量调整表

1	2	3	4	5	6	7	8	9	10	11	12	13	14
14	14	19	19	16	8	9	9	9	9	12	12	8	8
		−7	−7	−7	+7	+7	+7						
14	14	12	12	9	15	16	16	9	9	12	12	8	8

由表 4-12 可明显看出，工作 2-5 已不能继续向右移动

为明确看出其他工作右移的可能性，绘出上阶段调整后的网络计划，如图 4-46 所示。

(4)向右移动工作 1-3：

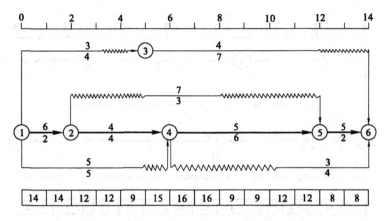

图 4-46 右移工作 4-6、3-6、2-5 后的网络计划

$$R_5 + r_{1-3} = 9 + 3 < R_1 = 14 \qquad (可右移 1 天)$$

此时已无自由时差,故不能再向右移动。

(5)可明显看出,工作 1-4 不能向右移动。

从左向右移动一遍后的网络计划如图 4-47 所示。

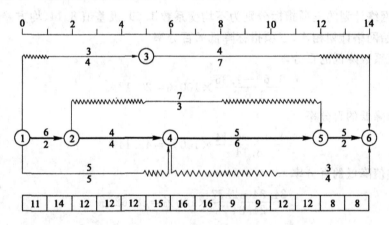

图 4-47 从左向右移动一遍后的网络计划

(6)第二次右移工作 3-6

$$R_{13} + r_{3-6} = 8 + 4 < R_6 = 15 \qquad (可右移 1 天)$$
$$R_{14} + r_{3-6} = 8 + 4 < R_6 = 16 \qquad (可再右移 1 天)$$

至此已移到网络计划的最后一天。

其他工作向右移或向左移都不能满足公式(4-34)或公式(4-35)的要求。至此已得出优化网络计划,如图 4-48 所示。

(7)计算优化后的三项指标

1)不均衡系数

$$K = \frac{R_{\max}}{R_m} = \frac{16}{11.86} = 1.35$$

2)极差值

$$\Delta R = \max[|R_8 - R_m|, |R_9 - R_m|] = \max[|16 - 11.86|, |9 - 11.86|] = 4.14$$

3)均方差值

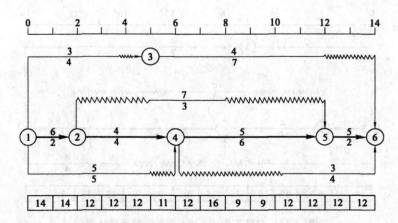

图 4-48　优化网络计划

$$\sigma^2 = \frac{1}{T}\sum_{t=1}^{T}(R_t - R_m)^2 = \frac{1}{T}\sum_{t=1}^{T}R_t^2 - R_m^2$$

$$= \frac{1}{14}[11^2 \times 2 + 14^2 \times 1 + 12^2 \times 8 + 16^2 \times 1 + 9^2 \times 2] - 11.86^2 = 2.77$$

注:初始网络计划的三项指标分别为不均衡系数 1.69、极差值 8.14、均方差值 24.34。

(8)与初始网络计划相比,三项指标降低的百分率

1)不均衡系数降低的百分率

$$\frac{1.69 - 1.35}{1.69} \times 100\% = 20.12\%$$

2)极差值降低的百分率

$$\frac{8.14 - 4.14}{8.14} \times 100\% = 49.14\%$$

3)均方差值降低的百分率

$$\frac{24.34 - 2.77}{24.34} \times 100\% = 88.62\%$$

4.6　网络计划的控制

　　网络计划的控制主要包括网络计划的检查和网络计划的调整两个方面。在网络计划执行过程中应根据现场实际情况不断进行检查,将检查的结果进行分析,而后确定后续计划的调整方案,这样才能发挥出网络计划的作用。

4.6.1　网络计划的检查

　　网络计划的检查内容主要有:关键工作进度,非关键工作进度及时差利用,工作之间的逻辑关系。

　　对网络计划的检查应定期进行。检查周期的长短应视计划工期的长短和管理的需要而定,一般可按天、周、旬、月、季等为周期。在计划执行过程中突然出现意外情况时,可进行"应急检查",以便采取应急调整措施。上级主管部门认为有必要时,还可进行"特别检查"。

　　检查网络计划时,首先必须收集网络计划的实际执行情况,并进行记录。

当采用时标网络计划时,可采用实际进度前锋线(简称前锋线)记录计划执行情况。前锋线应自上而下地从计划检查时的时间刻度线出发,用点回线依次连接各项工作的实际进度前锋线,直至到达计划检查时的时间刻度线为止。前锋线可用彩色笔标画,相邻的前锋线可采用不同的颜色。

当采用无时标网络计划时,可采用直接在图上用文字或适当符号记录、列表记录等记录方式。

网络计划检查后应列表反映检查结果及情况判断,以便对计划执行情况进行分析判断为计划的调整提供依据。一般宜利用实际进度前锋线,分析计划的执行情况及其发展趋势对未来的进度情况作出预测判断,找出偏离计划目标的原因及可供挖掘的潜力所在。

4.6.2 网络计划的调整

1. 分析进度偏差的影响

当检查发现实际进度与计划进度相比出现偏差时,应首先分析该偏差对后续工作和总工期的影响。其分析步骤为:

(1)进度偏差与关键工作

若出现偏差的工作为关键工作,则无论偏差大小,都对后续工作及总工期产生影响,必须采取相应的调整措施;若出现偏差的工作不是关键工作,则根据偏差值与总时差和自由时差的大小关系,确定对后续工作及总工期的影响程度。

(2)进度偏差与总时差

若工作的进度偏差大于工作的总时差,说明此偏差必定影响后续工作及总工期,必须采取相应的调整措施;若工作的进度偏差小于或等于工作的总时差,说明此偏差对总工期无影响,但对后续工作的影响程度,需要根据比较偏差与自由时差的情况来确定。

(3)进度偏差与自由时差

当工作的进度偏差大于该工作的自由时差时,说明对后续工作产生了影响,应该如何调整,要根据后续工作允许影响的程度而定(有无自由时差);若工作的进度偏差小于或等于该工作的自由时差,则说明对后续工作无影响,原计划不需调整。

经过以上分析,进度控制管理人员可以确定应该调整产生进度偏差的工作和调整偏差值的大小,以便推断确定新的调整措施。

2. 网络计划的调整方法

在对实施的网络计划分析的基础上,主要可通过下述两种方法对原计划进行调整:

(1)改变某些工作之间的逻辑关系

若检查的实际施工进度产生的偏差影响了总工期,在工作之间的逻辑关系允许改变的条件下,改变关键线路或超过计划工期的非关键线路上的有关工作之间的逻辑关系,达到缩短工期的目的。例如,可以把依次进行的有关工作改为平行的或互相搭接的,以及分成几个施工段的流水施工等都可以达到缩短工期的目的。这种方法调整的效果是很显著的。

(2)缩短某些工作的持续时间

这种方法是不改变工作之间的逻辑关系,而是缩短某些关键工作的持续时间。实际上就是采用工期优化或工期—成本优化的方法,来达到缩短网络计划的工期,实现原计划工期的目的。

5 施工组织总设计

5.1 概 述

5.1.1 施工组织总设计的作用和编制依据

1. 施工组织总设计及其作用

施工组织总设计是以一个建设项目或建筑群为编制对象,用以指导整个建筑群或建设项目施工全过程的各项施工活动的技术、经济和组织的综合性文件。

施工组织总设计的主要作用有以下几个方面:

(1)从全局出发,为整个项目的施工作出全面的战略部署;

(2)为承建商编制工程项目施工计划和单位工程施工组织设计提供依据;

(3)为业主编制工程建设计划提供依据;

(4)为做好施工准备工作,保证资源供应提供依据;

(5)为组织全工地性施工业务提供科学方案和实施步骤;

(6)为确定设计方案的施工可能性和经济合理性提供依据。

2. 施工组织总设计的编制依据

为了保证施工组织总设计编制工作的顺利进行并提高质量,使施工组织设计文件能更密切地结合工程实际情况,从而更好地发挥其在施工中的指导作用,在编制施工组织总设计时,应以以下资料为依据:

(1)计划文件及有关合同

计划文件及有关合同包括:国家批准的工程建设计划文件、可行性研究报告、工程项目一览表、分期分批施工项目和投资文件;建设项目所在地区主管部门的批件、承建商主管部门下达的施工任务计划;招投标文件及工程承包合同或协议;工程所需材料和设备的订货计划;引进设备和材料的供货合同等。

(2)设计文件及有关资料

设计文件及有关资料包括:已批准的初步设计(或技术设计)的有关图纸、设计说明书、概算造价等。

(3)工程勘察和调查资料

工程勘察和调查资料包括:建设地区地形、地貌、工程地质、水文、气象等自然条件;能源、交通运输、建筑材料、预制件、商品混凝土及构件、设备等技术经济条件;当地政治、经济、文化、卫生等社会生活条件资料。

(4)现行规范、规程、有关技术标准和类似工程的参考资料

这方面资料包括:现行的施工及验收规范、操作规程、定额、技术规定和其他技术标准以及类似工程的施工组织总设计和有关总结资料。

5.1.2　施工组织总设计的内容和编制程序

1. 施工组织总设计的内容

施工组织总设计的内容视工程性质、规模、建筑结构的特点、施工的复杂程度、工期要求及施工条件的不同而有所不同,通常包括下列基本内容:

(1)工程概况;

(2)施工部署和施工方案;

(3)全场性施工准备工作计划;

(4)施工总进度计划;

(5)劳动力、主要物资和机械需用计划;

(6)施工现场总平面布置图;

(7)保证质量、安全生产、降低消耗的技术组织措施;

(8)主要技术经济指标。

2. 施工组织总设计的编制程序

施工组织总设计的编制程序,如图 5-1 所示。

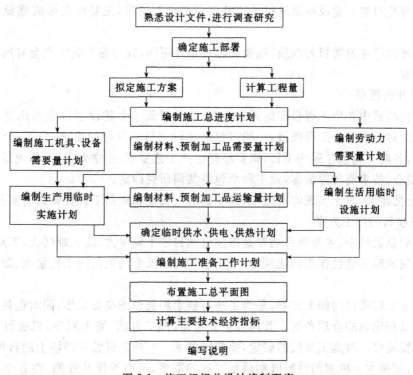

图 5-1　施工组织总设计编制程序

5.2　施　工　部　署

5.2.1　工程概况

工程概况是对整个建设项目的总说明,是对拟建项目或建筑群所做的一个简明扼要、重点突出的文字介绍。一般包括下列内容:

1. 建设项目主要情况

在建设项目内容中,主要包括:建设地点、工程性质、建设规模、总投资、总期限及分期分批施工的项目和期限;总占地面积、建筑面积及主要项目工程量;生产流程及工艺特点;设备安装及其吨位数;建筑安装工作量、工厂区和生活区的工作量;建筑结构类型特征、新技术、新材料的复杂程度和应用情况等。

2. 建设地区特征

建设地区特征主要应包括:气象、地形、地质和水文情况;地方资源情况;交通运输条件;水、电和其他动力条件;劳动力和生活设施情况;地方建筑企业情况等。

3. 施工条件

施工条件应反映:施工企业的生产能力、技术装备、管理水平、市场竞争能力和完成指标的情况;主要设备、三大主要材料和特殊物资供应情况。

4. 其他内容

包括有关建设项目的决议和协议;土地的征用范围、数量和居民搬迁时间等。

5.2.2 施工部署和施工方案

施工部署是对整个建设项目进行的统筹规划和全面安排,主要解决影响建设项目全局的重大问题。

施工部署由于建设项目的性质、规模和客观条件不同,其内容和侧重点会有所不同。一般包括以下内容:

1. 工程开展程序

确定建设项目中各项工程合理的开展程序,是关系到整个建设项目能否迅速投产或使用的重大问题。对于大中型工程项目,一般需根据建设项目总目标的要求,分期、分批建设。对于分期施工,各期工程包含哪些项目,则要根据生产工艺要求、业主要求、工程规模大小和施工难易程度、资金、技术资料等情况,业主和承包商共同研究确定。

分期、分批建设,对于实现均衡施工、减少临时工程量和降低工程投资具有重要意义。

2. 主要项目的施工方案

施工组织总设计中,主要项目通常是指建设项目中工程量大、施工难度大、工期长,对整个建设项目的完成起关键性作用的建筑物(或构筑物),以及全场范围内工程量大、影响全局的特殊分项工程。

拟定主要工程项目的施工方案,是为了进行技术和资源的准备工作,同时也是为了施工进程的顺利开展和现场的合理布置。其内容主要包括:施工方法、施工顺序、机械设备选型和施工技术组织措施等。对施工方法的确定,要兼顾技术工艺的先进性和经济上的合理性;对施工机械的选择,应使主导机械的性能既能满足工程的需要,又能发挥其效能,在各个工程上能够实现综合流水施工,减少其拆、卸、运的次数;对于辅助机械,其性能应与主导施工机械相适应,以充分发挥主导施工机械的工作效率。

3. 施工任务划分与组织安排

在明确施工项目管理体制、机构的条件下,划分各参与承包商的工作任务,明确总包与分包的关系,建立施工现场统一的领导机构和职能部门,确定综合的和专业化的施工组织,明确各单位之间分工与协作的关系,划分施工段,确定各单位分期分批的主攻项目和穿插项目。

4. 施工准备工作总计划

根据施工开展程序和主要工程项目施工方案,编制好施工项目全场性的施工准备工作计划。主要内容包括:

(1)安排好场内外运输、施工用主干道、水、电、气来源及其引入方案;

(2)安排好场地平整方案和全场性排水、防洪;

(3)安排好生产和生活基地建设;

(4)安排建筑材料、成品、半成品的货源和运输、储存方式;

(5)安排现场区域内的测量工作,设置永久性测量标志,为放线定位做好准备;

(6)编制新技术、新材料、新工艺、新结构的试制实验计划和职工技术培训计划;

(7)做好冬、雨季施工所需的特殊准备工作。

5.3 施工总进度计划

施工总进度计划是根据施工部署和施工方案,对全工地的所有工程项目做出时间上的安排。其作用在于确定各个建筑物及其主要工种、工程、准备工作和全工地性工程的施工期限及其开工和竣工的日期,从而确定施工现场的劳动力、材料、施工机械的需要量和调配情况,以及现场临时设施的数量、水电供应数量和能源、交通工具的需要数量等。因此,正确地编制施工总进度计划是保证各项目以及整个建设工程按期交付使用、充分发挥投资效益,降低工程建设成本的重要条件。

5.3.1 施工总进度计划的编制原则

(1)合理安排施工顺序,保证在劳动力、物资、以及资金消耗量最少的情况下,按规定工期完成施工任务;

(2)采用合理的施工组织方法,使建设项目的施工保持连续、均衡、有节奏地进行;

(3)在安排全年度工程任务时,要尽可能按季度均匀分配工程建设投资;

(4)节约施工费用。

5.3.2 施工总进度计划的编制步骤

1.列出工程项目一览表并计算工程量

施工总进度计划主要起控制总工期的作用,因此项目划分不宜过细。通常可按照分期分批投产顺序和工程开展程序列出,并突出每个交工系统中的主要工程项目,一些附属项目及小型工程、临时设施可以合并列出工程项目一览表。

在工程项目一览表的基础上,按工程的开展顺序,以单位工程为单元计算主要实物工程量。此时计算工程量的目的是为了选择施工方案和主要的施工、运输机械;初步规划主要施工过程的流水施工;估算各项目的完成时间;计算劳动力和技术物资的需要量。因此,工程量只需粗略地计算即可。

计算工程量,可按设计图纸并根据各种定额手册、标准设计或已建类似工程的资料等进行计算。

2.确定各单位工程的施工期限

单位工程的施工期限,可参考工期定额,并根据施工单位的施工技术力量、管理水平、施工项目的建筑类型、结构特征、工程规模以及现场施工条件、资金与材料供应等情况综合确定。

3. 确定各单位工程开竣工时间和相互搭接关系

在确定了各主要单位工程的施工期限后，就可以进一步安排各单位工程的搭接施工时间。具体安排时应着重考虑以下因素：

(1)保证重点，兼顾一般

在安排进度时，要分清主次，抓住重点，同一时期开工的项目不宜过多，以免分散有限的人力、物力。主要工程项目是指工程量大、工期长、质量要求高、施工难度大，对其他工程施工影响大、对整个建设项目的顺利完成起关键性作用的工程子项。这些项目在各系统的控制期限内应优先安排。

(2)力求做到连续、均衡的施工要求

安排进度时，应考虑在工程项目之间组织大流水施工，从而使各工种施工人员、施工机械在全工地内连续施工，同时使劳动力、施工机具和物资消耗量在全工地上达到均衡，避免出现突出的高峰和低谷，以利于劳动力的调度和原材料供应。另外，宜确定适量的调剂工程项目，穿插在主要项目的流水中，以便保证在确保重点工程项目施工的前提下更好地实现均衡施工。

(3)全面考虑各种条件限制

在确定各工程项目的施工顺序时，还应考虑各种客观条件的限制，如承包商的施工力量，各种原材料、构件、设备的到货情况，设计单位提供图纸的时间，各年度建设投资数量等。充分估计这些情况，以使每个施工项目的施工准备、土建施工、设备安装和试生产的时间能合理衔接。同时，由于工程施工受季节、环境影响较大，因此经常会对某些项目的施工时间提出具体要求，从而对施工的时间和顺序安排产生影响。

4. 施工进度计划的编制

施工总进度计划可用横道图或网络图表达。由于施工总进度计划只是起控制性作用，而且施工条件多变，因此，不必考虑得很细致。

当用横道图表达总进度计划时，项目的排列可按施工总体方案所确定的工程开展程序排列。横道图上应表达出各施工项目的开、竣工时间及其施工持续时间。

近年来，随着网络计划技术的推广，采用网络图表达施工总进度计划已经在实践中得到了泛应用。采用时标网络图表达总进度计划比横道图更加直观、明了，不仅可以表达出各项目之间的逻辑关系，还可以进行优化，实现最优进度目标、资源均衡目标和成本目标。同时，由于网络图可以采用计算机计算和输出，对其进行调整、优化，统计资源数量、输出图表更为方便、迅速。

5.4 资源需要量计划

施工总进度计划编制好以后，就可以编制各种主要资源的需要量计划。其主要内容有劳动力需要量计划，主要材料、构件及半成品需要量计划及施工机具需用量计划。

5.4.1 劳动力需要量计划

劳动力需要量计划是规划临时工程和组织劳动力进场的依据。编制时首先根据工程量汇总表中列出的各主要实物工程量查预算定额或有关经验资料，便可求得各个工程项目主要工种的劳动量，再根据总进度计划中各单位工程某工种的持续时间即可求得某单位工程在某段时间里的平均劳动力数。按同样的方法可计算出各个工程项目各主要工种在各个时期的平均工人数。将总进度计划表纵坐标方向上各单位工程同工种人的数量加在一起并连成一条曲线,即形成某工种的劳动力动态图。根据劳动力动态图可列出主要工种劳动力需要量计划表,如表5-1所示。

表 5-1　劳动力需要量计划

序　号	工种名称	施工高峰需用人数	××年				××年				现有人数	多余(+)或不足(-)
			一季	二季	三季	四季	一季	二季	三季	四季		

注:1. 工种名称除生产工人外,还应包括附属辅助用工(如机修、运输、构件加工、材料保管等)以及服务和管理用工。

　　2. 表下应附以分季度的劳动力动态曲线(纵坐标表示人数,横坐标表示时间)。

5.4.2　各种物资需要量计划

根据各工种工程量汇总表所列各建筑物(或构筑物)的工程量,套用概算指标或类似工程经验资料,便可计算得出各建筑物(或构筑物)所需的主要材料、构件和半成品的需要量。

1. 主要材料需要量计划

主要材料应包括钢材、木材、水泥、沥青、石灰、砂、石料(碎石、块石、砾石等)、爆破器材等工程施工中用量大的材料,特殊情况下使用的土工织物,各种加筋带、外掺剂等也应列入主要材料计划。

主要材料的需用量,可按照工程量和定额或类似工程经验资料进行计算。主要材料需要量计划见表5-2。

表 5-2　主要材料需要量计划

材料名称 工程名称　　　　　单位	主　要　材　料						

2. 主要材料、预制加工品需用量进度计划

根据主要材料需要量计划,参照施工总进度计划和主要分部分项工程流水施工进度计划,可大致估计出某些建筑材料在某季度的需要量,从而编制出主要材料、预制加工品需用量进度计划,以利于组织运输和筹建工地仓库。如表5-3所示。

表 5-3　主要材料、预制加工品需用量进度计划

序号	材料、预制品及加工品名称	规格	单位	需　用　量				需　用　量　进　度					
				正式工程	大型临时设施	施工措施	合计	××年				××年	
								一季	二季	三季	四季		

3. 主要材料、预制加工品运输量计划

主要材料、预制加工品运输量计划,是为运输工具的选用和运输组织提供依据而编制。如

表 5-4 所示。

表 5-4 主要材料、预制加工品运输量计划

序号	材料、预制品及加工品名称	单位	数量	折合吨数	运 距(km)			运输量(t·km)	分类运输量(t·km)		
					装货地点	卸货地点	距离		公路	铁路	航运

5.4.3 施工机具需要量计划

主要施工机械,如挖土机、起重机等的需用量,可根据施工进度计划、主要建筑物施工方案和工种工程量,并套用机械产量定额求得;辅助机械可以根据建筑安装工程每 10 万元扩大概算指标求得;运输机械的需用量可根据主要材料、预制加工品运输量计划确定。最后编制施工机具需用量计划,如表 5-5 所示。施工机具需要量计划除为组织机械供应外,还可作为施工用电、选择变压器容量的计算和确定停放场地面积的依据。

表 5-5 施工机具需用量计划

序 号	机具设备名称	规格型号	电动机功率	数 量			购置价值(万元)	使用时间	备 注
				单位	需用	现有	不足			

5.5 临 时 设 施

工程项目施工的正常进行,除了安排合理的施工进度外,还需要在工程正式开工之前充分做好各项准备工作,建造相应的临时设施,如工地加工场地、工地仓库、工地运输、办公及福利设施、施工供水及供电、通讯设施等。

修建临时设施,应本着节省投资、节约用地、节省劳动力,因地制宜,就地取材,尽量利用既有设施或使用旧料和正式工程的材料。当有条件时,可以考虑与正式工程结合,提前修建正式工程,满足施工需要,以减少投资

5.5.1 工地加工场地组织

工地临时加工场地组织的任务是确定建筑面积和结构型式,加工场(站、厂)的建筑面积,通常可参照有关资料或根据施工单位的经验确定,也可按公式计算。

1. 钢筋混凝土构件预制厂、木工房、钢筋加工车间等加工场地

钢筋混凝土构件预制厂、木工房、钢筋加工车间等,其建筑面积可用下式确定:

$$F = \frac{K \cdot Q}{T \cdot S \cdot \alpha} \tag{5-1}$$

式中 F——所需建筑面积(m^2);

Q——加工总量(m^3 或 t);

K——不均衡系数,一般取 1.3~1.5;

T——加工总时间(月);

S——每平方米场地的月平均加工量;

α——场地或建筑面积利用系数，一般取 $0.6 \sim 0.7$。

2. 水泥混凝土搅拌站面积

水泥混凝土搅拌站面积，可用下式计算：

$$F = N \cdot A \tag{5-2}$$

式中　F——搅拌站面积（m^2）；

　　　A——每台搅拌机所需的面积（m^2）；

　　　N——搅拌机的台数，按下式计算：

$$N = \frac{Q \cdot K}{T \cdot R} \tag{5-3}$$

其中　Q——混凝土总需要量（m^3）；

　　　K——不均衡系数，一般取 1.5；

　　　T——混凝土工程施工总工作日；

　　　R——混凝土搅拌机台班产量。

大型沥青混凝土拌和设备的场地面积，根据设备说明书的要求确定。

上述建筑场地的结构型式应根据当地条件和使用期限而定。使用年限短的用简易结构，如油毡或草屋面的竹结构；使用年限长的则可采用瓦屋面的砖木结构或活动房屋。

5.5.2　工地临时仓库组织

工地临时仓库分为转运仓库、中心仓库和现场仓库等。临时仓库组织的任务是确定材料储备量和仓库面积，选择仓库位置和进行仓库设计等。

1. 确定工地材料储备量

材料储备量既要保证连续施工的需要，又要避免材料积压而增大仓库面积。对于场地狭小、运输方便的现场可少储存；对于供应不易保证、运输困难、受季节影响大的材料可适当增大储存量。

通常材料储备量应根据现场条件、供应条件和运输条件来确定。对于经常或连续使用的材料，如钢材、水泥、砂、石等，可按储备期计算：

$$P = T_c \cdot \frac{Q_i \cdot K}{T} \tag{5-4}$$

式中　P——材料储备量（m^3 或 t）；

　　　T_c——储备期（按材料来源确定，一般不小于 10 天）（天）；

　　　Q_i——材料、半成品的总需要量（m^3 或 t）；

　　　T——有关项目施工的总工作日（天）；

　　　K——材料使用不均匀系数，取 $1.2 \sim 1.5$。

对于不经常使用或储备期长的材料，可按年度需用量的某一百分比储备。

2. 确定仓库面积

仓库面积可按下式计算：

$$F = \frac{P}{q \cdot K} \tag{5-5}$$

式中　F——仓库总面积（m^2）；

　　　P——仓库材料储备量；

　　　Q——每平方米仓库面积能存放的材料数量；

　　　K——仓库面积利用系数（考虑人行道和车道所占面积），一般为 $0.5 \sim 0.8$。

特殊材料,如爆炸品、易燃或易腐蚀品的仓库面积,按有关安全要求确定。

在设计仓库时,除满足仓库总面积外,还要正确确定仓库的平面尺寸,即仓库的长度和宽度。仓库的长度应满足装卸要求,宽度要考虑材料存放方式、使用方便和仓库结构型式。

5.5.3　工地运输组织

运输组织计划是施工组织中的一个重要项目,它不仅直接影响施工进度,而且在很大程度上也影响工程造价。为了施工进度计划执行,力求最大限度降低工程造价,要求编制出合理的工地运输组织计划。

工地运输组织应解决的主要问题有:确定运输量、选择运输方式、计算运输工具需要量等。

1. 确定运输量

运输总量应按工程的实际需要量来确定。同时还应考虑每日的最大运输量及各种运输工具的最大运输密度。工地运输的每日货运量可用下式计算:

$$q = \frac{\sum(Q_i \cdot L_i)}{T} \times K \tag{5-6}$$

式中　q——每日货运量(t·km);

Q_i——各种物资的年度需用量或整个工程的物资用量;

L_i——运输距离(km);

T——工程年度运输工作日数或计划运输天数(天);

K——运输工作不均衡系数,一般公路运输取 1.2,铁路运输取 1.5。

2. 选择运输方式

工地运输方式有铁路运输、公路运输、水路运输和特种运输(索道、管道)等方式。选择运输方式必须考虑各种因素的影响,例如材料的性质、运量的大小、超高、超重、超大、超宽设备及构件的形状尺寸、运距和期限、现有机械设备、利用永久性道路的可能性、现场及场外道路的地形、地质及水文自然条件。在有几种运输方案可供选择时,应进行全面的技术经济比较,确定合理的运输方式。

3. 确定运输工具需要量

运输方式确定后,即可计算运输工具的需要量。每班所需的运输工具数量可用下式计算:

$$m = \frac{Q \cdot K_1}{q \cdot T \cdot n \cdot K_2} \tag{5-7}$$

式中　m——所需的运输工具台数;

Q——全年(季)度最大运输量(t);

K_1——运输工具使用不均衡系数,场外运输一般取 1.2,场内运输取 1.1;

q——汽车台班产量(根据运距按定额确定)(t/台班);

T——全年(季)的工作天数;

n——每日的工作班数;

K_2——运输工具供应系数,一般取 0.9。

4. 确定运输道路

工地运输道路应尽可能利用永久性道路,或先修永久性路基并辅设简易路面。主要道路应布成环形,宜采用双车道,其宽度不得小于 6 m,次要道路可为单车道,但应有回车场,其宽度不得小于 3.5 m,并要有足够的转弯半径。要尽量避免与铁路交叉。

5. 编制运输工具调度计划

各种运输工具均宜集中管理和统一调度使用,但少量小型的非机动性运输工具可分散由施工基层掌握使用。工地运输工具的管理部门一般可以与工地材料供应单位合而为一,大规模施工可以建立专门材料运输队。

工地运输部门应按工程总进度计划和各施工队的施工进度计划,定期指派运输小组或运输工具前往配合施工(如配合挖土机运土所需的汽车以及从沥青混凝土拌和站运送沥青混凝土至摊铺工地的汽车等)。除此而外,必须按总工程进度计划,进行全部工程的物资和材料供应的运输工作。为此,必须在施工机构统一安排下,编制出详细的调度计划,规定运输工具在施工过程中使用的地点和期限、运输任务和性质、检修要求和时间等,并对主要运输工具排列运输图表。

5.5.4 办公及福利设施组织

1. 办公及福利设施类型

(1)行政管理和生产用房

这类用房一般包括:建筑安装机构办公室、传达室、车库及各类材料仓库和辅助性修理车间等。

(2)居住生活用房

包括单身职工宿舍、家属宿舍、招待所、医务所、食堂、浴室等。

(3)文化生活用房

文化生活用房一般包括图书馆、广播室、俱乐部等等。

2. 办公及福利设施建筑面积的确定

此类临时建筑的建筑面积主要取决于建筑工地的人数,包括职工和家属人数。建筑面积按下式确定:

$$S = N \cdot P \tag{5-8}$$

式中　S——建筑面积(m^2);

　　　N——工地人数;

　　　P——建筑面积指标,参见表 5-6。

表 5-6　临时房屋建筑面积参考指标

序　　号	临时房屋名称	指标使用方法	参考指标(m^2/人)
1	办公室	按使用人数	3~4
2	宿舍		
2.1	单层通铺	按高峰期(年)平均人数	2.5~3.0
2.2	双层铺	按在工地实有人数	2.0~2.5
2.3	单层床	按在工地实有人数	3.5~4.0
3	食堂	按高峰期平均人数	0.5~0.8
	食堂兼礼堂	按高峰期平均人数	0.6~0.9
4	其他合计	按高峰期平均人数	0.5~0.6
4.1	医务室	按高峰期平均人数	0.05~0.07
4.2	浴室	按高峰期平均人数	0.07~0.1
4.3	理发室	按高峰期平均人数	0.01~0.03
4.4	俱乐部	按高峰期平均人数	0.1
4.5	小卖部	按高峰期平均人数	0.03
4.6	招待所	按高峰期平均人数	0.06
4.7	其他公用	按高峰期平均人数	0.05~0.1
4.8	开水房		10~40
4.9	厕所	按工地平均人数	0.02~0.07

计算所需要的各种生活、办公用房屋,应尽量利用施工现场及其附近的永久性建筑物,不足的部分修建临时建筑物。临时建筑物的修建,应遵循经济、适用、装拆方便的原则,按照当地的气候条件、工期长短确定结构型式,通常有帐篷、装拆式房屋或利用地方材料修建的简易房屋等。

5.5.5 工地临时供水、供电、供热组织

工地临时供水、供电和供热应解决的主要问题有:确定用量、选择供应来源、设计管线网络等。如供应来源由工地自行解决,还需要确定相应的设备。

确定用量时,应考虑施工生产、生活和特殊用途(如消防、防洪)的需用量。选择供应来源时,首先应考虑当地已有的水源、电源,若当地没有或供应量不能满足施工需要时,才需自行设计解决。

1. 工地临时供水

工地临时供水主要包括:生产用水、生活用水和消防用水三种。

(1)用水量计算

施工期间的工地供水应满足工程施工用水(q_1)、施工机械用水(q_2)、施工现场生活用水(q_3)、生活区生活用水(q_4)和消防用水(q_5)等五个方面的需要,其用水量可参照有关手册计算确定。由于生活用水是经常性的,施工用水是间断性的,而消防用水又是偶然性的,因此,工地的总用水量(Q)并不是全部计算结果的总和,而应按以下公式计算:

①当($q_1+q_2+q_3+q_4$)≤q_5 时,则:

$$Q=q_5+0.5(q_1+q_2+q_3+q_4) \tag{5-9}$$

②当($q_1+q_2+q_3+q_4$)>q_5 时,则:

$$Q=q_1+q_2+q_3+q_4 \tag{5-10}$$

③当工地面积小于 50 000 m² ,而且($q_1+q_2+q_3+q_4$)<q_5 时,则:

$$Q=q_5 \tag{5-11}$$

(2)水源选择

施工工地临时供水水源,有自来水水源和天然水源两种。应首先考虑利用当地自来水作水源,如不可能才另选天然水源。临时水源应满足以下要求:水量充足稳定,能保证最大需水量供应;符合生活饮用和生产用水的水质标准,取水、输水、净水设施安全可靠;施工安装、运转、管理和维护方便。

(3)临时供水系统

供水系统由取水设施、净水设施、储水构造物、输水管网几个部分组成。

取水设施由取水口、进水管及水泵站组成、取水口距河底或井底不得小于 0.25~0.9 m,距冰层下部边缘的距离也不得小于 0.25 m。水泵要有足够的抽水能力和扬程。

当水泵不能连续工作时,应设置储水构造物,其容量以每小时消防用水量来确定,但一般不小于 10~20 m³。

输水管网应合理布局,干管一般为钢管或铸铁管,支管为钢管。输水管的直径应满足输水量的需要。

2. 工地临时供电

(1)工地总用电量

工地用电可分为动力用电和照明用电两类,用电量可按下式计算:

$$P=(1.05\sim1.10)\times\left(K_1\cdot\frac{\sum P_1}{\cos\psi}+K_2\cdot\sum P_2+K_3\cdot\sum P_3+K_4\cdot\sum P_4\right) \tag{5-12}$$

式中　P——工地总用电量($kV\cdot A$);

　　　P_1——电动机额定功率(kW);

　　　P_2——电动机额定容量($kV\cdot A$);

　　　P_3——室内照明容量(kW);

　　　P_4——室外照明容量(kW);

　　　$\cos\psi$——电动机平均功率因数,根据电量和负荷情况而定,最高 0.75~0.78,一般为 0.65~0.75;

$K_1\sim K_4$——需要系数,见表 5-7。

由于施工现场照明用电所占比例较小,因此在估算总用电量时可以不考虑照明用电,只需在动力用电量之外再增加 10% 作为照明用电即可。

表 5-7　需 要 系 数

名　　称	数量(台)	需要系数				备　　注
		K_1	K_2	K_3	K_4	
电动机	3~10	0.7				如施工需要电热,应将其用电量计算进去;式中各动力照明用电应根据不同工作性质分类计算
	11~30	0.6				
	30 以上	0.5				
加工厂动力设备		0.5				
电焊机	3~10		0.6			
	10 以上		0.5			
室内照明				0.8		
主要道路照明					1.0	
警卫照明					1.0	
场地照明					1.0	

(2)选择电源及确定变压器

工地临时用电电源,可以由当地电网供给,也可以在工地设临时电站解决,或者当地电网供给一部分,另一部分设临时电站补足。无论采用哪种方案,都应该根据工程具体情况对能否满足施工期间最高负荷、输电设施的经济性等进行综合比较。

变压器的功率按下式计算:

$$P=K\left(\frac{\sum P_{max}}{\cos\psi}\right) \tag{5-13}$$

式中　P——变压器的功率($kV\cdot A$);

　　　K——功率损失系数,取 1.05;

　　　P_{max}——各施工区的最大计算负荷(kW);

　　　$\cos\psi$——功率因素。

(3)选择导线截面

合理的导线截面应满足三个方面的要求:首先要有足够的机械强度,即在各种不同的敷设方式下,确保导线不致因一般机械损伤而折断;其次应满足通过一定的电流强度,即导线必须能承受负载电流长时间通过所引起的温度升高;第三是导线上引起的电压降必须限制在容许限度之内。按这三项要求,选其截面最大者。

(4)配电线路布置要点

线路应尽量架设在道路的一侧,并尽可能选择平坦路线,保持线路水平,使电杆受力平衡。线路距建筑物的水平距离应大于 1.5 m。在 380/220 V 低压线路中,木杆间距为 5 m~40 m,分支线及引入线均从电杆处接出。

临时布线一般都用架空线,极少用地下电缆,因为架空线工程简单、经济,便于检修。电杆及线路的交叉跨越要符合有关输电规范。

配电箱要设置在便于操作的地方,并有防雨防晒设施。各种施工用电机具必须单机单闸,绝不可一闸多用。闸力的容量要根据最高负荷选用。

3. 工地临时供热

工地临时供热的主要对象是:临时房屋如办公室、宿舍、食堂等内部的冬季采暖;冬季施工供热,如施工用水和材料加热等;预制场供热,如钢筋混凝土构件的蒸汽养生等。

建筑物内部采暖耗热量,按有关建筑设计手册计算。

临时供热的热源,一般都设立临时性的锅炉房或个别分散设备(火炉等),如有条件,也可利用当地的现有热力管网。

临时供热的蒸汽用量按下式计算:

$$W = \frac{Q}{I \cdot H} \tag{5-14}$$

式中 W——蒸汽用量;

Q——所需总热量,按建筑设计采暖手册计算(J/h);

I——在一定压力下蒸汽的含热量(查有关热工手册)(J/kg);

H——有效利用系数,一般为 0.4~0.5。

蒸汽压力根据供热距离确定。供热距离在 300 m 以内时,蒸汽压力为 30~50 kPa 即可,在 1 000 m 以内时,则需要 200 kPa。

确定了蒸汽压力后,根据式(8-12)计算的蒸汽用量,可查阅锅炉手册选定锅炉型号。

5.5.6　工地其他临时设施组织

对于一些大型工程建设项目,在施工组织设计中,还会遇到其他的临时工程设施,如便道、便桥、临时车站、码头、堆场、通讯设施等。对于新建工程,往往临时设施会更多。

各种临时工程设施的数量视工地具体情况而定,因它们的使用年限一般都较短,通常宜采用简易结构。

全部临时建筑及临时工程设施都应在设计完成之后,编制临时工程表。

5.6　施工总平面图

施工总平面图是拟建项目施工场地的总布置图。是按照施工方案和施工进度的要求,对施工现场的道路交通、材料仓库、附属企业、临时房屋、临时水电管线等做出合理的规划布置,从而正确处理全工地施工期间所需各项设施和永久建筑、拟建工程之间的空间关系。

5.6.1　施工总平面图设计的原则、依据和内容

1. 施工总平面图设计的原则

（1）尽量减少施工用地，少占农田，使平面布置紧凑合理；

（2）合理组织运输，减少运输费用，保证运输方便畅通；

（3）施工区段的划分和场地的确定，应符合施工流程要求，尽量减少专业工种和各工种之间的干扰；

（4）充分利用各种永久建筑物（或构筑物）和原有设施为施工服务，降低临时设施的费用；

（5）各种生产生活设施应便于工人生产生活；

（6）满足安全防火、劳动保护的要求。

2.施工总平面图设计的依据

（1）各种设计资料，包括工程建设总平面图、地形地貌图、区域规划图、工程项目范围内有关的一切已有和拟建的各种设施位置；

（2）建设地区的自然条件和技术经济条件；

（3）建设项目的工程概况、施工方案、施工进度计划，以便了解各施工阶段情况，合理规划施工场地；

（4）各种建筑材料、构件、加工品、施工机械和运输工具需要量一览表，以便规划工地内部的储放场地和运输线路；

（5）各构件加工厂规模、仓库及其他临时设施的数量和外廓尺寸。

3.施工总平面图设计的内容

（1）建设项目施工总平面图上的一切地上、地下已有的和拟建的建筑物、构筑物以及其他设施的位置和尺寸；

（2）施工用地范围，施工用的各种道路；

（3）加工厂、制备站及有关机构的位置；

（4）各种建筑材料、半成品、构件的仓库和生产工艺设备主要堆场、取土弃土位置；

（5）行政管理房、宿舍、文化生活福利建筑等；

（6）水源、电源、变压器位置，临时给排水管线和供电、动力设施；

（7）机械站、车库位置；

（8）一切安全、消防设施位置；

（9）永久性测量放线标桩位置。

许多规模较大的建筑项目，其建设工期往往很长。随着工程的进展，施工现场的面貌将不断改变。在这种情况下，应按不同阶段分别绘制若干张施工总平面图，或者根据工地的变化情况，及时对施工总平面图进行调整和修正，以便符合不同时期的需要。

5.6.2　施工总平面图的设计步骤

施工总平面图的设计步骤为：引入场外交通道路→布置仓库→布置加工厂和混凝土搅拌站→布置内部运输道路→布置临时房屋→布置临时水电管网和其他动力设施→绘制施工总平面图。

1.场外交通道路的引入

设计全工地性施工总平面图时，首先应从研究大宗材料、成品、半成品、设备等进入工地的运输方式入手。当大宗材料由铁路运来时，首先要解决铁路的引入问题；当大批材料是由水路运来时，应首先考虑原有码头的运用和是否增设专用码头问题；当大批材料是由公路运入工地时，由于汽车线路可以灵活布置，因此，一般先布置场内仓库和加工厂，然后再布置场外交通的引入。

2. 仓库与材料堆场的布置

仓库与材料堆场的布置,通常应考虑设置在运输方便、位置适中、运距较短并且安全防火的地方,同时区别不同材料、设备和运输方式来设置。

(1)当采用铁路运输时,仓库通常沿铁路线布置,并且要留有足够的装卸前线。如果没有足够的装卸前线,必须在附近设置转运仓库。布置铁路沿线仓库时,应将仓库设置在靠近工地一侧,以免内部运输跨越铁路。同时仓库不宜设置在弯道处或坡道上。

(2)当采用水路运输时,一般应在码头附近设置转运仓库,以缩短船只在码头上的停留时间。

(3)当采用公路运输时,仓库的布置一般较灵活。一般中心仓库布置在工地中央或靠近使用的地方,也可以布置在靠近于外部交通连接处。砂石、水泥、石灰、木材等仓库或堆场宜布置在搅拌站、预制厂和木材加工厂附近;砖、瓦和预制构件等直接使用的材料则应该直接布置在施工对象附近,以免二次搬运。对于工业建设项目的施工工地还应考虑主要设备的仓库(或堆场),一般笨重设备应尽量放在车间附近,其他设备仓库可布置在外围或其他空地上。

3. 加工厂布置

各种加工厂布置,应以方便使用、安全防火、运输费用最少、不影响建筑安装工程施工的正常进行为原则。一般应将加工厂集中布置在同一个地区,且多处于工地边缘。各种加工厂应与相应的仓库或材料堆场布置在同一地区。

(1)混凝土搅拌站

混凝土搅拌站,根据工程的具体情况可采用集中、分散或集中与分散相结合的三种布置方式。当现浇混凝土量大时,宜在工地设置混凝土搅拌站;当运输条件好时,以采用集中搅拌或选用商品混凝土最为有利;当运输条件较差时,以分散搅拌为宜。

(2)预制加工厂

预制加工厂,一般应设置在建设工地的空闲地带上,如材料堆场专用线转弯的扇形地带或场外临近处。

(3)钢筋加工厂

钢筋加工厂,区别不同情况,宜采用分散或集中布置。对于需进行冷加工、对焊、点焊的钢筋网,宜设置中心加工厂,其位置应靠近预制件、构件加工厂;对于小型加工件,利用简单机具成型的钢筋加工,可在靠近使用地点的分散的钢筋加工棚里进行。

(4)木材加工厂

木材加工厂,要视木材加工的工作量、加工性质和种类决定是集中设置还是分散设置几个临时加工棚。一般原木、锯材堆场布置在铁路专用线、公路或水路沿线附近;木材加工场地亦应设置在这些地段附近;锯木、成材、细木加工和成品堆放,应按工艺流程布置。

(5)砂浆搅拌站

对于砂浆搅拌站,一般可以分散设置在使用地点附近。

(6)金属结构、锻工、电焊和机修等车间

金属结构、锻工、电焊和机修等车间,由于它们在生产上联系密切,应尽可能布置在一起。

4. 布置内部运输道路

根据各加工厂、仓库及各施工对象的相对位置,研究货物转运图,区分主要道路和次要道路,进行工地道路规划。规划工地道路时,应考虑以下几点:

（1）合理规划临时道路与地下管网的施工程序

在规划临时道路时，应充分利用拟建的永久性道路，提前修建永久性道路或者先修路基和简易路面，作为施工所需的道路，以达到节约投资的目的。若地下管网的图纸尚未出全，必须采取先施工道路，后施工管网的顺序时，临时道路就不能完全建造在永久性道路的位置。而应尽量布置在无管网地区或扩建工程范围地段上，以免开挖管道沟时破坏路面。

（2）保证运输通畅

道路应有两个以上进出口，道路末端应设置回车场地，且尽量避免临时道路与铁路交叉。工地道路干线应采用环形布置，主要道路宜采用双车道，宽度不小于 6 m，次要道路宜采用单车道，宽度不小于 3.5 m。

（3）选择合理的路面结构

临时道路的路面结构，应当根据运输情况和运输工具的不同类型而定。一般场外与省、市公路相连的干线，应视其以后是否会成为永久性道路，采用混凝土路面或其他路面；场区内的干线和施工机械行驶路线，最好采用碎石级配路面，以利修补。场内支线一般为土路或砂石路。

5.行政与生活临时设施布置

行政与生活临时设施应尽量利用永久建筑，不足部分另行建造。

一般全工地性行政管理用房宜设在全工地入口处，以便对外联系；也可设在工地中间，便于全工地管理。工人用的福利设施应设置在工人较集中的地方，或工人必经之处。生活基地应设在场外，距工地 500～1 000 m 为宜。食堂可布置在工地内部或工地与生活区之间。

6.临时水电管网及其他动力设施的布置

当有可以利用的水源、电源时，可以将水电从外面接入工地，沿主要干道布置干管、主线，然后与各用户接通。临时总变电站应设置在高压电引入处，不应放在工地中心，临时水池应放在地势较高处。

上述布置应采用标准图例绘制在总平面图上，比例一般为 1∶1 000 或 1∶2 000。应该指出，上述各步骤不是截然分开，各自孤立进行的，而是互相联系、互相制约的，需要综合考虑，反复修正才能确定下来。当有几种方案时，尚应进行方案比较，从中选择一个最优、最理想的方案。

6 单位工程施工组织设计

6.1 概　述

单位工程施工组织设计是以单位工程为对象编制的,是规划和指导单位工程从施工准备到竣工验收全过程施工活动的技术经济文件,是施工组织总设计的具体化,也是承包商编制季度、月度施工计划、分部(分项)工程施工方案及劳动力、材料、机械设备等供应计划的主要依据。它编制得是否合理对参加投标而能否中标和取得良好的经济效益起着很大的作用。

6.1.1　单位工程施工组织设计的编制依据和内容

1.单位工程施工组织设计的编制依据

单位工程施工组织设计的编制依据有以下几个方面:

(1)招标文件或合同文件;

(2)设计文件、图纸和各类勘察资料和设计说明等资料;

(3)预算文件提供的工程量和预算成本数据;

(4)国家相关技术规范、标准、技术规程及规章制度,行业规程及企业的技术资料;

(5)图纸会审资料;

(6)业主对工程项目的有关要求;

(7)施工现场水、电、道路、原材料供应渠道等调查资料;

(8)上级主管单位指示精神和有关文件;

(9)企业 ISO 9002 质量体系标准文件

(10)企业的技术力量和机械设备情况

2.单位工程施工组织设计的编制内容

单位工程施工组织设计的内容,应根据工程的性质、规模、结构特点、技术复杂程度、施工现场的自然条件、工期要求、采用先进技术的程度、施工单位的技术力量及对采用的新技术的熟悉程度来确定。对其内容和深度、广度的要求不强求一致,应以讲究实效,在实际施工中起指导作用为目的。

单位工程施工组织设计一般应包括以下内容:

(1)工程概况

工程概况是编制单位工程施工组织设计的依据和基本条件。工程概况可附简图说明,各种工程设计及自然条件的参数(如建筑面积、建筑场地面积、造价、结构型式、层数、地质条件、水、电等)可列表说明,一目了然,简明扼要。施工条件应着重说明资源供应、运输方案及现场特殊的条件和要求。

(2)施工方案

施工方案是编制单位工程施工组织设计的重点。施工方案中应着重于各施工方案的技术经济比较,力求采用新技术,选择最优方案。确定施工方案主要包括施工程序、施工流程及施工顺序的确定,主要分部工程施工方法和施工机械的选择,技术组织措施的制定等内容。尤其是对新技术选择要求更为详细。

(3)施工进度计划

施工进度计划主要包括:确定施工项目,划分施工过程,计算工程量、劳动量和机械台班量,确定各施工项目的作业时间,组织各施工项目的搭接关系并绘制进度计划图表等内容。

实践证明,应用流水施工理论和网络计划技术来编制施工进度能获得最优的效果。

(4)施工准备工作和各项资源需要量计划

该项计划主要包括施工准备工作的技术准备、现场准备、物资准备及劳动力、材料构件、半成品、施工机具需要量计划、运输量计划等内容。

(5)施工平面图

施工平面图主要包括起重运输机械位置的确定,搅拌站、加工棚、仓库及材料堆放场地的合理布置,运输道路、临时设施及供水、供电管线的布置等内容。

(6)主要技术组织措施

主要技术组织措施主要包括保证质量措施,保证施工安全措施,保证文明施工措施,保证施工进度措施,冬、雨季施工措施,降低成本措施,提高劳动生产率措施等内容。

(7)主要技术经济指标

主要技术经济指标包括工期指标、劳动生产率指标、质量和安全指标、降低成本指标、三大材料节约指标、主要工种工程机械化程度指标等。

对于较简单的建筑结构类型或规模不大的单位工程,其施工组织设计可编制得简单一些,其内容一般以施工方案、施工进度计划、施工平面图为主,辅以简要的文字说明即可。

若承包商已积累了较多的经验,可以拟定标准的、定型的单位工程施工组织设计,根据具体施工条件从中选择相应的标准单位工程施工组织设计,按实际情况加以局部补充和修改后,作为本工程的施工组织设计,以简化编制施工组织设计的程序,节约时间和管理经费。

6.1.2 工程概况及其施工特点分析

单位工程施工组织设计中的工程概况,是对拟建工程的工程特点、建设地点特征和施工条件等所做的一个简要而又突出重点的文字介绍或描述。

工程概况要针对工程特点,结合调查资料进行分析研究,找出关键性的问题加以说明。对新材料、新结构、新工艺及施工的难点应着重说明。具体包括以下内容:

1. 工程建设概况

主要说明:拟建工程的建设单位,工程名称、性质、用途、工程地点,资金来源及工程投资、开竣工日期,设计单位、施工单位、监理单位,施工总承包、主要分包情况,施工合同、主管部门的有关文件或要求,以及组织施工的指导思想。

2. 工程施工概况

(1)工程设计概况

主要说明:拟建工程的建筑面积(或长度、宽度、跨度、高度,工程数量等)、平面形状和平面组合情况、装饰装修情况等。

(2)结构设计概况

主要说明:基础类型、埋置深度、设备基础形式,主体结构类型、预制构件类型及安装位置等。

（3）建设地点特征

主要说明：工程所在位置、地形、工程与水文地质条件、不同深度的土质分析、冻结时间与冻层厚度、地下水位、水质、气温、冬雨季起止时间、主导风向、风力等。

（4）施工条件

主要说明：水、电、道路、场地等情况；建筑场地四周环境情况；材料、构件、加工品的供应来源和加工能力；施工单位的建筑机械和运输机具可供本工程项目使用的程度，施工技术和管理水平等。

3．工程施工特点

通过上述分析，应指出单位工程的施工特点和施工中的关键问题，以便在选择施工方案、组织资源供应和技术力量配备，以及在施工准备工作上采取有效措施，使解决关键问题的措施落实于施工之前，使施工顺利进行，提高经济效益和管理水平。

6.1.3　单位工程施工组织设计的编制程序

单位工程施工组织设计的编制程序是指单位工程施工组织设计各个组成部分的先后次序以及相互制约的关系，如图 6-1 所示。从编制程序中可进一步了解单位工程施工组织设计的内容。

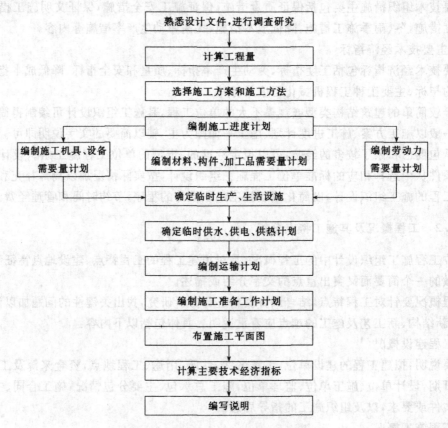

图 6-1　单位工程施工组织设计编制程序

6.2　施工方案设计

施工方案设计是单位工程施工组织设计的核心问题。施工方案合理与否，不仅影响到施工进度计划的安排和施工平面图的布置,而且将直接关系到工程的施工质量、效率、工期和技术经济效果。因此,必须引起足够的重视。此外,为了防止施工方案的片面性,必须对拟定的几个施工方案进行技术经济分析比较,使选定的施工方案施工上可行、技术上先进、经济上合理,而且符合施工现场的实际情况。

施工方案的设计一般包括:施工流向和施工顺序的确定、施工方法的选择、施工机械的选择、施工段组织和流水作业的安排、施工力量的部署等。

6.2.1 确定施工流向和施工顺序

1.确定施工流向

施工流向是指单位工程在平面或竖向上施工开始的部位和开展的方向。

施工流向决定着一系列施工活动的开展和进程,影响着工程的施工质量和施工安全,也影响承包商的经济效益。因此,确定施工流向是组织施工的重要一环,在编制施工组织设计时要全面权衡、通盘考虑。

确定单位工程施工流向时,一般应考虑以下因素:

(1)建筑物的生产工艺流程或使用要求。凡是在工艺流程上要先期投入生产或需先期投入使用者,应先施工。

(2)建设单位对生产和使用的要求。

(3)房屋高低层和高低跨。如基础工程施工应按先深后浅的顺序施工;柱子吊装应从高低跨并列处开始,屋面防水层施工应按先低后高的方向进行。

(4)施工现场条件和施工方案。如土方工程边开挖边余土外运,施工起点应选定在离道路远的部位,由远而近进行。

(5)分部分项工程的特点及相互关系。

(6)工程的繁简程度和施工过程间的相互关系。一般情况下,技术复杂、耗时长的区段或部位应先施工。

在确定施工流向时除了要考虑上述因素外,必要时还应考虑施工段的划分、组织施工的方式、施工工期等因素。

2.确定施工顺序

施工顺序是指单位工程中各分部、分项工程施工的先后次序,它既是一种客观规律的反映,也包含了人为的制约关系。换句话说,确定施工顺序时既要考虑工艺顺序,又要考虑组织关系。工艺顺序是客观规律的反映,无法改变。组织关系则是人为的制约关系,可以调整优化。因此,确定施工顺序时,在保证施工质量和施工安全的前提下,应力求做到充分、合理利用空间,争取时间,实现缩短工期、降低成本、提高施工的经济效益。

安排施工顺序时,需要考虑以下因素:

(1)考虑施工工艺的要求

各施工过程之间客观上存在着一定的工艺顺序关系,它随结构构造、施工方法与施工机械的不同而不同。在确定施工顺序时,不能违背,而必须遵循这种关系。

(2)考虑施工方法和施工机械的要求

施工顺序应与采用的施工方法和施工机械协调一致。如基坑开挖对地下水的处理可采用明排水,其施工顺序应是在挖土过程中排水;而当可能出现流砂时,常采用轻型井点降低地下水位,其施工顺序则应是在挖土之前先降低地下水位。

(3)考虑施工工期与施工组织的要求

合理的施工顺序与施工工期有较密切的关系,施工工期影响到施工顺序的选用。如有些建筑物,由于工期要求紧张,采用逆作法施工,这样,便导致施工顺序的较大变化。

一般情况下,满足施工工艺条件的施工方案可能有多个,因此,还应考虑施工组织的要求,通过对方案的分析、对比,选择经济合理的施工顺序。通常,在相同条件下,应优先选择能为后续施工过程创造良好施工条件的施工顺序。

(4)考虑施工质量的要求

确定施工顺序时,应以充分保证工程质量为前提。当有可能出现影响工程质量的情况时,应重新安排施工顺序或采取必要的技术措施。

(5)考虑当地气候条件

在安排施工顺序时,应考虑冬季、雨季、台风等气候的影响,特别是受气候影响大的分部工程应尤为注意。

(6)考虑施工安全要求

在安排施工顺序时,应力求各施工过程的搭接不致产生不安全因素,以避免安全事故的发生。

6.2.2 施工方法和施工机械的选择

施工方法和施工机械的选择是施工方案设计的核心内容,它直接影响到施工进度、施工质量、成本和安全等。编制施工组织设计时,必须注意施工方法的技术先进性与经济合理性的统一;兼顾施工机械的适用性和多用性,尽可能充分发挥施工机械的使用效率,充分考虑工程的建筑及结构特点,工期要求,资源供应情况,施工现场条件,施工单位的技术特点,技术水平,劳动组织形式,施工习惯等。

1. 选择施工方法

选择施工方法时,应重点考虑影响整个单位工程施工的分部(分项)工程的施工方法。主要是选择工程量大且在单位工程中占有重要地位的分部(分项)工程,施工技术复杂或采用新技术、新工艺及对工程质量起关键作用的分部(分项)工程,不熟悉的特殊结构工程或由专业施工单位施工的特殊专业工程的施工方法。要求详细而具体,必要时应编制单独的分部(分项)工程的施工作业设计,提出质量要求及达到这些质量要求的技术措施,指出可能发生的问题并提出预防措施和必要的安全措施。而对于按照常规做法和工人熟悉的分项工程,则不必详细拟订,只需提出应注意的一些特殊问题即可。通常,施工方法选择的内容有:

(1)土方工程

土方工程包括:场地平整,基坑、基槽的挖土方法,放坡要求,所需人工、机械的型号及数量;余土外运方法,所需机械的型号及数量;地下水、地表水的排水方法,排水沟、集水井、井点的布置,所需设备的型号及数量。

(2)钢筋混凝土工程

钢筋混凝土工程包括:根据不同的结构类型、现场条件确定现浇和预制用的各种类型模板及各种支撑方法(如钢立柱、木立柱、衍架、钢制托具等),并分别列出采用的项目、部位、数量及选用的隔离剂;明确构件厂与现场加工的范围,钢筋调直、切断、弯曲、成型、焊接方法,钢筋运输及安装方法;搅拌与供应(集中或分散)输送方法;砂石筛选、计量、上料方法,拌和料、外加剂的选用及掺量,搅拌、运输设备的型号及数量,浇筑顺序的安排,工作班次,分层浇筑厚度,振捣方法,施工缝的位置,养护制度。

(3)结构安装工程

结构安装工程包括:构件尺寸、自重、安装高度;选用吊装机械型号及吊装方法,塔吊回转半径的要求,吊装机械的位置或开行路线;吊装顺序,运输、装卸、堆放方法,所需设备型号及数量;吊装运输对道路的要求。

(4)垂直及水平运输

垂直及水平运输包括:标准层垂直运输量计算表;垂直运输方式的选择及其所需设备的型号、数量、布置、服务范围、穿插班次;水平运输方式及所需设备的型号和数量;地面及楼面水平运输设备的行驶路线。

(5)装饰工程

装饰工程包括:室内、外装饰抹灰工艺的确定;施工工艺流程与流水施工的安排;装饰材料的场内运输,减少临时搬运的措施。

(6)特殊项目

特殊项目包括:对采用新结构、新工艺、新材料、新技术项目,高耸、大跨、重型构件,水下、深基础、软弱地基及冬季施工等项目均应单独编制,单独编制的内容包括工程平面示意图、工程量、施工方法、工艺流程、劳动组织、施工进度、技术要求与质量、安全措施、材料、构件及机具设备需要量等;对大型土方、打桩、构件吊装等项目,无论内、外分包均应由分包单位提出单项施工方法与技术组织措施。

2.选择施工机械

选择施工方法必然涉及施工机械的选择问题。机械化施工是改变建筑工业生产落后面貌、实现建筑工业化的基础。因此,施工机械的选择是施工方案的重要环节。选择施工机械时应着重考虑以下几方面:

(1)首先选择主导工程的施工机械,如地下工程的土方机械,主体结构工程的垂直、水平运输机械,结构吊装工程的起重机械等。

(2)各种辅助机械或运输工具应与主导机械的生产能力协调配套,以充分发挥主导机械效率。如土方工程在采用汽车运土时,汽车的载重量应为挖土机斗容量的整倍数,汽车的数量应保证挖土机连续工作。

(3)在同一工地上,应力求施工机械的种类和型号尽可能少一些,以利于机械管理和降低成本;尽量使机械少而配件多,一机多能,提高机械使用效率。

(4)机械选用应考虑充分发挥施工单位现有机械的能力,当本单位的机械能力不能满足工程需要时,则应购置或租赁所需新型机械或多用机械。

6.2.3 施工方案的技术经济分析

1.施工方案技术经济分析的意义

在拟定施工方案时,必须考虑方案是可行的,且具有良好的经济效益和社会效益。在多个可行的方案中,必须经过对比、分析,再行取舍。进行施工方案的技术经济分析,有以下作用和意义:

(1)为选择合理的施工方案提供依据;

(2)通过分析和评价工作,得到不同方案的经济价值,确定出不同施工方案合理的使用范围;

(3)施工方案的技术经济分析,能有效地促进新技术的推广和应用;

（4）通过对施工方案的技术经济分析，可以不断提高建筑业的技术、组织和管理水平，提高工程建设的投资效益。

2.施工方案技术经济评价方法

施工方案的技术经济评价方法主要有定性分析法和定量分析法两种。

（1）定性分析法

定性分析法是结合工程施工实际经验，对多个施工方案的一般优缺点进行分析和比较。例如：施工操作上的难易程度和安全可靠性；施工机械设备的获得必须体现经济合理性的要求；方案是否能为后续工序提供有利条件；施工组织是否合理；是否能体现文明施工等。

（2）定量分析法

定量分析法是通过对各个方案的工期指标、实物量指标和价值指标等一系列单个技术经济指标进行计算对比，从而得到最优实施方案的方法。定量分析指标通常有：

1）工期指标

工程建设产品的施工工期是指从开工到竣工所需要的时间，一般以施工天数计。通常，根据单位工程的开工、竣工日期，可以确定各单位工程的施工工期。施工工期的长短反映影响建设速度的各有关因素。当要求工程尽快完成以便尽早投入生产和使用时，选择施工方案就要在确保工程质量、安全和成本较低的条件下，优先考虑工期较短的方案。

2）单位产品的劳动消耗量指标

单位产品的劳动消耗量是指完成单位产品所需消耗的劳动力工日数，它反映施工机械化程度和劳动生产率水平。通常，方案中劳动量消耗越少，施工机械化程度和劳动生产率水平越高。

3）主要材料消耗量指标

它反映各施工方案主要材料的节约情况，这里主要材料是指钢材、木材、水泥、化学建材等材料。

4）成本指标

成本指标反映的是施工方案的成本高低情况。

5）投资额指标

拟定的施工方案需要增加新的投资时，如购买新的施工机械或设备时则需要设增加投资额指标，进行比较。

在实际工程应用时，往往会出现指标不一致的情况，此时，需要根据工程实际情况，优先考虑对工程实施有重大影响的指标。如工期要求紧，就应优先考虑工期短的方案。

6.3　单位工程施工进度计划的编制

单位工程施工进度计划是在选定施工方案的基础上，根据规定工期和各种资源供应条件，按照施工过程的合理施工顺序及组织施工的原则，用横道图或网络图，对单位工程从开工到竣工的全部施工过程在时间上和空间上的合理安排。

6.3.1　概　　述

1.施工进度计划的作用

（1）安排单位工程的施工进度，保证在规定工期内完成符合质量要求的工程任务；

(2)确定单位工程的各个施工过程的施工顺序、持续时间以及相互衔接和合理配合关系;

(3)为编制各种资源需要量计划和施工准备工作计划提供依据;

(4)是编制季度、月度生产作业计划的基础。

2.施工进度计划编制依据

(1)经过审批的建筑总平面图、地形图、施工图、工艺设计图以及其他技术资料;

(2)施工组织总设计对本单位工程的有关规定;

(3)主要分部分项工程的施工方案;

(4)所采用的劳动定额和机械台班定额;

(5)施工工期要求及开、竣工日期;

(6)施工条件,劳动力、材料等资源及成品半成品的供应情况,分包单位情况等;

(7)其他有关要求和资料。

3.施工进度计划的表示方法

施工进度计划一般用图表形式表示,经常采用的有两种形式:横道图和网络图。横道图的形式如表 6-1 所示。

表 6-1　单位工程施工进度横道图表

序号	分部分项工程名称	工程量		时间定额	劳动量（工日）		需用机械		每天工作班次	每班工人数	工作天数	施工进度			
		单位	数量		工种	数量	机械名称	台班数				××月		××月	

从表中可以看到,此表由左、右两部分组成。左边部分一般应包括下列内容:各分部分项工程名称、工程量、劳动量、机械台班数、每天工作人数、施工时间等;右边是时间图表部分。有时需要绘制资源消耗动态图可绘在图表的下方,并可附以简要说明。

网络图的表示方法详见第四章,本章仅就用横道图表编制进度计划作一阐述。

6.3.2　单位工程施工进度计划的编制

1.划分施工过程

编制施工进度计划时,首先应按照施工图和施工顺序将各个施工过程列出,项目包括从准备工作直到交付使用的所有土建、设备安装工程,并将其逐项填入施工过程(分部分项工程)一览表。

划分施工过程的粗细程度,要根据进度计划的需要进行。对控制性进度计划,其划分可较粗,列出分部工程即可;对实施性进度计划,其划分则应较细,特别是对主导工程和主要分部工程,要详细具体。除此外,施工过程的划分还要结合施工条件、施工方法和劳动组织等因素。凡在同一时期可由同一施工队完成的若干施工过程可合并,否则应单列。对次要零星项目,可合并为"其他工程"。而对于通常由专业队负责施工,如水、暖、电、卫和设备安装工程,在施工进度计划中只需反映这些工程与土建工程的配合关系,列出项目名称并标明起止时间即可。

2.计算工程量

工程量计算应严格按照施工图纸和工程量计算规则进行。当编制施工进度计划时若已经有了预算文件,则可直接利用预算文件中有关的工程量。若某些项目的工程量有出入但相差不大时,可按实际情况予以调整。例如土方工程施工中挖土工程量,应根据土壤的类别和采用的施工方法等进行调整。工程量计算时应注意以下几个问题:

(1)各分部分项工程的工程量计量单位应与现行定额手册中所规定的单位一致,以便计算劳动量和材料、机械台班消耗量时直接套用,以避免换算。

(2)结合选定的施工方法和安全技术要求,计算工程量。例如土方开挖工程量应考虑土的类别、挖土方法、边坡大小及地下水位等情况。

(3)考虑施工组织的要求,分区、分段和分层计算工程量。

(4)尽量考虑编制其他计划时使用工程量数据的方便,做到一次计算,多次使用。

3.确定劳动量和机械台班数量

劳动量和机械台班数量应根据各分部(分项)工程的工程量及施工方法和现行的施工定额,并结合当地的具体情况加以确定。一般应按下式计算:

$$P = \frac{Q}{S} \tag{6-1}$$

或

$$P = Q \cdot H \tag{6-2}$$

式中　P——完成某施工过程所需的劳动量(工日)机械台班数(台班);

　　　Q——某施工过程的工程量(m^3、m^2、t、…);

　　　S——某施工过程所采用的产量定额(m^3、m^2、t、…/工日或台班);

　　　H——某施工过程所采用的时间定额(工日或台班/m^3、m^2、t、…)。

在使用定额时,通常会遇到所列项目的工作内容与编制施工进度计划所列项目不一致的情况,此时应当:

(1)查用定额时,若定额对同一工种不一样时,可用其平均定额。

当同一性质不同类型分项工程的工程量相等时,平均定额可用其加权平均值,如式(6-3):

$$H = \frac{H_1 + H_2 + \cdots + H_n}{n} \tag{6-3}$$

式中　$H_1, H_2, \cdots, H_n$——当同一性质不同类型分项工程的时间定额;

　　　　　　H——平均时间定额;

　　　　　　n——分项工程的工程量。

当同一性质不同类型分项工程的工程量不相等时,平均定额应采用其绝对平均值,其计算公式如式(6-4):

$$S = \frac{Q_1 + Q_2 + \cdots + Q_n}{\dfrac{Q_1}{S_1} + \dfrac{Q_2}{S_2} + \cdots + \dfrac{Q_n}{S_n}} = \frac{\sum\limits_{i=1}^{n} Q_i}{\sum\limits_{i=1}^{n} \dfrac{Q_i}{S_i}} \tag{6-4}$$

式中　$Q_1, Q_2, \cdots, Q_n$——当同一性质不同类型分项工程的工程量;

　　　其他符号同前。

(2)对于有些采用新材料、新工艺或特殊施工方法的施工项目,其定额在施工定额手册中未列入,可参考类似项目或实测确定。

(3)对于"其他工程"项目所需劳动量,可根据其内容和数量,并结合施工现场的具体情况,以占总劳动量的百分比(一般为 10%～20%)计算。

4.确定各施工过程的施工天数

计算各分部分项工程施工天数的方法有两种:

(1)根据计划配备在该分部分项工程上的施工机械和各专业工人人数确定。其计算公式如下:

$$t = \frac{P}{R \cdot N} \tag{6-5}$$

式中　t——完成某分部分项工程的施工天数;

P——某分部分项工程所需的机械台班数量或劳动量;

R——每班安排在某分部分项工程上的施工机械台数或劳动人数;

N——每天工作班次。

在安排每班工人数和机械台数时,应综合考虑各分项工程工人班组的每个工人都应有足够的工作面,以发挥高效率并保证施工安全;各分项工程在进行正常施工时所必需的最低限度的工人队组人数及其合理组合,以达到最高的劳动生产率。

(2)根据工期要求倒排进度。首先根据规定总工期和施工经验,确定各分部分项工程的施工时间,然后再按各分部分项工程需要的劳动量或机械台班数量,确定每一分部分项工程每个工作班所需要的工人数或机械台数,此时可将公式(6-5)变化为:

$$R = \frac{P}{t \cdot N} \tag{6-6}$$

通常计算时均先按一班制考虑,如果每天所需的机械台数或工人人数,已超过施工单位现有人力、物力或工作面限制时,则应根据具体情况和条件从技术和施工组织上采取积极的措施,如增加工作班次,最大限度地组织立体交叉平行流水施工等。

5.编制施工进度计划的初始方案

编制施工进度计划时,必须考虑各分部分项工程的合理施工顺序,尽可能组织流水施工,力求主要工种的工作队连续施工。

(1)划分主要施工阶段(分部工程),组织流水施工。首先安排主导施工过程的施工进度,使其尽可能连续施工,其他穿插施工过程尽可能与它配合、穿插、搭接或平行施工。

(2)配合主要施工阶段,安排其他施工阶段(分部工程)的施工进度。

(3)按照工艺的合理性和工序间尽量穿插、搭接或平行作业方法,将各施工阶段(分部工程)的流水作业图表最大限度地搭接起来,即得单位工程施工进度计划的初始方案

6.施工进度计划的检查与调整

检查与调整的目的在于使初始方案满足规定目标,一般应从以下几个方面进行检查与调整:

(1)各个施工过程的施工顺序、平行搭接和技术间歇是否合理;

(2)编制的工期能否满足合同规定的工期要求;

(3)主要工种工人是否能满足连续、均衡施工;

(4)主要机械、设备、材料等的利用是否均衡,施工机械是否充分利用。

经过检查,对不符合要求的部分,需进行调整。调整的方法一般有:增加或缩短某些分项工程的施工时间;在施工顺序允许的条件下将某些分项工程的施工时间向前或向后移动;必要时可以改变施工方法或施工组织。总之,通过调整,在工期能满足要求的条件下,使劳动力、材

料、设备需要趋于均衡,主要施工机械利用率比较合理。

施工进度计划的编制程序如图 6-2 所示。

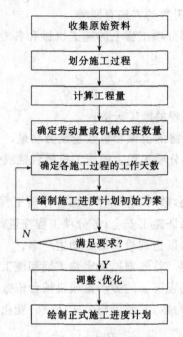

图 6-2 施工进度计划编制程序

6.3.3 各项资源需要量计划的编制

在单位工程施工进度计划确定之后,即可编制各项资源需要量计划。资源需要量计划主要用于确定施工现场的临时设施,并按计划供应材料、构件、调配劳动力和施工机械,以保证施工顺利进行。

1. 劳动力需要量计划

劳动力需要量计划主要作为安排劳动力、调配和衡量劳动力消耗指标,安排生活及福利设施等的依据。其编制方法是将单位工程施工进度表内所列各施工过程每天(或旬、月)所需工人人数按工种汇总列成表格。其表格形式如表 6-2 所示。

表 6-2 劳动力需要量计划

序 号	工程名称	人 数	月　份								
			1	2	3	4	5	6	7	8	9	…

2. 主要材料需要量计划

材料需要量计划表是作为备料、供料、确定仓库、堆场面积及组织运输的依据。其编制方法是根据施工预算的工料分析表、施工进度计划表,材料的贮备和消耗定额,将施工中所需材料按品种、规格、数量、使用时间计算汇总,填入主要材料需要量计划表。其表格形式如表 6-3 所示。

表 6-3　主要材料需要量计划

序 号	材料名称	规 格	需 要 量		供应时间	备 注
			单 位	数 量		

3. 构件和半成品需要量计划

构件和半成品需要量计划主要用于落实加工订货单位,并按照所需规格、数量、时间,组织加工、运输和确定仓库或堆场,可按施工图和施工进度计划编制。其表格形式如表 6-4 所示。

表 6-4　构件和半成品需要量计划

序 号	品 名	规 格	图 号	需 要 量		使用部位	加工单位	供应日期	备 注
				单 位	数 量				

4. 施工机具需要量计划

施工机具需要量计划主要用于确定施工机具类型、数量、进场时间,以此落实机具来源和组织进场。其编制方法是将单位工程施工进度计划表中的每一个施工过程,每天所需的机具类型、数量和施工时间进行汇总,得到施工机具需要量计划表。其表格形式如表 6-5 所示。

表 6-5　施工机械需要量计划

序 号	机械名称	型 号	需 要 量		货 源	使用起止时间	备 注
			单 位	数 量			

6.4　单位工程施工平面图设计

单位工程施工平面图设计是对建筑物或构筑物的施工现场的平面规划,是施工方案在施工现场空间上的体现,它反映了已建工程和拟建工程之间,以及各种临时建筑、设施相互之间的空间关系。施工现场的合理布置和科学管理是进行文明施工的前提,同时,对加快施工进度、降低工程成本、提高工程质量和保证施工安全有极其重要的意义。因此,每个工程在施工之前都要进行施工现场布置和规划,在施工组织设计中,均要进行施工平面图设计。单位工程施工平面图的绘制比例一般为 $1:500 \sim 1:2\,000$。

6.4.1　单位工程施工平面图的设计依据、内容和原则

1. 设计依据

单位工程施工平面图的设计依据是:建筑总平面图,施工图纸,现场地形图,水源和电源情况,施工场地情况,可利用的房屋及设施情况,自然条件和技术、经济条件的调查资料,施工组织总设计,本工程的施工方案和施工进度计划,各种资源需要量计划等。

2.设计内容

(1)建筑平面图上已建和拟建的地上和地下的一切建筑物、构筑物和管线的位置与尺寸。

(2)测量放线标桩、地形等高线和取弃土地点。

(3)移动式起重机的开行路线及垂直运输设施的位置。

(4)材料、半成品、构件和机具的堆场。

(5)生产、生活临时设施。如搅拌站、高压泵站、钢筋棚、木工棚、仓库、办公室、供水管、供电线路、消防设施、安全设施、道路以及其他需搭建或建造的设施。

(6)必要的图例、比例尺、方向及风向标记。

上述内容可根据建筑总平面图、施工图、现场地形图、现有水源和电源、场地大小、可利用的已有房屋和设施等情况、施工组织总设计、施工方案、施工进度计划等,经过科学的计算,并遵照国家有关规定来进行设计。

3.设计原则

(1)在保证施工顺利进行的前提下,现场布置尽量紧凑,以节约土地。

(2)合理使用场地,一切临时性设施布置时,应尽量不占用拟建永久性房屋或构筑物的位置,以免造成不必要的搬迁。

(3)现场内的运输距离应尽量短,减少或避免二次搬运。

(4)临时设施的布置,应有利于工人生产和生活,使工人至施工区的距离最近,往返时间最少。

(5)应尽量减少临时设施的数量,降低临时设施费用。

(6)要符合劳动保护、技术安全和防火的要求。

单位工程施工平面图设计除应考虑上述原则外,还必须结合工程实际情况,考虑施工总平面图的要求和所采用的施工方法、施工进度等,设计多个方案择优。进行方案比较时,一般应考虑施工用地面积、场地利用系数、场内运输量、临时设施面积、临时设施成本、各种管线用量等技术经济指标。

6.4.2 单位工程施工平面图的设计步骤

单位工程施工平面图设计的一般步骤如图 6-3 所示。

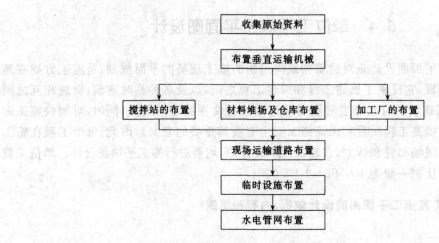

图 6-3 施工平面图设计步骤

1.确定垂直运输机械的位置

垂直运输机械的位置直接影响到仓库、材料堆场、砂浆和混凝土搅拌站的位置,以及场内道路和水电管网的位置等。因此,它的布置是施工现场全局的中心环节,应首先予以考虑。

2. 选择搅拌站的位置

砂浆及混凝土搅拌站的位置,要根据建筑物或构筑物类型、现场施工条件、起重运输机械和运输道路的位置等来确定。布置搅拌站时应考虑尽量靠近使用地点,并考虑运输、卸料方便。或布置在塔式起重机服务半径内,使水平运输距离最短。

3. 确定材料及半成品的堆放位置

材料和半成品的堆放是指水泥、砂、石、砖、石灰及预制构件等。这些材料和半成品堆放位置在施工平面图上很重要,应根据施工现场条件、工期、施工方法、施工阶段、运输道路、垂直运输机械和搅拌站的位置以及材料储备量综合考虑。

4. 运输道路的布置

现场运输道路应尽可能利用永久性道路,或先修好永久性道路的路基,在土建工程结束之前再铺路面。现场道路布置时,应保证行驶畅通并有足够的转弯半径。运输道路最好围绕建筑物布置成一条环形道路。单车道路宽不小于 3.5 m;双车道路宽不小于 6 m。道路两侧一般应结合地形设置排水沟,深度不小于 0.4 m,底宽不小于 0.3 m。

5. 临时设施的布置

临时设施分为生产性临时设施和生活性临时设施。生产性临时设施有钢筋加工棚、木工房、水泵房等;生活性临时设施有办公室、工人休息室、开水房、食堂、厕所等。临时设施的布置原则是有利生产,方便生活,安全防火。

(1)生产性临时设施如钢筋加工棚和木工加工棚的位置,宜布置在建筑物四周稍远位置且有一定的材料、成品堆放场地。

(2)行政管理及文化生活福利房屋的位置,应尽可能利用拟建的永久性建筑。全工地行政管理用的办公室应设在工地出入口处,以便接待外来人员;而施工人员办公室则应尽量靠近施工对象;生活福利房屋,应设在工人聚集较多的地方或出入必经之处;居住房屋,均应集中布置在现场以外,地处干燥,不受烟尘或其他损害健康物质的影响。

6. 水、电管网的布置

(1)施工现场临时供水

现场临时供水包括生产、生活、消防等用水。通常,施工现场临时用水应尽量利用工程的永久性供水系统,减少临时供水费用。

根据消防规定设立消防站,其位置应设置在易燃物附近,并须有畅通的消防车道。

临时供水管的铺设最好采用暗铺法,即埋置在地面以下,防止机械在其上行走时将其压坏。临时管线不应布置在将要修建的建筑物或管沟处,以免这些项目开工时,切断水源影响施工用水。

(2)施工现场临时供电

随着机械化程度的不断提高,在施工中用电量将不断增多。因此必须正确地确定用电量和合理选择电源和电网供电系统。通常,为了维修方便,施工现场多采用架空配电线路,且要求架空线与施工建筑物水平距离不小于 10 m,与地面距离不小于 6 m,跨越建筑物或临时设施时,垂直距离不小于 2.5 m。现场线路应尽量架设在道路一侧,尽量保持线路水平,以免电杆受力不均。在低电压线路中,电杆间距应为 25 m～40 m,分支线及引入线均应由电杆处接出,不得由两杆之间接线。接入高压线时,应在接入处设变电所,变电所不宜设置在工地中心,避免高压线路经过工地内部导致危险。

必须指出,工程施工是一个复杂多变的生产过程,各种材料、构件、机械等随着工程的进展而逐渐进场,又随着工程的进展而消耗、变动。因此,在整个施工生产过程中,现场的实际布置情况是在随时变动的。对于大型工程、施工期限较长的工程或现场较为狭窄的工程,就需要按不同的施工阶段分别布置几张施工平面图,以便能把在不同的施工阶段内现场的合理布置情况全面地反映出来。

6.5　投标施工组织设计的编制

我国加入 WTO 后,国外的资本和技术已经开始进入国内,国内工程项目施工招标方式已经产生了很大变化,招标方对投标中技术标的要求水平逐步提高,尤其是较重大的施工项目及由外方直接或参与管理的施工项目,招标方对技术标要求的内容的深度也在逐步提高。近年来投标过程中,开标时招标方对投标方技术标的要求以及评标过程中对施工组织设计的评审已经得到明确的验证。

施工组织设计是投标文件技术标的核心,是企业整体实力、技术水平和管理水平的具体体现,在评标过程中起着举足轻重的作用。

6.5.1　投标施工组织设计的地位和作用

1. 投标施工组织设计是承包商管理能力、施工组织理念和施工技术水平的体现。投标施工组织设计是承包商根据投标工程的特点、自然条件和外部环境进行考察了解和分析,结合企业自身的技术水平、管理能力、施工经验、技术装备、工程开发理念和投标决策思想等实际情况,通过对投标工程的施工方案的拟定、比较、生产要素的配置和各种技术保证措施的制定,是对实施该工程在技术上的可行性、施工条件的符合性等所作出的全面系统的评价。因此,投标施工组织设计一方面既要反映承包商的技术水平和施工经验,又要反映承包商的施工组织水平和工程管理能力;另一方面,投标施工组织设计是承包商为了中标而根据业主招标文件的要求和规定对工程项目施工作出的科学、合理、系统的安排。

2. 投标施工组织设计是承包商技术优势和技术创新的载体。投标施工组织设计是承包商技术实力和工程管理能力的综合反映,也是承包商对项目业主的关注,对业主招标文件理解程度的体现。是承包商向业主展示自己所掌握专利技术、专门技术以及技术创新能力和技术优势,最大程度吸引业主的重要途径。

3. 投标施工组织设计是编制投标报价的依据。投标报价是由承包商按照投标文件规定的要求,结合反映本企业生产经营能力的施工定额、有关取费标准、材料价格以及由企业竞争策略决定的预期利润等编制的,其合理与否,首先要有一个科学合理、先进可行的投标施工组织设计作基础。在投标施工组织设计中,如大型临时设施和过渡工程的项目、数量,施工平面布置、占地面积、使用期限、材料存储地点、供应方式、运输方法和运距,土石方调配方案、施工机械配套模式等,在计划上考虑得详与略,都会对报价产生重要影响,尤其是施工方案的选择,会直接影响到投标报价的水平。在激烈的市场竞争环境中,为了增加中标机会,适度降低投标报价往往是不可避免的。但承包商降低报价靠降低费率、预期利润,简化施工工序等手段都是不大可取的,而应把重点放在充分发挥自身的施工技术优势,从发掘自身的管理潜能入手,从优化投标施工组织设计上下功夫,以期达到降低报价。

4. 投标施工组织设计是业主考虑承包商综合能力的依据。业主通过审查投标施工组织设计,首先可以考察承包商对招标文件提出的各项要求的响应情况,如对编制深度的要求、对工程施工进度、质量要求等;其次,考察承包商的施工技术水平和管理水平,如采用的施工技术的先进程度、创新水平、施工组织水平、质量、安全、工期、环保的保证能力,成本的控制能力等。

5. 投标施工组织设计是竞争力的保证和指导合同谈判的基础。我国加入 WTO 后,工程建设领域的许多做法已与国际惯例接轨。中标前,业主会对投标施工组织设计的合理性、先进性和可行性进行审核,就有关问题向承包商提出质询,要求承包商予以解释或澄清,这种做法在国际上通常叫技术谈判。无论是技术谈判,还是经济谈判,合同双方商讨的重点仍然是对具体的施工方案、施工组织、技术措施、质量保证措施、价格组成等。指导承包商进行上述谈判的基础就是投标施工组织设计中的对应的内容。

6.5.2 投标施工组织设计的特点

1. 编制时间的仓促性。虽然《中华人民共和国招标投标法》规定:"自招标文件发出之日起至提交投标文件截止之日止最短不小于 20 天。"但承包商除了参加业主组织召开的标前会、考察工地以及途中耽误的时间,真正用于编制投标文件的时间往往只有 2 周左右的时间,甚至更少。承包商没有足够的时间去进行详细的工程调查和相关资料的准备。因此,只能抓住编制工作中的主要矛盾,对工程实施提出纲领性和指导性的意见,以满足业主招标文件的规定要求。

2. 编制依据的不确定性。编制投标施工组织设计的直接依据有招标文件、答疑书、补遗书、设计文件(含图纸、参考资料)、工程建设标准、施工规范、验收规范以及有关部门的规定、规章等。这些都是业主提供和可知的。除此之外,还有业主的特殊要求(明示或隐含)、项目环境、工程施工条件、业主要求的最佳工期等,业主提供的设计文件的编制深度与招标文件要求的不相匹配等都是不确定的,对这些不确定的依据,承包商需要凭借丰富的经验、集体的智慧和勇气接受市场的检验。

3. 编制内容和深度的不确定性。不同业主的招标文件对投标施工组织设计内容和深度的要求是不尽相同的。如高速公路项目招标,大多数业主都在招标文件中明确要求承包商按交通部的投标文件范本的要求进行编写,其要求的内容和深度都是明确的;而铁路工程、市政工程、水利工程等的招标,由于目前尚无统一的行业范本,不同的业主其要求差异较大。这就要求承包商要善于积累和广泛收集不同行业、不同业主的评标资料,据以分析并结合工程特点作出正确的判断,最大限度地符合业主的要求。

4. 编制内容的可扩充性。由于投标施工组织设计是原则性的、纲领性和指导性的,涵盖的内容较为广泛,故应有可扩充性。中标后,编制实施性施工组织设计,可在投标施工组织设计的基础上进行细化、扩充,对于规模较小或单项工程可根据 ISO 9001 质量标准的要求直接细化编成质量计划书之类的施工管理文件。

6.5.3 投标施工组织设计的编制

1. 投标施工组织设计的编制内容

投标施工组织设计的重点是根据招标文件的要求,认真进行调查研究,搞好方案比选,做好施工前的各项准备工作,根据招标工程的具体情况,遵循经济合理的原则,对整个工程如何进行,需从时间、空间、资源、资金等方面进行综合规划,全面平衡。并指出施工的目标、方向、途径和方法,为科学施工作出全面部署,保证按期完成建设任务。

由于投标施工组织设计是投标书的组成部分，有的招标书对其位置都有相关安排，投标人只要在相应位置编写自己的内容，在编写过程中，要避免冗长的文字叙述，多采用图表表达，尽可能的一目了然。投标施工组织设计一般应包括下列内容：

（1）文字说明部分

文字说明部分是施工组织设计的主体部分。它必须把要表达的内容准确、简明地叙述出来，使阅读者能在有限的文字里读到想要了解的内容。文字说明部分一般包括以下主要内容：

1）编制依据。投标施工组织设计的编制依据一般有下列资料：招标文件及发包人对招标文件的解释、企业管理层对招标文件分析研究结果、工程现场情况、发包人提供的信息和资料、有关市场信息、企业法人代表人的投标决策意见等。

2）工程概况。工程概况应说明工程特点、建设地点及环境特征、施工条件、项目管理特点及总体要求。

3）施工部署。施工部署应标明项目的质量、进度、安全目标；拟投入的最高人数和平均人数；分包计划，劳动力使用计划，材料供应计划，机械设备供应计划；施工程序；项目管理总体安排等。

4）施工方案。施工方案应包括施工流向和施工顺序；施工阶段划分；施工方法和施工机械选择；安全施工设计；环境保护内容及方法。

5）施工进度计划。施工进度计划应包括施工总进度计划和单位工程施工进度计划，可采用网络图表示。

6）资源需求计划。资源需求有劳动力需求、主要材料和周转材料需求、机械设备需求、预制品订货需求、大型工具器具需求等计划，可采用图表表示。

7）施工准备工作计划。施工准备工作计划包括施工准备工作组织及时间安排；技术准备及编制质量计划；施工现场准备计划；作业队伍和管理准备计划；物资准备计划；资金准备计划等。可采用图表表示。

8）施工平面图。施工平面图包括施工平面图说明、施工平面图、施工平面图管理规划。

9）施工技术组织措施计划。施工技术组织措施计划应有针对性和重点，主要内容有进度目标、质量目标、安全目标、季节施工、环境保护、文明施工等技术措施。

（2）图表（技术质询表）部分

1）施工总平面布置图；

2）施工网络计划图；

3）主要分项工程施工工艺框图；

4）工程管理曲线图；

5）资金、材料优化图；

6）施工进度斜率图；

7）分项工程生产率和施工周期表；

8）主要施工机具、设备表；

9）主要材料计划表；

10）主要工程逐月完成数量表；

11）安全、质量保证体系；

12）工程计划进度曲线图（"S"图）。

2. 投标施工组织设计的编制

（1）编制准备工作

1)详细阅读招标文件和施工图纸,了解工程的特点、规模、性质、风格、施工内容、质量、工期要求、技术难点和施工重点,并对有疑问的地方作好记录。

2)到施工现场实地踏勘,核对施工现场建筑施工中遗留的问题或改建项目中的问题,弄清施工项目现场及周围环境特点、施工暂设、二次搬运等的条件。施工的难点,作好记录。

3)将施工图及施工现场中存在的问题归纳成文件,按招标规定的方式和时间报招标单位。参加招标答疑会,做好会议记录,将招标答疑文件保存好。

4)参加企业投标准备会,听取开发部的开发方针和意见,听取经营部、工程部关于施工项目班子的部署。

（2）编制步骤

1)据施工图纸及相关资料,列出主要施工空间和各分部分项工程表;对项目进行全面分析,找出施工中的重点和难点,确定施工部署(施工组织管理形式、施工阶段划分、施工工艺、工种安排、各项保障措施等)和施工难点的解决措施。

2)根据经营部核算出的主要分项工程工作量清单套用定额进行测算。根据工期要求拟定施工劳动力计划、机具计划、施工材料计划、施工进度计划等。

3)根据工程管理部的意见,落实项目经理部组成、项目经理部主要成员履历等资料。

4)根据招标要求的格式和顺序编制技术标、施工组织设计文件。

5)设计好施工平面布置图设计。

6)技术标、施工组织设计文件编制完成后,报有关领导审批。

（3）编制要求

1)针对性

①认真编写工程概况。根据招标文件、施工图纸、现场踏勘记录、招标答疑文件准确扼要的叙述工程概况十分重要,它显示了投标单位对施工项目的理解和把握程度。

"工程概况"中着重点应有施工项目的主要分部分项工程及工程施工特点分析。它是施工组织设计中针对施工项目拟定和编制施工的准备、部署、施工工艺、各项保证措施、各项计划的前提和依据。

②编写施工部署。施工部署是施工的战略部署、战术安排。是施工组织设计文件体现针对性的重要组成部分。施工部署主要应有如下内容:施工区段划分(各区段的施工特点);主要分部分项工程量表;主要施工顺序、主要工艺流程(流水、交叉施工);工程施工所需工种安排(说明主要工种的工作范围);重点施工空间说明;施工现场平面布置图;施工深化设计安排;与业主、设计、监理、建筑各专业的协调配合措施等。

③招标要求投标方对施工质量和工期等做出承诺,施工组织设计中必须明确做出承诺回答。

④施工组织设计文件编制的内容、顺序、结构形式,必须符合招标文件要求。对施工项目需要的项目部人员、组织结构、劳动力、材料、机具设备、施工工艺、进度计划等几大要素做出安排。对于招标书中提出的与施工有关的问题,必须做出具体明确的回答,满足招标的要求。

⑤对招标书中提出或未提出,但工程项目施工中实际存在的难点、重点问题,必须编制出相应的对应措施和解决办法(甚至替甲方出谋划策),以显示出自身的能力和实力。

⑥施工组织设计,必须根据招标要求和项目施工需要,具备有项目经理部主要成员工程履历、资质证明文件,项目经理履历及资质证明文件。

2)可行性

①在拟定工程施工项目部人员的组成时,所需任职人员的安排必须全面,避免缺职,以免

造成现场管理失控。项目施工各部门管理,各保证体系的人员职务安排必须前后一致,证明项目部各管理系统清晰、明确、高效、运作畅通。

②针对招标要求的施工质量目标、工期目标,拟定各项保证措施时,必须切合工程施工的特点需要。对以下可能出现的问题拟定有相对应的可靠措施,证明该施工组织设计的可行性:

A. 招标要求的超常规施工或提前竣工(施工工作时间短于实际需要时间),或在特殊环境条件下(场地限制等)施工。

B. 招标要求的或投标承诺的通过施工进一步降低成本。

C. 落实施工中采用的新技术、新工艺。

③施工所需的各种计划要齐全到位。劳动力计划拟定的人力资源,施工机具、设备计划的数量、品种、规格,要满足施工工程量、工期和施工管理的需要。施工需用材料总量计划应根据施工图纸分析做好。施工材料计划中应有各种材料符合国家规定的质量检验标准及环保标准。

④对施工中的重点和难点,需要进行技术攻关的项目,应拟定相应的解决或攻关措施。

⑤施工质量、施工安全、环保文明施工保障等重要部分,从管理体系到具体管理措施应编制全面。

⑥根据施工项目编制分项工程所需的施工方案(施工工艺)。

3)科学性

编制工程施工劳动力计划、施工机具计划、材料计划、施工进度计划等,是一项科学性很强,要求相当严谨的工作。这些计划应以该项目分项工程工作量为基础,用定额进行测算拟定,计划的编制目标应达到节能降耗和高效。

4)先进性

①施工组织设计的先进性,首先体现在施工管理上,施工组织设计编制中,应在施工管理部分,重点叙述从企业到施工项目的先进管理模式。

②招标要求或施工图纸中提出的施工新材料、新工艺,或项目施工中涉及高科技、需要进行技术攻关的项目,必须编制出相应的技术措施和施工流程。

③向业主、设计推荐经过实践已经成熟的施工新工艺技术。向业主、设计全面介绍拥有的施工新机具。

④配合设计和经营部门,向业主重点介绍新型施工技术。

⑤为体现施工组织设计的先进性,施工组织设计编制中,应具有本公司自己独有的施工革新、创新的有关内容、章节。

⑥施工组织设计文件编制中,在套用、引用范本,贯标文件《作业指导书》时,应根据施工项目的内容和特点作适当的调改进行编辑。避免生搬硬套。

⑦文件编制的相关条款中,必须体现公司贯彻 ISO 9000、ISO 14001 和 OHSAS 18001 的标准。

5)技术标中施工组织设计编制的文字图表技术问题

①施工组织设计要求文字简练、明确、条理分明、逻辑清晰、避免一个问题前后多次重复,注意避免语法、修词上(尤其是关键词语和数据)的错误。

②施工组织设计的打印字号、行距,内容编排顺序和方式,应严格按照招标要求作,以免由于这些简单的技术问题导致废标。

③插图、表格要精致,整齐、一致、美观,同一图表最好不要放在两页,造成查阅困难。

④凡明标施工组织设计文件可加页眉和页脚(页码),页码必须与目录对应。尤其是在一个项目多标段同时投标的情况下,必须加打页眉和页脚,以免组标混乱差错。

⑤凡招标文件中已作暗标规定,施工组织设计文件任何地方都不得显示投标单位的名称、标志或任何能够显示出投标单位的标记。

6.6 单位工程施工组织设计实例

——××特大桥施工组织设计

6.6.1 编制依据、原则及指导思想

1.编制依据

(1)本工程招标文件、设计图纸、现场踏勘获取的资料。

(2)国家及铁道部现行的有关规范、规则和验收标准等。

(3)国家有关法规及政策。

(4)我单位综合管理、施工技术和机械装备水平以及类似工程施工中的经验和工法成果。

2.编制原则

(1)坚持基本建设程序,根据工程实际情况,围绕工程进度,周密部署,合理安排施工顺序,保证按期或提前完成任务,交付运营单位使用。

(2)采用平行流水及均衡生产组织方法,运用网络计划技术控制施工进度,工期安排紧凑并适当留有余地,以确保工期兑现。

(3)借鉴以往特大桥工程施工组织的成功经验,针对××特大桥的特点,制定切实可行的施工方案、创优规划和质量、安全保证措施,确保施工目标兑现。

(4)严格遵循有关环保和水保法规,采取切实可行的保护方案和保证措施,配合当地政府和有关部门做好环境保护工作。

(5)严格遵循有关环保和水保法规,采取切实可行的保护方案和保证措施,配合当地政府和有关部门做好环境保护工作。

(6)合理配置生产要素,优化临时工程布置,减少工程消耗,降低生产成本。

(7)选派有丰富经验、技术水平高的管理人员和技术人员组成强有力的现场管理机构,按照业主要求组织专业化施工。

(8)开展劳动保护,坚持以人为本,提高机械化程度,降低劳动强度,提高劳动生产率。

(9)文明施工,爱护环境,积极协助业主,主动做好各方协调,千方百计减少施工干扰;创造良好的工作、生活环境,保证职工安全健康。

3.指导思想

××特大桥为本施工管段的重点工程,施工应突出新技术、新材料、新装备、新工艺的运用;突出施工组织设计的科学性、先进性、合理性,保证施工顺利进行;突出先进管理手段,确保文明施工,确保工期提前,确保实现部优,争创国优。突出现代铁路桥梁施工的先进管理手段,确保整个标段的各个项目管理目标的实现。特制定施工组织设计编制指导思想如下:

(1)人员与施工队伍:由具有丰富工程施工经验的年富力强的人员组成坚强有力的作业班子,根据施工要求组织专业化施工。

(2)施工组织:采用先进的组织管理技术,统筹计划,合理安排,组织分段、分工序平行流水作业,均衡生产,保证业主要求的工期。

(3)机械设备:采用先进的机械设备,科学配置生产要素,组建功能匹配、良性动作的施工

程序,充分发挥机械设备的生产能力。

(4)施工工艺:根据工程特点,采用先进的、成熟的施工工艺,实行样板引路、试验先行、全过程监控信息化施工。

(5)质量控制:进一步推进全面质量管理,严格按照三位一体中对质量、环境、职业健康安全及全面执行管理体系的要求进行全方位控制,对施工现场实施动态管理和严密监控,上道工序必须为下道工序服务,质量具有优先否决权。

6.6.2 工程概况及主要工程数量

1. 工程设计概况

××特大桥起讫里程为 DK258+621.67 至 DK259+550.83,全长 929.16 m,位于直线上,铁路等级为I级;双线;最大坡度 5.1‰;速度目标为 200 km/h(基础设施预留提速 250 km/h 的条件);牵引种类为电力;牵引质量 4 000 t;闭塞类型为自动闭塞;建筑限界预留双层集装箱通行条件。

上部结构为 28～32 m 双线后张预应力简支箱梁;下部结构为双线圆端形实体桥墩和双线矩形空心桥台;基础除 25 号、26 号、27 号和 WH 台为明挖扩大基础外,其余均为 ϕ1.0 m、ϕ1.25 m 的钻孔桩基础,共计 221 根桩,桩长为 11～21 m 不等,合计 4 083 延米。

2. 自然、地理条件

(1)地形、地貌

××特大桥所跨越的邹家河河槽弯曲不规则,桥位处水流与线路夹角为 70°,水面清澈,长有水草,桥址处为大片农田、沙地及部分房屋;地势起伏较大,植被一般,桥台均位于小山包上。

(2)地质、水文资料

××特大桥桥址处地质表层以粘土、粉质粘土为主,中部夹杂砂层、砾砂、圆砾土等,下伏砾砂岩、泥质粉砂岩等。

××特大桥所跨越的邹家河主槽水面宽约 7～8 m,常年有水,测时水位 45.4 m,百年一遇洪水位为 49.71 m。

地下水主要为孔隙潜水,地下水位埋深 0.2～7.8 m,根据水样化学分析结果表明:地表水对混凝土无侵蚀性,地下水对混凝土无侵蚀性

(3)气象条件

本地区属亚热带湿润气候和亚热带湿润季风气候,气候温暖,雨量充沛,年平均气温 16 ℃,年平均降雨量 1 346 mm,多集中在 6 至 10 月份,常年主导风向冬季为东北风、夏季为西南风,一般平均风速 1.9 至 2.8 m/s。

(4)地震烈度

本区地震动峰值加速度 0.05 g(地震基本烈度为Ⅵ度)。

3. 工程条件

(1)交通运输条件

本工程沿线乡村公路纵横交错,经拓宽、维修后可满足施工、材料运输的要求。

(2)电力及通讯条件

沿线电网发达,线路附近均有高压线通过,施工时可就近驳接,同时配备了发电设备,以备紧急时调用。

沿线通信线路较密集,并且已经有手机信号覆盖。

(3)水源及水质情况

本项目地处××城城关,地表水系相当发达,河流、水塘星罗棋布,线路所跨河流常年有水,水质清澈,均能满足施工用水要求;生活用水可打井取水或接自来水。

(4)材料的分布情况

水泥:工程所在省有多家水泥生产厂家,可生产各类硅酸盐水泥;其中××水泥股份有限公司、××集团水泥厂,企业规模大、信誉好、产品质量好,运输方式以汽车运输为主,较为方便。

钢材:工程所在省有大型的钢铁厂,距工程地区约120 km,汽车运输,较为方便。

砂料:标段所在地区砂料储料丰富,施工用砂可从××市林家集、闵集砂厂及中驿镇三川砂场采购,汽车运输,运距15 km以内。

石料:经前期调查××市花桥河石场、杨柳河村石场及永丰石场所生产的石子能满足施工生产用量、质量的要求,汽车运输,运距20 km以内。

4. 主要工程数量(见表6-6)

表6-6 ××特大桥主要工程数量表

编号	项目名称		单位	数量
1	基础	Ⅰ级钢筋	t	150.2
		C30混凝土	m³	5 014.1
2	承台	Ⅰ级钢筋	t	57.7
		C30混凝土	m³	4 084
3	墩、台	Ⅰ级/Ⅱ级钢筋	t	54.2/202.5
		C35/C40混凝土	m³	7 695.4
4	防护工程	M10浆砌片石	m³	281.4
		C20混凝土	m³	13.8

6.6.3 施工组织机构及作业班组分布

1. 施工组织机构设置

根据本桥的工程规模及工程特点,结合我单位在以往同类型工程中的施工管理经验,本着"精干、高效"的原则,抽调具有丰富施工经验的管理人员和技术人员组建"桥梁作业队",负责××特大桥工程施工中的统一指挥和协调,全面履行合同。

项目队设项目队长1人,副队长1人;项目队总工1人;工程部长兼试验室主任1人,测量组长1人,技术员2人,测工2人,试验员1人,计量工程师兼资料员1人;物资部长1人,采购员1人,拌合站负责人1人;安质部部长1人;财务部长1人,出纳1人;综合办公室主任1人,调度员1人,司机1人。组织机构框图见图6-4。

2. 职能划分

为了强化施工管理,做到分工明确,责任到人,对项目队各部门职责确定及划分见表6-7。

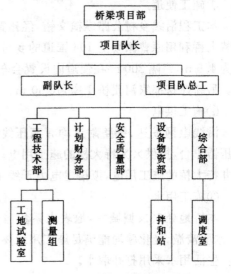

图6-4 ××特大桥组织机构图

表 6-7 ××特大桥项目队职能划分一览表

人员、部门	职 责 范 围
项目队长	全面负责现场施工管理工作，并主抓外部协调、物资供应和成本控制。
项目副队长	配合项目队长搞好外部协调和物资供应，并主抓质量、安全和文明生产。同时负责施工现场指挥和内部组织与管理。
项目队总工	负责总体技术、技术管理和四新推广工作。抓好质量计划和创优规划。
工程技术部	负责施工技术工作和施工技术管理工作，搞好施工组织设计和质量计划的编制工作；施工测量及监控量测工作；工程质量和施工过程进行监控。
安全质量部	负责安全、质量目标的制订；质量检查及监督工作；安全检查及监督工作；环境保护和文明施工工作。并对检查过程、作出的结果负责。
设备物资部	负责工程物资、材料、机具设备供应、管理、现场协调指挥及设备调配、管理。
计划财务部	负责计划、统计、财务、预决算和资金调配与管理。
综合办公室	负责对外联络协调、宣传工作及内部治安管理、后勤管理、人事、接待等综合性工作。

6.6.4 施工方案

1. 临时工程平面布置原则及方案

(1)施工总平面布置原则

本工程施工总平面布置，将直接关系到施工总进度计划的实施及安全文明管理水平的高低，为保证现场施工顺序进行，将按以下原则进行平面布置：

①在满足施工要求的前提下，尽量节约施工用地，减少临建设施的布置。

②在保证场内交通运输畅通和满足施工对原材料和半成品堆放要求的前提下，尽量减少场内运输，特别是减少二次倒运。

③在平面交通上，要尽量避免与其他作业队相互干扰。

④施工总平面布置应符合现场卫生及安全技术要求，并满足施工防火要求。

⑤具体布置分区明确，便于文明施工布置。

(2)临时工程

①施工便道

本工程沿线乡村公路纵横交错，经拓宽、维修后可满足施工、材料运输的需要；本桥与跨京九特大桥利用原曹家坳至 106 国道的乡村土路改建后作为进场主便道，长 4 km，路面设计拓宽为 4.5 m，每隔 200 m 在便道内设置会车段，会车道宽 8.0 m，路面均采用 30 cm 厚的泥结碎石。另新建跨邹家河便桥 1 座，长 50 m。

②施工供电

沿线电网发达，线路附近均有高压线通过，可就近驳接。施工时在朱家畈村设 400kVA 变压器 1 台，提供××特大桥的施工用电；在拌合站设 400kVA 变压器 1 台，提供拌合站及跨京九特大桥的施工用电，拟搭建电力干线 1 km，并备用 1 台 120 kW 发电机。

③施工用水

本桥地处××城城关，地表水系相当发达，河流、水塘星罗棋布，线路所跨邹家河常年有水，水质清澈，经化验均能满足施工用水要求；拌合站施工用水采用附近水塘的水。

生活用水采用打井取水。

④临时通讯

沿线通信线路较密集,并且已经有手机信号覆盖。在队部安装程控电话 1 部,并给主要负责人员配备手机,以保证施工管理中的信息通讯。

⑤混凝土拌合站的设置

为了更好的控制全线结构物的工程质量,所有的混凝土都集中拌合,拟在 DK260+020 左侧设立拌和站与跨京九特大桥共用,拌合站设 JS500 型搅拌机 2 台,PLD1200 配料机 1 台。料场全部用 C20 混凝土硬化,砂、碎石分开存放,中间用砖墙隔开,料场存料能满足施工需要。

临时工程布置详见图 6-5 施工场地平面图。

2. 桥梁总体施工方案

根据本桥的特点及规模,结合业主的工期要求,采用平行流水作业,总体施工顺序安排见图 6-11 施工计划网络图。

(1)明挖扩大基础

本桥的明挖基础共有 4 个,分别是 25 号、26 号、27 号、28 号墩,均为 3 m×1 m 的三级扩大基础。基坑开挖时,根据地质、地形条件,确定放坡开挖坡度及开挖方法:土质基础采用挖掘机开挖,岩质地段采用小炮松动,挖掘机挖装,人工配合清基。基坑采用四周排水沟及集水坑方式进行排水。

混凝土施工时根据基础级数分层立模、浇筑,基础节间严格按相关规范中施工缝要求处理。当岩层强度大于混凝土强度时,置于岩层中的第一级基础不立模,满灌混凝土;否则应立模浇筑,拆模后回填片石混凝土。混凝土采用集中拌和,罐车运输,溜槽配合入模,插入式捣固棒振动密实。

(2)钻孔灌注桩

××特大桥共有各类钻孔桩为 221 根,深度由 11 m 到 21 m 不等,根据本桥地质情况,主要采用冲击钻机施工,计划平均 6 天一根桩,拟投入 7 台钻机进行施工,用 190 天完成全桥的钻孔灌注桩施工。桩基钢筋在钢筋制作场集中下料,人工搬运至工点附近进行现场绑扎成型,钢筋笼安装采用 16 t 汽车吊吊放入孔;混凝土采用集中拌和,罐车运输,导管法进行水下混凝土灌注。

(3)承台

本桥承台共有两种形式,0 号~8 号、10 号、13 号墩台为一级单承台,厚度 2 m,其他墩台均为二级复合承台,承台厚 3 m~3.5 m。

对处于陆地上的承台视地质情况采用放坡开挖,当地质较好时,可采和垂直方式开挖;对处于河边的滩涂区或水塘中的承台,安排在枯水期,根据实际情况采用草袋围堰防护,基坑采用四周排水沟及集水坑方式进行排水;承台基坑主要采用机械开挖,人工配合清基;承台钢筋全部在钢筋制作场地集中下料,人工搬运至基坑内进行就地绑扎成型;混凝土采用集中拌合,罐车运输,溜槽配合入模,插入式捣固棒振动密实。

(4)墩台

桥台采用竹胶板作为模板,桥墩采用厂制定型钢模进行施工,采用钢管脚手架工作平台;墩台钢筋全部在钢筋制作场地进行集中下料,人工搬运至工点,采用自制的升降架进行墩台钢筋的绑扎及竖向钢筋的接长;混凝土采用集中拌合,罐车运输,自制料斗配合 16 t 汽车串运送到位,串筒溜放入模,人工散布,插入式捣固棒振动密实。

部分高墩混凝土采用汽车泵输送入模。

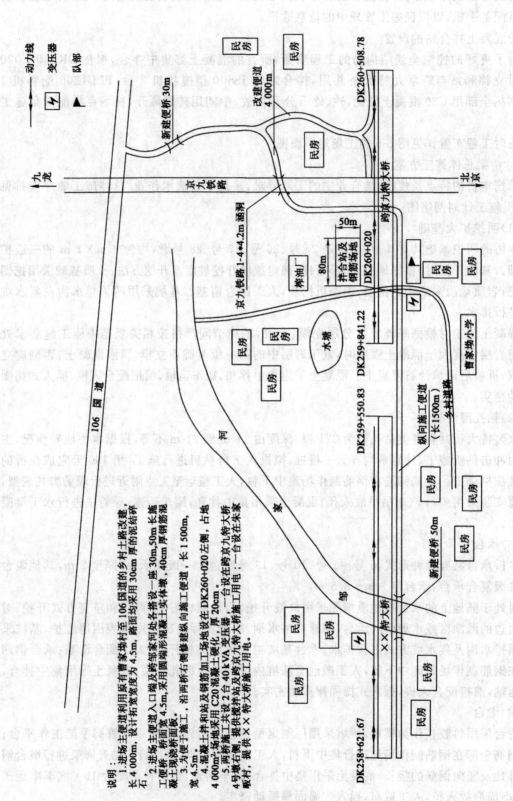

图 6-5 ××特大桥施工场地平面图

6.6.5 主要项目施工方法及施工工艺

1. 施工测量

（1）施工测量的组织

项目队设专职测量组，其成员由 1 名测量工程师及 3 名测工构成，负责全过程的施工测量放线与内部测量复核工作。

（2）测量设备的配备与管理

为满足施工测量需要，确保测量控制及测量放线的质量，配备以下测量设备，见表 6-8。

表 6-8 ××特大桥测量设备一览表

序 号	名 称	单 位	数 量	精度要求	备 注
1	全站仪	台套	1	$3\ \text{mm}+2\times10^{-6}\text{mm}$	南方
2	精密水准仪	台套	1	S2 级	苏一光
3	经纬仪	台套	1	J2	苏一光
4	50 m 钢卷尺	把	2	1 mm	长城

以上测量设备及工具在通过计量检查部门检验合格后使用。

（3）控制测量

①平面控制系统的建立

A. 开工前，对业主、设计部门提供的施工区平面控制起始坐标点及增设控制桩采用全站仪按多边形导线网技术要求和精度指标进行联测复核，联测点复核完成并经内业平差计算，测量精度指标达到相应的技术要求后，方可进行后序测量工作。

B. 平面控制点加密导线测量采用全站仪，按有关规范中精密导线测量的技术要求和精度指标进行。

C. 在工程施工过程中，定期对所布设的加密导线网进行复测，以防止因施工而引起控制点的位移变形而影响施工放线的质量及精度。

②高程控制系统的建立

A. 对业主或设计部门提供水准基点（不应少于 2 个点）进行水准联测复核。

B. 水准点加密测量。

水准路线的确定按点埋石：在标段施工区间范围内，沿线路两侧且距桥中心 15 m 以外的稳定位置埋设水准点标志桩并与设计部门提供的水准基点形成符合或闭合水准路线，以确保在进行施工测量高程放样时能引测高程。

测设方法：外业测量时采用精密水准仪，按规范中精密水准测量的技术要求和精度指标进行观测。

定期复核：对已测设完成的加密高程控制网应随施工进度的推进，进行定期的复核测量，以确保施工全过程中高程测量系统的统一。

（4）施工测量放线

①钻孔桩施工定位放线

依据已布设的平面控制加密导线控制点坐标和经计算复核无误的各钻孔桩中心坐标，利用全站仪精确定位，再标定出该桩位的十字桩，供护筒安装及机具定位使用；每个钻孔桩的护筒安装就位后，测量护筒顶标高，供检测孔底标高时使用。

②扩大基础、承台、墩身施工定位放线

当承台基坑开挖时，及时对坑底标高测量放线，确保基坑不致超挖；基坑垫层施工完后，用墨线标定出墩身十字线，供承台模板、钢筋及墩身钢筋安装定位时使用；当承台混凝土浇筑完成后，用墨线标定出墩身十字线，供墩身模板安装时使用。

③桥梁支座及支座垫石施工定位放线

用全站仪测设出支座中心点于顶帽面，并将其切法向方向线用墨线标出来，供支座垫石施工及支座安装定位时使用。

2. 明挖扩大基础施工

(1)测量放样

根据基础位置处的地面标高和基础底的标高，设计绘制基础开挖平面图，根据开挖平面图，现场测设，并用石灰粉撒出开挖边线。

(2)基坑开挖

施工时，根据地质、地形条件，确定放坡开挖坡度及开挖方法。基坑表层土质开挖时，按1∶0.5放坡；风化砂岩开挖时，按1∶0.25放坡。当基坑较深时，每2m设一个工作平台，宽度1.0m。土质基础采用挖掘机开挖，岩质地段采用小炮松动，挖掘机挖装，人工配合清基。

(3)基坑排水

基坑施工时，先在基坑四周设排水沟及集水坑，以免雨水浸泡基坑，坑内积水采用潜水泵抽水，人工清除基底浮土。

(4)基底检验

基底检验包括以下内容：基底地质情况是否与设计文件相符；地基承载力是否满足设计要求；检验基坑开挖标高、中心位置及形状是否与设计文件相符；是否有超挖回填、扰动原状土的情况。

(5)基础混凝土灌注

基坑开挖后不得长期暴露，以防止地质风化及雨水浸泡，经监理工程师检查合格后及时浇筑混凝土。混凝土浇筑时按扩大基础级数分层立模、浇筑；当岩层强度大于混凝土强度时，置于岩层中的第一级基础不立模，满灌混凝土，否则应立模浇筑，拆模后回填片石混凝土；每级基础混凝土间严格按施工缝要求处理。混凝土采用集中拌和，罐车运输，溜槽配合入模，人工散布，用插入式捣固棒振捣密实。

(6)基坑回填

在基坑内结构物完成拆模后并征得监理工程师的许可后进行回填，回填材料材质需符合设计和规范的要求；回填时采用蛙式打夯机配合人工分层进行填筑。基坑回填要高出原地面，以防止基础被雨水侵蚀。

扩大基础施工工艺流程见图6-6扩大基础施工工艺框图。

3. 钻孔灌注桩施工

(1)钻孔机械设备选定

根据本桥设计钻孔直径、深度及地质情况主要选用冲击钻施工。

(2)埋设护筒

钻孔桩施工前，先平整场地，消除杂物，换除软土，夯打密实，然后埋设护筒；在埋设护筒时，先在桩位处挖出比护筒外径大60～100 cm的圆坑。然后在坑底填筑30～50 cm左右厚的黏土，分层夯实，然后安设护筒，周围用黏土填筑，其埋置深度不小于1.5 m，护筒顶面高出地面0.3 m，保证高出地下水位2.0 m以上；钢护筒高度根据不同桩位处地质情况确定，钢护筒内径比桩径大 40 cm,由 8～10 mm 钢板制作。

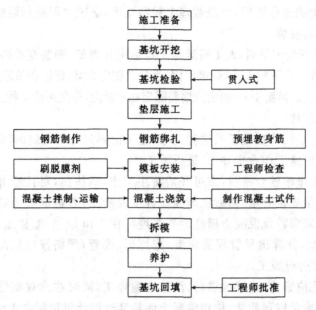

图 6-6 ××特大桥扩大基础施工工艺框图

（3）冲击钻钻孔施工

钻孔施工中严格按施工规范进行,并定时定人记录观测数据。钻孔桩施工前,必须提前备有足够数量的粘土或膨润土,掏渣后应及时补水。冲击钻的冲程大小和泥浆稠度,应按通过的土层情况来决定。当通过卵石层和强风化岩层时,采用小冲程,并加大泥浆稠度,反复冲击使孔壁坚实,防止坍孔,当通过坚硬的石层时,采用大冲程。在任何情况下最大冲程不宜超过6 m,防止卡钻,冲坏孔壁或使孔不圆。在易坍塌或钻孔漏水地段,宜采用小冲程,并提高泥浆的粘度和比重。钻进过程中,每进尺 2～3 m,应检查钻孔直径和竖直度,确保钻孔直径和竖直度符合要求。每钻进 2 m 或地层变化处,应在泥浆池中捞取钻渣样品,查明土类记录,以便与设计资料核对。钻孔达到设计标高后,对孔径、孔形、孔深、竖直度等进行检查,并核对孔底地质是否与设计相符合,经监理工程师核查后,进行清孔。

（4）钻孔注意事项

钻孔作业必须连续进行,不得中断,因特殊情况必须停钻时,孔口应加保护盖,并严禁钻头留在孔内,以防埋钻。

钻孔过程中及时详细地填写钻孔施工记录,交接班时交代钻进情况及下一班应注意的事项。

当钻孔深度达到设计要求时,用检孔器对孔径、孔形、孔深、竖直度等进行检查,并核对孔底地质是否与设计相符合,确认满足设计要求后,立即填定终孔检查证,并经监理工程师认可,方可进行孔底清理和灌筑水下混凝土的准备工作。

在遇岩溶层复杂地质,因洞内岩面高低不平,或一面有岩,一面悬空,容易造成卡钻和斜孔时,每钻进 1～2 m 应抛填黏土、片石进行纠偏,用低冲程冲砸,反复循环,多次修整桩孔,以保证冲孔质量。

（5）清孔

终孔后,经监理检查合格后,用钻机采用"换浆法"进行第一次清孔,在沉渣厚度、泥浆含砂率、泥浆比重稠度达到规定要求后,下桩基钢筋笼及导管,利用导管进行二次清孔,二次清孔后对孔底沉渣厚度再次测定合格后,并经监理工程师认可,必须立即进行混凝土浇筑,以防坍孔。

(6)钢筋笼制作与安装

桩基钢筋在钢筋棚集中下料,人工搬运至工点后绑扎成型,钢筋笼严格按照设计图制作;钢筋笼采用 16 t 汽车吊分节吊装入孔,焊接牢固,吊装前制定方案,保证在吊运过程中钢筋笼不发生变形;钢筋笼就位后,顶部焊接 4～8 根定位钢筋固定在护筒上,避免灌注混凝土时钢筋笼上浮。

(7)水下混凝土灌注

灌注水下混凝土是钻孔桩施工的关键工序,施工前制定行之有效的《钻孔桩作业指导书》,施工中严格按《钻孔桩施工作业指导书》进行施工。

钻孔应经成孔质量检验合格后,方可开始灌注工作,灌注前,对孔底沉淀层厚度须应再进行一次测定,使之满足规定要求,然后立即灌注首批混凝土;首盘混凝土的方量应根据规范中的公式计算确定,以确保首盘混凝土灌注后导管埋深在 1 m 以上;灌注过程中,派专人随时测量孔内混凝土面高度,计算出导管埋置深度,指挥拆、拔管,严格按照规范中导管埋深控制在 2m～6m 范围的要求进行施工。

水下混凝土灌注应紧凑、连续地进行,严禁中途停工,同时注意观察管内混凝土下降和孔内水位升降情况;为确保桩顶质量,桩顶混凝土面超灌至设计桩顶标高 1 m 以上。

(8)钻孔桩质量检验与试验

在灌注混凝土时,每根桩均按规定制作混凝土试块,并进行标准养护;

有关混凝土灌注情况,各灌注时间、混凝土面的深度、导管埋深、导管拆除以及发生的异常现象等,指定专人进行记录、存档,并及时总结经验,指导下一根桩的施工。

钻孔灌注桩施工工艺流程见图 6-7 钻孔灌注桩施工工艺框图。

4. 承台施工

(1)测量放样

根据承台位置处的地面标高和承台底的标高,设计绘制基坑开挖平面图,根据开挖平面图,现场测设,并用石灰粉撒出开挖边线。

(2)基坑开挖

施工时,根据地质、地形条件,确定放坡开挖坡度及开挖方法。当基坑较深、土质较差时,采用 1∶0.5 坡率放坡开挖,并每 2 m 设一个工作平台,宽度 1.0 m;当基坑较浅,土质较好时,可采用垂直方式开挖。

基坑主要采用挖掘机开挖,人工配合清基。

(3)基坑排水

基坑施工时,先在基坑四周设排水沟及集水坑,以免雨水浸泡基坑,坑内积水采用潜水泵抽水,人工清除基底浮土。

(4)承台钢筋及模板安装

承台钢筋采用统一加工成型,钢筋加工前对钢筋进行清理,保证钢筋表面无锈蚀、油脂等杂物。

钢筋绑扎:采用钢筋棚集中下料、现场就地绑扎的方法进行施工,严格按照施工规范及技术规范施工,安装符合设计要求并按规定预埋墩身构造钢筋。

模板安装:承台侧模采用组合钢模板拼装,模板表面涂刷脱模剂,模板采用脚手架及方木进行加固,且支撑牢靠。

(5)混凝土浇筑

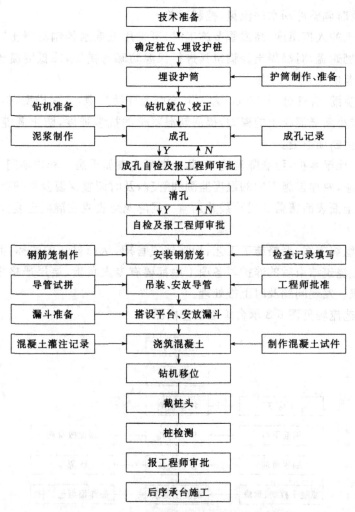

图 6-7 ××特大桥钻孔灌注桩施工工艺框图

承台混凝土采用拌合站集中拌制,混凝土搅拌运输车运输,混凝土运输车配合溜槽入模,插入式振动器振捣;混凝土分层连续浇筑,一次成型,严禁中途无故中断,造成施工缝。混凝土配比通过试验确定。骨料采用经试验合格的砂石料,保证级配良好。

承台混凝土施工质量控制详见大体积混凝土施工措施。

(6)拆模及养护

混凝土浇筑完成后及时采用覆盖洒水的方法进行养护,强度达到设计及规范要求后方可拆模。拆模后继续养护,养护时间不得少于 28 天。

(7)基坑回填

在基坑内结构物完成拆模后并征得监理工程师的许可后进行回填,回填材料材质需符合设计和规范的要求;回填时采用蛙式打夯机配合人工分层进行填筑。基坑回填要高出原地面,以防止基础被雨水侵蚀。

(8)承台大体积混凝土施工措施

①合理选择原材料,优化混凝土配合比

②混凝土结构内部埋设冷却水管和测温点,通过冷却水循环,降低混凝土内部温度,减小内表温差,控制混凝土内外温差小于 25℃。通过测温点温度测量,掌握混凝土内部各测温点

温度变化,以便及时调整冷却水的流量,控制温差。

③控制混凝土的入模温度,高温季节施工时,可采用低温水拌制混凝土,并采取对骨料进行喷水降温或塔棚遮盖,对混凝土运输机具进行保温防晒等措施,降低混凝土的拌和温度,控制混凝土的入模温度在 25℃以内。

④采取薄层浇灌,合理分层(30 cm 左右),全断面连续浇灌,一次成型,但应控制混凝土的灌注速度,尽量减小新老混凝土的温差,提高新混凝土的抗裂强度,防止老混凝土对新混凝土过大的约束而产生断面通缝。

⑤加强保温、保湿养护,延缓降温速率,防止混凝土表面干裂。养护期间,不得中断冷却水及养护用水的供应,要加强施工中的温度监测和管理,及时调整保温及养护措施。保温养护措施可采取在混凝土面表面覆盖 2 层草袋并加盖一层尼龙薄膜或在混凝土表面蓄水加热保温等办法进行。

⑥优化施工组织方案,严格施工工艺,加强施工管理,从原材料的选择,混凝土的拌制、浇筑,到承台混凝土浇筑结束后的养护等各项工序都要有专人负责,层层严格把关,严肃施工纪律,加强质量意识。发现问题及时上报处理。

承台施工工艺流程见图 6-8 承台施工工艺框图。

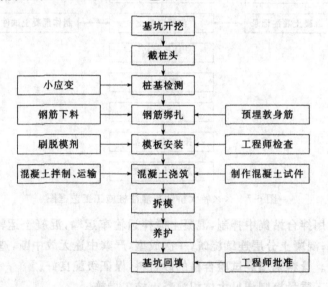

图 6-8　××特大桥承台施工工艺框图

5. 墩台施工

(1)桥台施工

①台身模板

台身采用竹胶板作模板,模板内设 $\phi16$ 的拉杆,模板外用两根建筑[12 槽钢作为拉杆的带木。模板的下部固定在承台上,上部用 $\phi12$ 的钢丝绳与地面上的钢管桩进行拉结,以稳固模板上部。施工平台由承台上搭设 40 cm×60 cm 的钢管脚手架施工平台。

②混凝土施工

混凝土采用集中拌和,罐车运输,自制料斗装料,汽车吊提升人模,插入式捣固棒振捣密实;当倾落高度大于 2 m 时,混凝土必须通过串筒人模;混凝土浇筑按水平分层进行,每层厚度不大于 30 cm;在台身水平面积较大的混凝土浇筑时,要适当加快浇筑速度,若速度不能较快的情况下,可适量加入缓凝剂,以保证两层混凝土之间连接良好。

桥台的混凝土均分二次进行浇筑:第一次浇筑至台顶位置,第二次浇筑至桥台剩余部分及道碴槽部分;两层混凝土间严格按规范规定的施工缝处理方法进行施工缝处理,且第二次混凝土浇筑时间以第一次浇筑的混凝土强度达到约 70%左右为宜。在第二次混凝土施工期间,所有的模板及支撑均不得改动,若有变形不牢固的,可以进行加固,但绝不可以松动或拆除。以免在两层混凝土间产生错台或浇筑上层混凝土时发生漏浆现象。

混凝土施工中,严格控制台身顶部的标高。

③拆模与养护

混凝土浇筑完后,应及时地对裸露面进行覆盖,待初凝后进行洒水养护;在台身混凝土的强度达到设计要求后,方可进行模板及支架的拆除,拆模顺序自上而下;拆模后继续洒水养护,养护时间不得小于 14 天。

(2)桥墩施工

①墩身模板

全桥共有 27 个桥墩,墩高 6.5~18.5 m 不等,按照工期的要求,共加工 3 套模型;模板设计要有足够的刚度,面板统一采用优质冷轧钢板,选择具有相应施工资质及丰富施工经验的模板厂家加工制作,确保面板焊接拼缝严密平整,表面平整光滑。

当墩身高度小于 14 m 时,模板一次性支立成型;当墩身高度大于 14 m 时,模板分两次支立。模板的下部固定在承台上,上部用 φ12 的钢丝绳与地面上的钢管桩进行拉结,以稳固模板上部。施工平台由承台或扩大基础上搭设 40 cm×60 cm 的钢管脚手架施工平台。

当模板组拼成形后,所有螺栓不必拧紧,留出少量松动余地,以便检查时发现模板偏斜进行纠偏处理。

②混凝土施工

混凝土采用集中拌和,罐车运输,自制料斗装料,汽车吊提升通过串筒入模,人工散布,插入式捣固棒振捣密实;混凝土浇筑按水平分层进行,每层厚度不大于 30 cm;

当墩身高度大于 14 m,混凝土分两次浇筑时,两层混凝土间严格按规范规定的施工缝处理方法进行施工缝处理,且第二次混凝土浇筑时间以第一次浇筑的混凝土强度达到约 70%左右为宜。在第二次混凝土施工期间,所有的模板及支撑均不得改动,若有变形不牢固的,可以进行加固,但绝不可以松动或拆除。以免在两层混凝土间产生错台或浇筑上层混凝土时发生漏浆现象。

混凝土施工中,严格控制墩顶的标高。

③拆模与养护

混凝土浇筑完后,应及时地对裸露面进行覆盖,待初凝后进行洒水养护;在墩身混凝土的强度达到设计要求后,采用汽车吊由上而下进行模板及支架的拆除;拆模后继续洒水养护,养护时间不得小于 14 天。

(3)墩台身钢筋工艺

墩台钢筋采用自制的塔架绑扎、接长钢筋,既提高了工效又保证了质量,钢筋加工制作严格按照以下要求进行:

①钢筋采用单面焊时,焊接长度不小于 10 倍的钢筋直径;采用双面焊时不小于 5 倍的钢筋直径;采用绑扎连接时,Ⅰ级钢筋搭接长度不小于 30 倍的钢筋直径;Ⅱ级钢筋搭接长度不小于 35 倍的钢筋直径,在任何情况下,纵向受拉钢筋的搭接长度不得小于 300 mm;受压钢筋的

搭接长度不得小于 200 mm。

②钢筋焊接接头设置在内力较小处,并错开布置,对绑扎接头,两接头间距不小于 1.3 倍的搭接长度。对于焊接接头长度区段内,同一根钢筋不得有两个以上接头,配置在接头长度区段内的受力钢筋其接头的截面面积在受拉区不大于总截面面积的 50%。

钢筋的交叉点用铁丝绑扎结实,必要时,亦可用点焊焊牢。

③焊接接头与钢筋弯曲处的距离不应小于 10 倍钢筋直径,也不应位于构件的最大弯矩处。

④模板间设置的垫块要与钢筋扎紧,并互相错开,成梅花型布置;垫块标号不低于本体混凝土的标号。

⑤在浇筑混凝土前,对已安装好的钢筋及预埋件进行检查。

墩台施工工艺流程见图 6-9 墩台施工工艺框图。

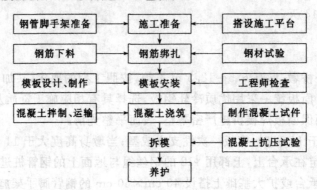

图 6-9　××特大桥墩台施工工艺框图

6.6.6　施工计划

1. 施工进度计划

(1)工期安排计划

根据我单位以往的施工经验,××特大桥计划从 2006 年 1 月 1 日开工,至 2006 年 10 月 15 日下部主体工程完工。具体安排见图 6-10 ××特大桥施工进度横道图。

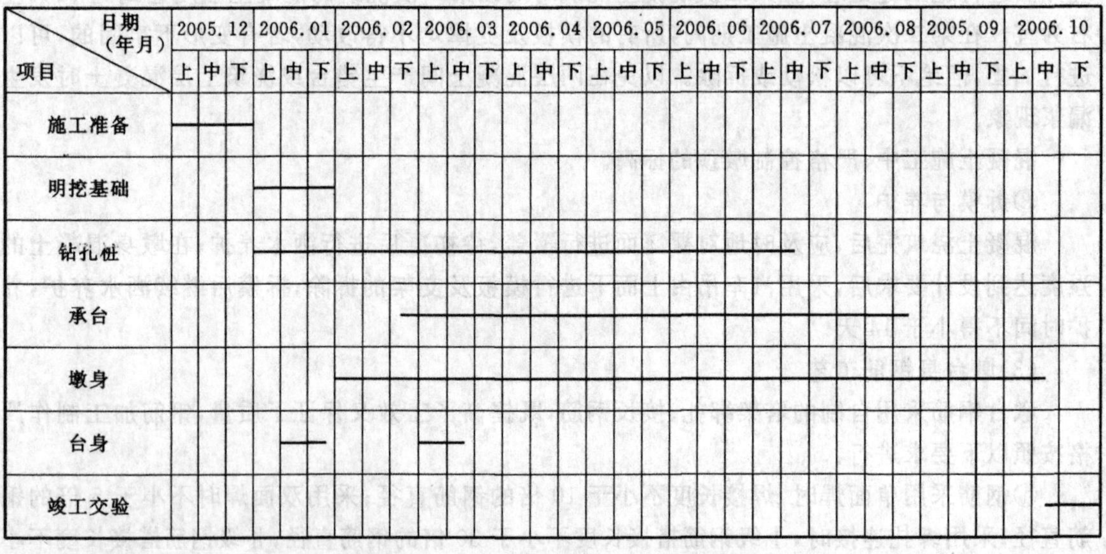

日期 (年月)	2005.12			2006.01			2006.02			2006.03			2006.04			2006.05			2006.06			2006.07			2006.08			2005.09			2006.10		
项目	上	中	下	上	中	下	上	中	下	上	中	下	上	中	下	上	中	下	上	中	下	上	中	下	上	中	下	上	中	下	上	中	下
施工准备																																	
明挖基础																																	
钻孔桩																																	
承台																																	
墩身																																	
台身																																	
竣工交验																																	

图 6-10　××特大桥施工进度横道图

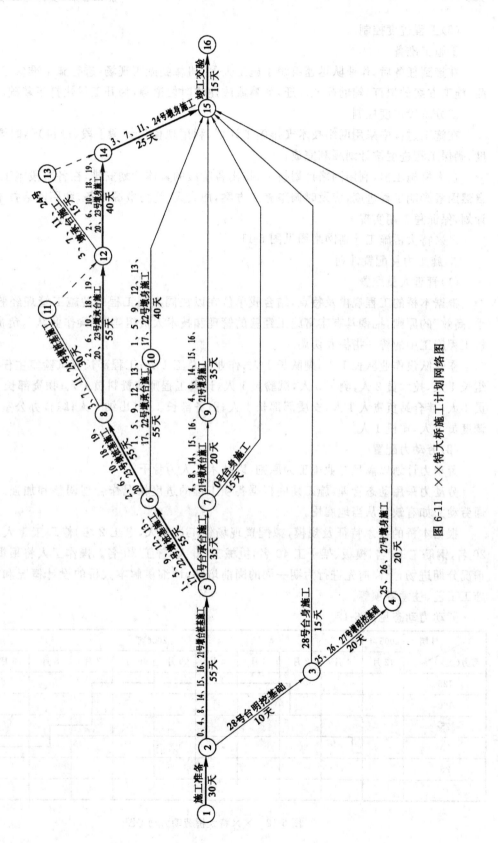

图 6-11 ××特大桥施工计划网络图

（2）工程进度控制

①施工准备

在接到任务后，作业队迅速组织了施工人员、机械到施工现场，进行施工准备工作，包括复测，施工方案的拟订，辅助征地拆迁，新建或改建临时便道等，为开工尽快打下基础。

②分阶段进度控制

在施工过程中采用网络技术安排施工计划，利用现代化管理手段（微机）随时调整施工进度，确保工程进度按计划顺利完成。

在大桥施工前，利用网络计划技术，排出各阶段的具体计划安排，在各阶段施工过程中，因自然因素影响工程进度，应及时调整施工方案，加大人、物力资源配备，利用网络技术重排进度计划，保证总工期实现。

××特大桥施工计划网络图见图 6-11。

2. 施工力量配置计划

（1）管理人员配置

根据本桥的工程规模及特点，结合我单位在以往同类型工程中的施工管理经验，本着"精干、高效"的原则，抽调具有丰富施工经验的管理和技术人员组建"桥梁作业队"，负责××特大桥工程施工中的统一指挥和协调。

作业队设作业队长 1 人，副队长 1 人；作业队总工 1 人；工程部长兼试验室主任 1 人，测量组长 1 人，技术员 2 人，测工 3 人，试验员 1 人，计量工程师兼资料员 1 人；物资部长 1 人，采购员 1 人，拌合站负责人 1 人；安质部部长 1 人；财务部长 1 人，出纳 1 人；综合办公室主任 1 人，调度员 1 人，司机 1 人。

（2）劳动力配置

劳动力计划以满足专业施工为原则，以技术工人为骨干。

劳动力采用动态管理，施工期间根据各项工程的进度情况作合理调整和加强。施工中普通劳动力如有缺口从当地雇用。

根据本桥的技术特征及规模，拟配置现场领工员 2 人，电工 2 名，修理工 1 名，混凝土工 20 名，钢筋工 15 名，模板、架子工 40 名，机械工 30 人，普工 30 名。操作工人将根据工程进展情况分期进场，上岗前先进行为期一周的岗前培训，详细讲解本大桥的设计概况和施工方法、施工工艺、注意事项等。

劳动力动态见图 6-12。

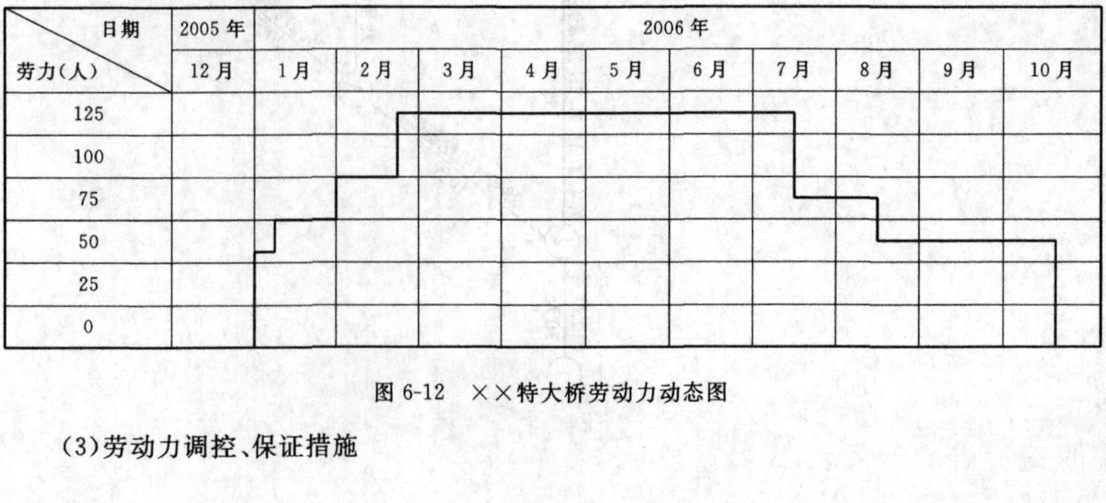

日期 劳力（人）	2005 年	2006 年									
	12 月	1 月	2 月	3 月	4 月	5 月	6 月	7 月	8 月	9 月	10 月
125											
100											
75											
50											
25											
0											

图 6-12 ××特大桥劳动力动态图

（3）劳动力调控、保证措施

劳动力根据定额计算,并备有富余,进场时全部到位。技术工种根据施工需要从单位内部进行调配,普通工种从当地招募,培训后使用。并提前制定周密的使用计划,作好准备,保证有机动备用人员。同时与当地劳务市场密切合作,确保及时招募。此外,对休假妥善安排,农忙季节和节假日实行保勤奖。

6.6.7 主要材料、设备的使用计划及供应方案、保证措施

1. 主要材料、设备使用计划

(1)主要材料

根据设计图纸及施工方案,通过定额计算,汇总出全桥的原材料数量及周转料数量,结合考虑本桥的施工组织计划安排,本着均衡生产、节约资金、减少材料浪费、分阶段配置、及时清退的五项原则,有序地组织各项材料的采购。

钢筋、水泥根据全线的统一要求,由建设单位与经理部联合招标采购;砂、石料等地材及钢管、扣件等周转材料,兼顾质量、经济两方面综合考虑,就近采购。

本桥主要材料进场计划见表 6-9。

表 6-9 主要材料进场计划表

日期 品名	2005 年 12 月	2006 年 1 月	2 月	3 月	4 月	5 月	6 月	7 月	8 月	9 月
钢材	10 t	40 t	60 t	70 t	70 t	70 t	70 t	50 t	30 t	30 t
水泥	100 t	500 t	700 t	1 000 t	1 000 t	1 000 t	1 000 t	500 t	200 t	200 t
黄砂	120 m³	550 m³	800 m³	1 200 m³	1 200 m³	1 200 m³	1 200 m³	550 m³	250 m³	250 t
碎石	240 m³	840 m³	1 080 m³	2 040 m³	2 040 m³	2 040 m³	1 200 m³	1 200 m³	360 m³	360 m³
片石			400 m³							
钢模		30 t	20 t							
竹胶板		400 m²								
钢管		20 t	30 t							

(2)主要机械设备

根据本桥的特点及规模,通过定额计算,主要施工设备配需要又略有富余的原则,机械及时进场和及时退场的原则,成龙配套提高综合效率原则,一次进场,快速进场。对于机械安排多人进行管理,合理进行机械的调转,保证工程安全、高效的施工。(主要施工机械设备配备表略)

2. 供应方案

本工程所需主要物资、设备均统一组织招标采购,并接受建设单位的监督或与建设单位联合招标采购。

严把物资、设备进场关,确保物资、设备供应质量。选择的物资、设备供货商事先报请建设单位审查,未经审查的,建设单位有权否决。

在质保期内对采购的物资、设备质量负总责,承担直接责任。

严格审查物资、设备供应商资质、资格条件:必须具有产品技术鉴定证书(国家、省、部级机构)、生产许可证、产品合格证,铁路特殊产品必须具有铁道部特许证、科技成果鉴定证书、技术鉴定证书、铁道部技术审查意见。

3. 保证措施

（1）主要材料

用于工程施工的材料、设备严格从符合规范设计要求、信誉好的厂家进货，所有厂制材料设备、必须有出厂合格证，并经必要的检验和试验，合格后方准使用。

每批进场水泥、钢材等主材，向监理工程师提供供货附件及有关说明，并按要求进行抽样试验。粗细骨料按规定作相关试验，各项指标必须符合规定及设计要求后方准使用，试验结果报监理工程师。

对本工程所需的各种材料、设备，按材料、设备供应计划，做到有组织、有计划地供应，并有一定的储备，保证施工生产正常进行。

（2）机械设备

在施工前，对各种施工设备进行彻底的检查，保证各机械设备进场时的状态良好；施工时，对各种设备进行经常的养护、检修，如发现有异常，及时进行修理，以保证各设备运转正常。

在施工开始前，选择进行检测过的试验、测量、检测设备，并在施工过程中，定期对各种试验、测量、检测设备进行检测、校核。

6.6.8 创优规划和质量保证措施

1. 创优规划

（1）创优目标

确保全部工程质量符合国家、铁道部颁发的现行施工规范、规程、质量标准和工程建设标准强制性条文。

竣工按部颁验收标准，工程一次验收合格率达到100%。

对完工的基桩、混凝土圬工、浆砌片石等的质量自检检测率必须达到100%。

（2）创优体系

针对本工程特点和创优要求，对各部门的工作进行分解，建立创优保证体系。

（3）创优措施

施工过程中必须以设计规范、设计文件为依据，精心组织施工，必须体现质量否决权，体现质量是企业的生命线。推行质量管理岗位责任制、逐级负责制，层层把关，层层负责。

强化"以样板引路，靠质量取胜"的质量意识，使每一个职工明白，只有创优质名牌工程，才能使企业得以生存和持续发展，把干优质工程变为职工的自觉行动。

加强技术负责制，严格工程技术管理制度。把好图纸审批关、施工测量关、材料进场关、计量试验关、技术交底关、工艺操作关、隐蔽工程检查关。

认真执行工程质量监理制度，坚持隐蔽工程按基建程序办事，积极支持和配合监理的工作，共同把好创优工程质量关。

杜绝质量通病，作到"内实外美"，以内实为根本。本工程要以主攻质量通病为重点，加强管理，加大力度，实实在在地提高工程质量的综合水平。严格按施工规范操作，针对不同质量通病进行攻关，制定防范措施，使质量通病得到克服和控制。

进入本工程的每一个管理人员和施工人员，须接受建设单位和监理工程师的检查监督，并严格认真地执行监理工程师的指令和命令。

专职质检员做到不离施工现场，尽职尽责，对违章作业、不重视施工质量的现象及时纠正，并有权责令其停止施工。

严把工程材料进场检验关。严格执行检查、检测制度,并逐级检查和验收。对工程所需材料必须进行试验,合格后方可使用。

2. 质量保证措施

(1)建立完善的质量保证体系

为满足本工程的创优目标,我们将严格贯彻执行单位的质量方针,认真落实质量责任终身保证制度。作业队长为工程质量的第一责任人,对工程质量全面负责;作业队总工具体负责组织质量计划、工程创优规划的编制和实施;作业队设专职质量检查工程师,负责对原材料、半成品及工序抽检,以及对特殊工序、关键工序和隐蔽工程全面检查验收;作业队的工程技术部门、设备物资部门、工程试验室、计划财务部门等均在相应的职责范围内对工程质量负责。

针对本工程的特点,建立完善、有效的项目施工质量保证体系,使工程施工质量在全过程中处于受控状态,确保一流的施工质量。

(2)强化质量意识,健全规章制度

(3)实现科学先进的试验、检测、监控手段

(4)强化施工管理,确保工程质量

(5)严把原材料采购、进场、使用的检验关。

6.6.9 安全保证措施

1. 安全方针、指导思想及安全目标

(1)安全方针及安全指导思想

严格贯彻《中华人民共和国安全生产法》、《铁路工程施工安全技术规程》、省有关安全生产的文件、通知。遵循"安全第一,预防为主"的方针,安全、高效、优质地建成本工程,为沿线经济服务。

(2)安全目标

无铁路行车险性及以上事故、无人身重伤事故、无等级火警事故。

2. 安全保证的主要措施

建立以作业队长为首的安全生产小组。作业队长为安全生产第一责任人,对该项目的施工安全全面负责;分管生产的副队长具体组织实施各项安全措施和安全制度,对安全施工负直接领导责任;施工技术负责人(总工程师)负责组织安全技术措施的编制和审核,组织安全技术交底和安全教育;作业队设专职安全检查工程师,负责本项目各项安全措施的制订、监督和检查落实;各作业班组设兼职安全员并成立安全岗位监督岗,加强施工过程中的安全控制。

(1)认真贯彻"安全第一、预防为主"的方针,结合我作业队实际和本工程特点,组成由作业队长、专职安全员、作业组兼职安全员以及工地安全用电负责人参加的安全生产管理网,全面执行安全生产责任制,抓好本工程的安全生产工作。

(2)在编制本工程实施性施工组织设计时,把安全生产列为主要内容之一,针对本工程特点和各施工面的实际情况,研究采取各种安全技术措施,改善劳动条件,消除生产中的不安全因素。

(3)施工现场的安全设施搭设完毕后,必需经过验收合格挂牌后方可投入施工使用。

(4)工程实施前,对投入本工程施工的机电设备和施工设施进行全面的安全检查,不符合安全规定的地方立即整改完善。并在施工现场设置必要的护栏、安全标志和警告牌。

(5)工程实施时,严格按照经作业队和监理审定的施工组织设计和安全生产措施的要求进

行施工,操作工人严守岗位履行职责,遵守安全生产操作规程,特种作业人员经培训持证上岗,各级安全员深入施工现场,督促操作工人和指挥人员遵守操作规程,制止违章操作、无证操作、违章指挥和违章施工。

(6)工程实施时,每周召开一次例会,检查安全生产措施的落实情况,研究施工中存在的安全隐患,及时补充完善安全措施。

(7)重视个人自我防护,进入工地按规定戴安全帽,进行高空作业和特殊作业前,先要落实防护设施,正确使用攀登工具、安全带或特殊防护用品,防止发生人身安全事故。

(8)按照防火防爆的有关规定设置油库、危险品库等临时性构筑物,易燃易爆物品堆放间距和动火点与氧气、乙炔的间距要符合规定要求,严格执行动火作业审批制度,一、二、三级动火作业未经批准不得动火,临时设施区要按规定配足消防器材。

(9)工地上做好除害灭病和饮食卫生工作;夏季施工时,抓好防暑降温工作,防止中暑现象发生。

(10)安全检查。每月一次全面安全检查,由工地各级负责人与有关业务人员实施。每旬一次例行定期检查,由施工员实施。班组每天进行上岗安全检查、上岗安全交底、上岗安全记录和每周一次的安全讲评活动。在节假前后、多雨高温季节组织施工用电、防水和高温的专项安全检查。

6.6.10　工期保证措施

成立由作业队长任组长,有关人员参加的领导小组,健全岗位责任制,从组织上、制度上、措施上保证总工期的实现。

为确保工期要求,按期优质完成施工任务,拟采取以下工期保证方案:

选拔业务精、能力强的管理和施工人员,做到施工安排有序、合理、施工过程连续受控。充分细致做好开工前的各项工作准备。按照全线总体施工安排及工期目标,利用倒排工期法,制订详细的分段工期控制目标计划,逐一安排、落实。采用新工艺、新技术、新设备提高效率,抓住物资供应关,保证整个施工的物资供应。机械设备配套完善,确保施工均衡连续进行。

6.6.11　环境保护、水土保持和文明施工措施

1. 环境保护、水土保持措施

严格按照国家、铁道部、地方政府及建设单位有关生态环境保护的规定,贯彻"预防为主、保护优先、开发与保护并重"的原则和"三同时"原则,"三废"按规定排放。确保施工中的环境保护监控与监测结果满足业主和设计文件要求及有关规定,并确保工程所处环境及河流不受污染。工程完工后恢复植被。

成立以作业队长为组长的环境保护领导小组,认真学习贯彻环境保护法,严格执行国家及地方政府颁布的有关环境保护的法令法规,方针政策。

重视环境保护工作,编制实施性施工组织设计时,结合设计文件和工程特点,及时提报有关环境保护设计,按批准的文件组织实施。

健全企业的环保管理机制,定期进行环保检查,及时处理违章事宜。并与地方政府环保部门建立工作联系,接受社会及有关部门的监督。

加强环保教育,宣传有关环保政策、知识、强化职工的环保意识,使保护环境成为参建职工的自觉行为。

进场后,对环境保护工作作全面规划,综合治理。会同监理工程师及时与当地环保机构取得联系,遵守有关控制环境污染的法规,从组织管理、防治和减轻水污染、施工噪声振动控制、水土保持、生态环境保护、粉尘控制等多方面采取措施,将施工现场周围环境的污染降至最小程度,搞好污水处理,防止污染水质,做好水土保持。

制定下发环保细则,加强环保教育;疏通排水系统,防止水土流失;加强管理,施工中的废弃物和垃圾弃到指定地点;施工中维护原有生态系统。

为了减少水土流失,桥梁基础施工中产生大量多余的基坑土,堆放在桥梁附近将影响环境,应作弃土集中堆放处理,并应根据地形条件造田复耕。

2. 文明施工保证措施

(1)编制施工组织设计时,把文明施工列为主要内容之一,制订出以"方便人民生活,有利于生产发展,保护生态环境"为宗旨措施。

(2)在工程开工前,将详细的文明施工管理措施呈报给项目监理批准,并指派专职人员负责文明施工的日常管理工作。

(3)全面开展创建文明工地活动

本工程施工过程中将全面开展创建文明工地活动,施工现场挂牌施工;管理人员佩卡上岗,工地现场施工材料堆放整齐,工地生活设施文明有序,工地现场开展创建文明工地活动。

(4)工地宣传:在工地四周的围墙建筑物、宿舍外墙等地方,贴上反映企业精神、时代风貌的醒目宣传标语,工地内设置宣传栏、黑板报等宣传阵地,及时反映工地内外各类动态。

7 工程造价计价概论

7.1 概　述

7.1.1 工程造价的含义

"工程造价"中的"造价"既有"成本"(Cost)的含义、也有"买价"(Price)的含义。我国的工程造价管理界至今在"工程造价"定义上仍然存在许多争论。这些争论使得对于工程造价的理解已经从单纯的"费用"观点逐步向"价格"和"投资"观点转化,并且出现了与之相关的"工程价格(承发包价格)"和"工程投资(建设成本)"。

中国建设工程造价管理协会分别给出了工程造价两种含义:一是指完成一个建设项目投资费用的总和;二是指建筑产品价格。下面分别对两种含义加以说明。

第一种含义:工程造价是指建设一项工程预期支付或实际支付的全部固定资产投资费用,即工程投资或建设成本。这一含义是从投资者——业主的角度来定义的。投资者在投资活动中所支付的全部费用形成了固定资产和无形资产。所有这些费用构成了工程造价。从这个意义上说,工程造价就是工程投资费用,建设项目工程造价与建设项目投资中的固定资产投资相等。

第二种含义:工程造价是指建筑产品价格,即工程价格。也就是为建成一项工程,预计或实际在土地、设备、技术劳务市场以及承发包等交易活动中所形成的建筑安装工程价格和建设工程总价格。显然,工程价格是以商品经济和市场经济为前提的。它以工程这种特定的商品形式作为交易对象,在多次预估的基础上,通过招标投标、承发包或其他交易方式,最终由市场形成价格。在这里,工程的范围和内涵既可以是一个涵盖范围很大的建设项目,也可以是一个单项工程,或者是整个建设工程中的某个阶段。

通常人们习惯把工程价格作一个狭义的理解,即认为工程价格指的是工程承发包价格。但应该肯定,工程承发包价格是工程价格中的一种最重要、最典型的价格形式。它是在建筑市场通过招标投标,由需求主体(投资者)和供给主体(建筑商)共同认可的价格。

所谓工程造价的两种含义是以不同角度把握同一事物的本质。从建设工程的投资者来说,面对市场经济条件下的工程造价就是项目投资,是"购买"项目要付出的价格;同时也是投资者在作为市场供给主体时"出售"项目时订价的基础。对于承包商、供应商、规划和设计机构而言,工程造价是他们作为市场供给主体出售商品和劳务的价格的总和,或是特指范围的工程造价,如建筑安装工程造价。

7.1.2 工程造价计价的基本原理和方法

1. 工程造价计价基本原理——工程项目分解与组合

工程计价是对投资项目造价(或价格)的计算,也称之为工程估价。由于工程项目的技术经济特点如单件性、体积大、生产周期长、价值高以及交易在先、生产在后等,使得工程项目造价形成过程与机制和其他商品不同。

工程项目是单件性与多样性组成的集合体。每一个工程项目的建设都需要按业主的特定需要单独设计、单独施工,不能批量生产和按整个工程项目确定价格,只能以特殊的计价程序和计价方法,即要将整个项目进行分解,划分为可以按定额等技术经济参数测算价格的基本单元子项或称分部、分项工程。工程计价的主要特点就是按工程分解结构进行。一般来说,分解结构层次越多,基本子项也越细,计算也更精确。

任何一个建设项目都可以分解为一个或几个单项工程。而任何一个单项工程都是由一个或几个单位工程所组成,作为单位工程的各类建筑工程和安装工程仍然是一个比较复杂的综合实体,还需要进一步分解。经过这样逐步分解直到分项工程后,就可以得到基本构造要素了。找到了适当的计量单位,就可以采取一定的估价方法,进行分部组合汇总,计算出某工程的全部造价。

工程造价的计价从分解到组合的特征是和建设项目的组合性有关。一个建设项目是一个工程综合体。这个综合体可以分解为许多有内在联系的独立和不能独立的工程,那么建设项目的工程计价过程就是一个逐步组合的过程。

2. 工程造价计价的基本方法

工程造价计价的形式和方法有多种,各不相同,但工程造价计价的基本过程和原理是相同的。如果仅从工程费用计算角度分析,工程造价计价的顺序是:分部分项工程单价——单位工程造价——单项工程造价——建设项目总造价。影响工程造价的主要因素是两个,即基本构造要素的单位价格和基本构造要素的实物工程数量,可用下列基本计算式表达:

$$工程造价 = \sum_{i=1}^{n}(工程实物量 \times 单位价格)$$

式中　i——第 i 个基本子项;

　　　n——工程结构分解得到的基本子项数目。

基本子项的单位价格高,工程造价就高;基本子项的实物工程数量大,工程造价也就大。

在进行工程计价时,实物工程量的计量单位是由单位价格的计量单位决定的。如果单位价格计量单位的对象取得较大,得到的工程造价就较粗,反之则工程造价较细较准确。基本子项的工程实物量可以通过工程量计算规则和设计图纸计算而得,它可以直接反映工程项目的规模和内容。

对于基本子项的单位价格分析,目前有两种形式:

(1)工料单价法—定额计价方法

工料单价法是指分部分项工程量的单价仅包括人工费、材料费和机械台班使用费,它是分部分项工程的不完全价格。

我国现行的定额计价方式有两种。一种是单位估价法,它是运用定额单价计算的,即首先计算工程量,然后查定额单价(基价),与相对应的分项工程量相乘,得出各分项工程的人工费、材料费、机械使用费,再将各分项工程的上述费用相加,得出分部分项工程的直接工程费;另一种是实物估价法,它首先计算工程量,然后套用基础定额,计算人工、材料和机械台班消耗量,将所有分部分项工程资源消耗量进行归类汇总,再根据当时、当地的人工、材料、机械单价,计算并汇总人工费、材料费、机械使用费,得出分部分项工程直接工程费。在此基础上再计算措施费、规费、企业管理费、利润和税金,将直接工程费与上述费用相加,即可得出单位工程造价(价格)。

（2）综合单价法—工程量清单计价方法

综合单价指分部分项工程量的单价既包括直接工程费、措施费、规费、企业管理费、利润和税金，也包括合同约定的所有工料价格变化风险等一切费用，它是一种完全价格形式。

工程量清单计价法是一种国际上通行的计价方式，所采用的就是分部分项工程的完全单价。按照我国《建筑工程施工发包与承包计价管理办法》（建设部第 107 号令）及《建筑安装工程费用项目组成》（建标〔2003〕206 号文）的规定，综合单价是由分部分项工程的直接工程费、措施费、规费、企业管理费、利润和税金组成的，而直接工程费是以人工、材料、机械台班的消耗量及相应价格确定的。

综合单价的产生是使用工程量清单计价方法的关键。投标报价中使用的综合单价应由企业编制的企业定额产生。由于在每个分项工程上确定利润和税金比较困难，故可以编制含有直接费和间接费的综合单价，在求出单位工程总的直接费和间接费后，再统一计算单位工程的利润和税金，汇总得出单位工程的造价。

7.1.3 工程造价计价的特点

建设工程造价的计价特点主要表现为：单件性计价、多次性计价和组合性计价。

1. 单件性计价

建设工程是按照特定使用者的专门用途，在指定地点逐个建造的。每项建设工程为适应不同的使用要求，其技术等级、结构、造型等都会有所不同。而且特定地点的气候、地质、水文、地形等自然条件及当地政治、经济、风俗习惯等因素必然使建设工程产品的实物形态千差万别，因而所消耗的物化劳动和活劳动也必定是不同的。再加上不同地区构成投资费用的各种价值要素（如人工、材料）的差异，最终导致建设工程造价的千差万别。所以，建设工程和建设工程产品不可能像工业产品那样统一地成批定价，而只能根据它们各自所需的物化劳动和活劳动的消耗，按照科学的程序来逐项计价，即单件性计价。

2. 多次性计价

建设工程的生产过程是一个周期长、数量大、可变因素多的生产消费过程。依据建设程序，在不同的建设阶段，为了适应工程造价计价、控制和管理的要求，需要对建设工程进行多次性计价。

多次性计价是逐步深化、逐步细化和逐步接近实际造价的过程，其过程如图 7-1 所示。

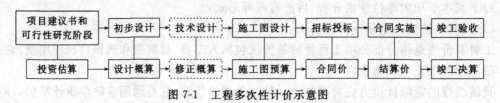

图 7-1 工程多次性计价示意图

（1）投资估算。在编制项目建议书和可行性研究阶段，对投资需要量进行估算是一项不可缺少的内容。投资估算是指在编制项目建议书和可行性研究阶段，通过编制估算文件预先测算和确定的造价，也可称为估算造价。投资估算是进行决策、筹集资金和控制工程造价的主要依据。

（2）设计概算。指在初步设计阶段，根据设计意图，通过编制工程概算文件预先测算和确定的工程造价。概算造价较投资估算造价准确性有所提高，但受估算造价的控制。概算造有较强的层次性,分建设项目总概算、各单项工程综合概算、单位工程概算。

(3)修正概算。指在采用三阶段设计的技术设计阶段,根据技术设计的要求,通过编制修正概算文件预先测算和确定的工程造价。它是对初步设计概算的修正调整,比概算造价准确,但受概算造价的控制。

(4)施工图预算。指在施工图设计阶段,根据施工图纸,通过编制预算文件预先测算和确定的工程造价。它比设计概算或修正概算更为详尽和准确,但同样受前一阶段所确定的工程造价的控制。

(5)合同价。指在工程招标投标阶段,通过签订总承包合同、建筑安装工程承包合同、设备材料采购合同、以及技术和咨询服务合同所确定的价格。合同价属于市场价格的性质,它是由承发包双方根据市场行情共同议定和认可的成交价格。按照我国现行有关规定,工程合同价通常有三种形式:固定合同价、可调合同价及成本加酬金确定的合同价。

(6)结算价。是指在合同实施阶段,在工程结算时按照合同调价范围和调价方法,对实际发生的工程量增减,人工、材料和设备价差等进行调整后计算和确定的价格。

(7)竣工决算。是指竣工结算阶段,通过编制建设项目竣工决算,最终确定的建设工程的实际造价。

3. 组合性特征

工程造价的计价是分部组合而成。这一特征和建设项目的组合性有关。建设项目的这种组合性决定了计价的过程是一个逐步组合的过程。这一特征在计算概算造价和预算造价时尤为明显,所以也反映到合同价和结算价中。

7.1.4 我国现行投资构成和工程造价的构成

建设项目投资包括固定资产投资和流动资产投资两部分,建设项目总投资中的固定资产投资与建设项目的工程造价在量上是相等的。

工程造价的构成是按工程项目建设过程中各类费用支出(或花费)的性质、途径等来确定的,是通过费用划分和汇集所形成的工程造价的费用分解结构。工程造价基本构成中,包括用于建筑施工和安装施工所需支出的费用,用于购买工程项目所含各种设备的费用,用于委托工程勘察设计应支付的费用,用于购置土地所需的费用,同时也包括用于建设单位自身进行项目筹建和项目管理所花费的费用等。总之,工程造价是工程项目按照确定的建设内容、建设规模、建设标准、功能要求和使用要求等全部建成并验收合格交付使用所需的全部费用。

我国现行工程造价的构成主要划分为建筑安装工程费用、设备及工器具购置费用、工程建设其他费用、预备费、建设期贷款利息、固定资产投资方向调节税等几项。具体构成内容如图7-2所示。

7.1.5 世界银行工程造价构成简介

世界银行、国际咨询工程师联合会对项目的总建设成本(相当于我国的工程造价)作了统一规定,其详细内容如下:

1. 项目直接建设成本

项目直接建设成本包括以下内容:

(1)土地征购费。

(2)场外设施费用。如道路、码头、桥梁、机场、输电线路等设施费用。

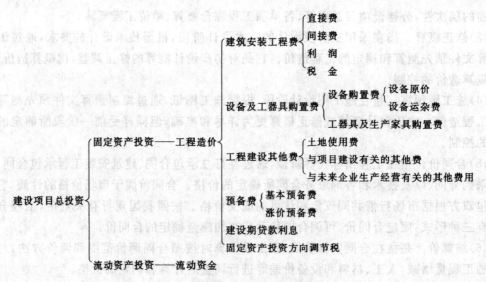

图 7-2 我国现行工程造价的构成

(3)场地费用。指用于场地准备、厂区道路、铁路、围栏、场内设施等的建设费用。

(4)工艺设备费。指主要设备、辅助设备及零配件的购置费用,包括海运包装费用交货港离岸价,但不包括税金。

(5)设备安装费。指设备供应商的监理费用,本国劳务及工资费用,辅助材料、施工设备,消耗品和工具等费用,以及安装承包商的管理费和利润等。

(6)管道系统费用。指与系统的材料及劳务相关的全部费用。

(7)电气设备费。其内容与第(4)项相似。

(8)电气安装费。指设备供应商的监理费用,本国劳务与工资费用,辅助材料、电缆、管道和工具费用,以及营造承包商的管理费和利润。

(9)仪器仪表费。指所有自动仪表、控制板、配线和辅助材料的费用以及供应商的监理费用,外国或本国劳务及工资费用,承包商的管理费和利润。

(10)机械的绝缘和油漆费。指与机械及管道的绝缘和油漆相关的全部费用。

(11)工艺建筑费,指原材料、劳务费以及与基础、建筑结构、屋顶、内外装修、公共设施有关的全部费用。

(12)服务性建筑费用。其内容与第(11)项相似。

(13)工厂普通公共设施费。包括材料和劳务费以及与供水、燃料供应、通风、蒸汽发生及分配、下水道、污物处理等公共设施有关的费用。

(14)车辆费。指工艺操作必需的机动设备零件费用,包括海运包装费用以及交货港的离岸价,但不包括税金。

(15)其他当地费用。指那些不能归类于以上任何一个项目,不能计人项目的直接成本,但在建设期间又是必不可少的当地费用。如临时设备、临时公共设施及场地的维持费,营地设施及其管理、建筑保险和债券、杂项开支等费用。

2. 项目间接建设成本

项目间接建设成本包括以下内容:

(1)项目管理费。包括以下几个方面:

1)总部人员的薪金和福利费,以及用于初步和详细工程设计、采购、时间和成本控制、行政和其他一般管理的费用。

2)施工管理现场人员的薪金、福利费和用于施工现场监督、质量保证、现场采购、时间及成本控制、行政及其他施工管理机构的费用。

3)零星杂项费用。如返工、旅行、生活津贴、业务支出等。

4)各种酬金。

(2)开工试车费。指工厂投料试车必需的劳务和材料费用(项目直接成本包括项目完工后的试车和空转费用)。

(3)业主的行政费用。指业主的管理人员费用及支出(其中某些费用必须排除在外,并在"详细估算"中详细说明。

(4)生产前费用。指前期研究、勘测、建矿、采矿等费用(其中一些费用必须排除在外,并在"估算基础"中详细说明)。

(5)运费和保险费。指海运、国内运输、许可证及佣金、海洋保险、综合保险等费用。

(6)地方税。指地方关税、地方税及对特殊项目征收的税金。

3. 应急费

应急费包括以下内容:

(1)未明确项目的准备金。此项准备金用于在估算时不可能明确的潜在项目,包括那些在做成本估算时因为缺乏完整、准确和详细的资料而不能完全预见和不能注明的项目,并且这些项目是必须完成的,或它们的费用是必定要发生的。在每一个组成部分中均单独以一定的百分比确定,并作为估算的一个项目单独列出。此项准备金不是为了支付工作范围以外可能增加的项目,不是用以应付天灾、非正常经济情况及罢工等情况,也不是用来补偿估算的任何误差,而是用来支付那些几乎可以肯定要发生的费用。因此,它是估算不可缺少的一个组成部分。

(2)不可预见准备金。此项准备金(在未明确项目准备金之外)用于在估算达到了一定的完整性并符合技术标准的基础上,由于物质、社会和经济的变化,导致估算增加的情况。此种情况可能发生,也可能不发生。因此,不可预见准备金只是一种储备,可能不动用。

4. 建设成本上升费

通常,估算中使用的构成工资、材料和设备价格基础的截止日期就是"估算日期"。必须对该日期或已知成本基础进行调整,以补偿直至工程结束时的未知价格增长。

工程的各个主要组成部分(国内劳务和相关成本、本国材料、外国材料、本国设备、外国设备、项目管理机构)的细目划分决定以后,便可确定每一个主要组成部分的增长率。这个增长率是一项判断因素,它以已发表的国内和国际成本指数、公司记录等为依据,并与实际供应商进行核对,然后根据确定的增长率和从工程进度表中获得的每项活动的中点值,计算出每项主要组成部分的成本上升值。

7.2 建筑安装工程费用的构成及计算

7.2.1 建筑安装工程费用构成概述

1. 建筑安装工程费用内容

(1)建筑工程费用内容

1)各类房屋建筑工程和列入房屋建筑工程预算的供水、供暖、卫生、通风、煤气等设备费用及其装设、油饰工程的费用,列入建筑工程预算的各种管道、电力、电信和电缆导线敷设工程的费用。

2)设备基础、支柱、工作台、烟囱、水塔、水池、灰塔等建筑工程以及各种炉窑的砌筑工程和金属结构工程的费用。

3)为施工而进行的场地平整,工程和水文地质勘察,原有建筑物和障碍物的拆除以及施工临时用水、电、气、路和完工后的场地清理,环境绿化、美化等工作的费用。

4)矿井开凿、井巷延伸、露天矿剥离,石油、天然气钻井,修建铁路、公路、桥梁、水库、堤坝、灌渠及防洪等工程的费用。

(2)安装工程费用内容

1)生产、动力、起重、运输、传动和医疗、实验等各种需要安装的机械设备的装配费用,与设备相连的工作台、梯子、栏杆等设施的工程费用,附属于被安装设备的管线敷设工程费用,以及被安装设备的绝缘、防腐、保温、油漆等工作的材料费和安装费。

2)为测定安装工程质量,对单台设备进行单机试运转、对系统设备进行系统联动无负荷试运转工作的调试费。

2. 我国现行建筑安装工程费用构成

根据建设部、财政部关于印发《建筑安装工程费用项目组成》的通知(建标〔2003〕206 号)规定,我国现行建筑安装工程费用的具体构成包括四部分:直接费、间接费、利润和税金。其具体构成和计算如表 7-1 所示。

表 7-1 建筑安装工程费用的构成及计算

费 用 项 目			参 考 计 算 方 法
直接工程费	人工费		Σ(工日消耗量×日工资单价)
	材料费		Σ(材料消耗量×材料基价)+检验试验费
	施工机械使用费		Σ(施工机械台班消耗量×机械台班单价)
直接费	措施费	环境保护费	直接工程费×环境保护率(%)
		文明施工费	直接工程费×文明施工费率(%)
		安全施工费	直接工程费×安全施工费率(%)
		临时设施费	(周转使用临建费+一次性使用临建费)×(1+其他临时建设所占比例)
		夜间施工增加费	(1-合同工期/定额工期)×(直接工程费中人工费合计/平均日工资单价)×每工日夜间施工费开支
		二次搬运费	直接工程费×二次搬运费费率(%)
		大型机械设备进出场及安拆费	一次出场及安拆费×年平均安拆次数/年工作台班
		混凝土、钢筋混凝土模板及支架费	模板摊销量×模板价格+支、拆、运输费
		脚手架搭拆费	脚手架摊销量×脚手架价格+搭、拆、运输费
		已完工程及设备保护费	成品保护所需机械费+材料费+人工费
		施工排水、降水费	Σ排降水机械台班费×排降水周期+排降水使用工、料费
间接费	规费	工程排污费	按取费基础不同分三种计算方法:(1)直接费合计×规费费率(%)(2)人工费和机械费合计×规费费率(%)(3)人工费合计×规费费率(%)
		工程定额测定费	
		社会保障费 养老保险费	
		社会保障费 失业保险费	
		社会保障费 医疗保险费	
		住房公积金	
		危房作业以外伤害保险	

续上表

费 用 项 目			参 考 计 算 方 法
间接费	企业管理费	管理人员工资	按取费基础不同分三种计算方法： (1)直接费合计×管理费费率(%) (2)人工费和机械费合计×管理费费率(%) (3)人工费合计×管理费费率(%)
		办公费	
		差旅交通费	
		固定资产使用费	
		工具用具使用费	
		劳动保险费	
		工会经费	
		职工教育经费	
		财产保险费	
		财务费	
		税金	
		其他	
利润	按取费基础不同分三种计算方法		(直接费＋间接费)×相应利润率(%) (人工费＋机械费)×相应利润率(%) 人工费×相应利润率(%)
税金	营业税、城乡维护建设税、教育费附加		(税前造价＋利润)×税率(%)

7.2.2 建筑安装工程直接费

建筑安装工程直接费由直接工程费和措施费组成。

1. 直接工程费

直接工程费是指施工过程中耗费的构成工程实体的各项费用，包括人工费、材料费、施工机械使用费。

(1)人工费

建筑安装工程中人工费，是指直接从事建筑安装工程施工的生产工人开支的各项费用，内容包括：

1)基本工资：是指发放给生产工人的基本工资。

2)工资性补贴：是指按规定标准发放的物价补贴，煤、燃气补贴，交通补贴，住房补贴，流动施工津贴等。

3)生产工人辅助工资：是指生产工人年有效施工天数以外非作业天数的工资，包括职工学习、培训期间的工资，调动工作、探亲、休假期间的工资，因气候影响的停工工资，女工哺乳时间的工资，病假在六个月以内的工资及产、婚、丧假期的工资。

4)职工福利费：是指按规定标准计提的职工福利费。

5)生产工人劳动保护费：是指按规定标准发放的劳动保护用品的购置费及修理费，徒工服装补贴，防暑降温费，在有碍身体健康环境中施工的保健费用等。

(2)材料费

建筑安装工程费中的材料费，是指施工过程中耗费的构成工程实体的原材料、辅助材料、构配件、零件、半成品的费用。内容包括：

1)材料原价(或供应价格)。

2)材料运杂费：是指材料自来源地运至工地仓库或指定堆放地点所发生的全部费用。

3）运输损耗费：是指材料在运输、装卸过程中不可避免的损耗。

4）采购及保管费：是指为组织采购、供应和保管材料过程中所需要的各项费用。包括：采购费、仓储费、工地保管费、仓储损耗。

5）检验试验费：是指对建筑材料、构件和建筑安装物进行一般鉴定、检查所发生的费用，包括自设试验室进行试验所耗用的材料和化学药品等费用。不包括新结构、新材料的试验费和建设单位对具有出厂合格证明的材料进行检验，对构件做破坏性试验及其他特殊要求检验试验的费用。

（3）施工机械使用费

建筑安装工程费中的施工机械使用费，是指施工机械作业所发生的机械使用费以及机械安拆费和场外运费。

施工机械台班单价应由下列七项费用组成：

1）折旧费：指施工机械在规定的使用年限内，陆续收回其原值及购置资金的时间价值。

2）大修理费：指施工机械按规定的大修理间隔台班进行必要的大修理，以恢复其正常功能所需的费用。

3）经常修理费：指施工机械除大修理以外的各级保养和临时故障排除所需的费用。包括为保障机械正常运转所需替换设备与随机配备工具附具的摊销和维护费用，机械运转中日常保养所需润滑与擦拭的材料费用及机械停滞期间的维护和保养费用等。

4）安拆费及场外运费：安拆费指施工机械在现场进行安装与拆卸所需的人工、材料、机械和试运转费用以及机械辅助设施的折旧、搭设、拆除等费用；场外运费指施工机械整体或分体自停放地点运至施工现场或由一施工地点运至另一施工地点的运输、装卸、辅助材料及架线等费用。

5）人工费：指机上司机（司炉）和其他操作人员的工作日人工费及上述人员在施工机械规定的年工作台班以外的人工费。

6）燃料动力费：指施工机械在运转作业中所消耗的固体燃料（煤、木柴）、液体燃料（汽油、柴油）及水、电等。

7）养路费及车船使用税：指施工机械按照国家规定和有关部门规定应缴纳的养路费、车船使用税、保险费及年检费等。

2. 措施费

建筑安装工程费中的措施费是指为完成工程项目施工，发生于该工程施工前和施工过程中非工程实体项目的费用。内容包括：

（1）环境保护费：是指施工现场为达到环保部门要求所需要的各项费用。

（2）文明施工费：是指施工现场文明施工所需要的各项费用。

（3）安全施工费：是指施工现场安全施工所需要的各项费用。

（4）临时设施费：是指施工企业为进行建筑工程施工所必须搭设的临时建筑物、构筑物和其他临时设施费用等。

临时设施包括：临时宿舍、文化福利及公用事业房屋与构筑物，仓库、办公室、加工厂以及规定范围内道路、水、电、管线等临时设施和小型临时设施。

临时设施费用包括：临时设施的搭设、维修、拆除费或摊销费。

（5）夜间施工费：是指因夜间施工所发生的夜班补助费、夜间施工降效、夜间施工照明设备摊销及照明用电等费用。

(6)二次搬运费:是指因施工场地狭小等特殊情况而发生的二次搬运费用。

(7)大型机械设备进出场及安拆费:是指机械整体或分体自停放场地运至施工现场或由一个施工地点运至另一个施工地点,所发生的机械进出场运输转移费用及机械在施工现场进行安装、拆卸所需的人工费、材料费、机械费、试运转费和安装所需的辅助设施的费用。

(8)混凝土、钢筋混凝土模扳及支架费:是指混凝土施工过程中需要的各种钢模板、木模板、支架等的支、拆、运输费用及模板、支架的摊销(或租赁)费用。

(9)脚手架费:是指施工需要的各种脚手架搭、拆、运输费用及脚手架的摊销(或租赁)费用。

(10)已完工程及设备保护费:是指竣工验收前,对已完工程及设备进行保护所需费用。

(11)施工排水、降水费:是指为确保工程在正常条件下施工,采取各种排水、降水措施所发生的各种费用。

7.2.3 建筑安装工程间接费

建筑安装工程间接费由规费、企业管理费组成。

1. 规费

建筑安装工程费中的规费,是指政府和有关权力部门规定必须缴纳的费用(简称规费)。包括:

(1)工程排污费:是指施工现场按规定缴纳的工程排污费。

(2)工程定额测定费:是指按规定支付工程造价(定额)管理部门的定额测定费。

(3)社会保障费

1)养老保险费:是指企业按规定标准为职工缴纳的基本养老保险费。

2)失业保险费:是指企业按照国家规定标准为职工缴纳的失业保险费。

3)医疗保险费:是指企业按照规定标准为职工缴纳的基本医疗保险费。

(4)住房公积金:是指企业按规定标准为职工缴纳的住房公积金。

(5)危险作业意外伤害保险:是指按照建筑法规定,企业为从事危险作业的建筑安装施工人员支付的意外伤害保险费。

2. 企业管理费

企业管理费是指建筑安装企业组织施工生产和经营管理所需费用。内容包括:

(1)管理人员工资:是指管理人员的基本工资、工资性补贴、职工福利费、劳动保护费等。

(2)办公费:是指企业管理办公用的文具、纸张、账表、印刷、邮电、书报、会议、水电、烧水和集体取暖(包括现场临时宿舍取暖)用煤等费用。

(3)差旅交通费:是指职工因公出差、调动工作的差旅费、住勤补助费,市内交通费和误餐补助费,职工探亲路费,劳动力招募费,职工离退休、退职一次性路费,工伤人员就医路费,工地转移费以及管理部门使用的交通工具的油料、燃料、养路费及牌照费。

(4)固定资产使用费:是指管理和试验部门及附属生产单位使用的属于固定资产的房屋、设备仪器等的折旧、大修、维修或租赁费。

(5)工具用具使用费:是指管理使用的不属于固定资产的生产工具、器具、家具、交通工具和检验、试验、测绘、消防用具等的购置、维修和摊销费。

(6)劳动保险费:是指由企业支付离退休职工的易地安家补助费、职工退职金、6个月以上的病假人员工资、职工死亡丧葬补助费、抚恤费、按规定支付给离休干部的各项经费。

(7)工会经费：是指企业按职上上资总额计提的工会经费。

(8)职工教育经费：是指企业为职工学习先进技术和提高文化水平，按职工工资总额计提的费用。

(9)财产保险费：是指施工管理用财产、车辆的保险费。

(10)财务费：是指企业为筹集资金而发生的各种费用。

(11)税金：是指企业按规定缴纳的房产税、车船使用税、土地使用税、印花税等。

(12)其他：包括技术转让费、技术开发费、业务招待费、绿化费、广告费、公证费、法律顾问费、审计费、咨询费等。

7.2.4 利润和税金

1. 利润

建筑安装工程费中的利润，是指施工企业完成所承包工程获得的盈利。

2. 税金

建筑安装工程费中的税金，是指国家税法规定的应计入建筑安装工程造价内的营业税、城市维护建设税及教育费附加等。

7.2.5 建筑安装工程费用的计算

1. 直接费

(1)直接工程费

$$直接工程费＝人工费＋材料费＋施工机械使用费$$

1)人工费

$$人工费＝\sum(工日消耗量×日工资单价)$$

式中　日工资单价 $G = \sum_{1}^{5}(G)$

① 基本工资

$$基本工资\ G_1 = \frac{生产工人平均月工资}{年平均每月法定工作日}$$

② 工资性补贴

$$工资性补贴\ G_2 = \frac{\sum 年发放标准}{全年日历日－法定假日} + \frac{\sum 月发放标准}{年平均每月法定工作日} + 每工作日发放标准$$

③ 生产工人辅助工资

$$生产工人辅助工资\ G_3 = \frac{全年无效工作日×(G_1+G_2)}{全年日历日－法定假日}$$

④ 职工福利费

$$职工福利费\ G_4 = (G_1+G_2+G_3)×福利费计提比例(\%)$$

⑤ 生产工人劳动保护费

$$生产工人劳动保护费\ G_5 = \frac{生产工人年平均支出劳动保护费}{全年日历日－法定假日}$$

2)材料费

$$材料费＝\sum(材料消耗量×材料基价)＋检验试验费$$

① 材料基价

$$材料基价＝[(供应价格＋运杂费)×(1＋运输损耗率\%)]×(1＋采购保管费率\%)$$

② 检验试验费

$$检验试验费=\sum(单位材料量检验试验费×材料消耗量)$$

3)施工机械使用费

$$施工机械使用费=\sum(施工机械台班消耗量×机械台班单价)$$

$$机械台班单价=台班折旧费+台班大修费+台班经常修理费+台班安拆费及场外运费$$
$$+台班人工费+台班燃料动力费+台班养路费及车船使用税$$

(2)措施费

本书仅列出通用措施费项目的计算方法,各专业工程的专用措施费项目的计算方法按照各地区或国务院有关专业主管部门的工程造价管理机构的规定执行。

1)环境保护费

$$环境保护费=直接工程费×环境保护费费率(\%)$$

$$环境保护费费率(\%)=本项费用年度平均支出/(全年建安产值$$
$$×直接工程费占总造价比例)$$

2)文明施工费

$$文明施工费=直接工程费×文明施工费费率(\%)$$

$$文明施工费费率(\%)=本项费用年度平均支出/(全年建安产值$$
$$×直接工程费占总造价比例)$$

3)安全施工费

$$安全施工费=直接工程费×安全施工费费率(\%)$$

$$安全施工费费率(\%)=本项费用年度平均支出/(全年建安产值$$
$$×直接工程费占总造价比例)$$

4)临时设施费

临时设施费由三部分组成:周转使用临建(如,活动房屋)、一次性使用临建(如,简易建筑)、其他临时设施(如,临时管线)。其计算公式如下:

$$临时设施费=(周转使用临建费+一次性使用临建费)×[1+其他临时设施所占比例(\%)]$$

① 周转使用临建费的计算

$$周转使用临建费=\sum\left[\frac{临时面积×每平方米造价}{使用年限×365×利用率(\%)}×工期(天)\right]+一次性拆除费$$

② 一次性使用临建费的计算

$$一次性使用临建费=\sum 临建面积×每平方米造价×[1-残值率(\%)]+一次性拆除费$$

③ 其他临时设施在临时设施费中所占比例,可由各地区造价管理部门依据典型施工企业的成本资料经分析后综合测定。

5)夜间施工增加费

$$夜间施工增加费=\left(1-\frac{合同工期}{定额工期}\right)×\frac{直接工程费中的人工费合计}{平均日工资单价}$$
$$×每工日夜间施工费开支$$

6)二次搬运费

$$二次搬运费=直接工程费×二次搬运费费率(\%)$$

$$二次搬运费费率(\%)=年平均二次搬运费开支额/(全年建安产值$$
$$×直接工程费占总造价比例)$$

7)大型机械进出场及安拆费

　大型机械进出场及安拆费＝一次进出场及安拆费×年平均安拆次数/年工作台班

8)混凝土、钢筋混凝土模板及支架

① 模板及支架费＝模板摊销量×模板价格＋支、拆、运输费

　摊销量＝一次使用量×(1＋施工损耗)×[1＋(周转次数－1)×补损率/周转次数

　　　　－(1－补损率)50%/周转次数]

② 租赁费＝模板使用量×使用日期×租赁价格＋支、拆、运输费

9)脚手架搭拆费

① 脚手架搭拆费＝脚手架摊销量×脚手架价格＋搭、拆、运输费

　　脚手架摊销量＝单位一次使用量×(1－残值率)/(耐用期/一次使用期)

② 租赁费＝脚手架每日租金×搭设周期＋搭、拆、运输费

10)已完工程及设备保护费

　　　　　　已完工程及设备保护费＝成品保护所需机械费＋材料费＋人工费

11)施工排水、降水费

排水降水费＝∑排水降水机械台班费×排水降水周期＋排水降水使用材料费、人工费

2. 间接费

(1)计算方法

间接费的计算方法按取费基数的不同分为以下三种：

1)以直接费为计算基础

　　　　　　间接费＝直接费合计×间接费费率(%)

2)以人工费和机械费合计为计算基础

　　　　　　间接费＝人工费和机械费合计×间接费费率(%)

3)以人工费为计算基础

　　　　　　间接费＝人工费合计×间接费费率(%)

其中：

　　　　　　间接费费率(%)＝规费费率(%)＋企业管理费费率(%)

(2)规费及企业管理费费率的确定

1)规费费率

根据本地区典型工程承发包价的分析资料综合取定规费计算中所需数据：每万元承发包价中人工费含量和机械费含量、人工费占直接费的比例、每万元发承包价中所含规费缴纳标准的各项基数。

规费费率的计算，按计算基础的不同分 3 种情况：

① 以直接费为计算基础

$$规费费率(\%)=\frac{\sum 规费缴纳标准×每万元承发包计算基础}{每万元承发包价中的人工费含量}×人工费占直接费的比例(\%)$$

② 以人工费和机械费合计为计算基础

$$规费费率(\%)=\frac{\sum 规费缴纳标准×每万元承发包计算基础}{每万元承发包价中的人工费含量和机械费含量}×100\%$$

③ 以人工费为计算基础

$$规费费率(\%)=\frac{\sum 规费缴纳标准×每万元承发包计算基础}{每万元承发包价中的人工费含量}×100\%$$

2)企业管理费费率

企业管理费费率的计算,按计算基础的不同同样分三种情况:

① 以直接费为计算基础

$$企业管理费费率(\%)=\frac{生产工人年平均管理费}{年有效施工天数×人工单价}×人工费占直接费比例(\%)$$

② 以人工费和机械费合计为计算基础

$$企业管理费费率(\%)=\frac{生产工人年平均管理费}{年有效施工天数×(人工单价+每一日机械使用费)}×100\%$$

③ 以人工费为计算基础

$$企业管理费费率(\%)=\frac{生产工人年平均管理费}{年有效施工天数}×100\%$$

3. 利润

建筑安装工程造价中利润的计算,因计算基础的不同有三种计算方法。

(1)以直接费为计算基础

$$利润=(直接费+间接费)×相应利润率(\%)$$

(2)以人工费和机械费为计算基础

$$利润=直接费中人工费和机械费合计×相应利润率(\%)$$

(3)以人工费为计算基础

$$利润=直接费中人工费合计×相应利润率(\%)$$

在建筑产品的市场定价过程中,应根据市场的竞争状况适当确定利润水平。取定的利润水平过高可能会导致丧失一定的市场机会,取定的利润水平过低又会面临很大的市场风险,相对于相对固定的成本水平来说,利润率的选定体现了企业的定价政策,利润率的确定是否合理也反映出企业的市场成熟程度。

4. 税金

按国家税法规定,计入建筑安装工程造价内的税金包括营业税、城乡维护建设税及教育费附加。

(1)营业税

营业税是按营业额乘以营业税税率确定。其中建筑安装企业营业税税率为3%。计算公式为:

$$应纳营业税=营业额×3\%$$

营业额是指从事建筑、安装、修缮、装饰及其他工程作业收取的全部收入,还包括建筑、修缮、装饰工程所用原材料及其他物资和动力的价款。当安装的设备的价值作为安装工程产值时,亦包括所安装设备的价款。但建筑安装工程总承包方将工程分包或转包给他人的,其营业额中不包括付给分包或转包方的价款。

(2)城乡维护建设税

城乡维护建设税是为筹集城市维护和建设资金,稳定和扩大城市、乡镇维护建设的资金来源,而对有经营收入的单位和个人征收的一种税。

城乡维护建设税是按应纳营业税额乘以适用税率确定,计算公式为:

$$应纳税额=应纳营业税额×适用税率$$

城乡维护建设税的纳税人所在地为市区的,其适用税率为营业税的7%;所在地为县镇的,其适用税率为营业税的5%;所在地为农村的,其适用税率为营业税的1%。

（3）教育费附加

教育费附加是按应纳营业税额乘以 3% 确定,计算公式为：

$$应纳税额＝应纳营业税额×3\%$$

建筑安装企业的教育费附加要与其营业税同时缴纳。即使办有职工子弟学校的建筑安装企业,也应当先缴纳教育费附加,教育部门可根据企业的办学情况,酌情返还给办学单位,作为对办学经费的补助。

在税金的实际计算过程中,通常是三种税金一并计算,又由于在计算税金时,往往已知条件是税前造价,因此,税金的计算公式可以表达为：

$$税金＝(直接费＋间接费＋利润)×税率(\%)$$

税率的计算,因企业所在地的不同而不同：

① 纳税地点在市区的企业

$$税率(\%)=\frac{1}{1-3\%-(3\%×7\%)-(3\%×3\%)}-1=3.41\%$$

② 纳税地点在县城、镇的企业

$$税率(\%)=\frac{1}{1-3\%-(3\%×5\%)-(3\%×3\%)}-1=3.35\%$$

③ 纳税地点不在市区、县城、镇的企业

$$税率(\%)=\frac{1}{1-3\%-(3\%×1\%)-(3\%×3\%)}-1=3.22\%$$

7.2.6 建筑安装工程计价程序

根据建设部第 107 号部令《建筑工程施工发包与承包计价管理办法》的规定,发包与承包价的计算方法分为工料单价法和综合单价法。

1. 工料单价法计价程序

工料单价法是以分部分项工程量乘以单价后的合计为直接工程费,直接工程费以人工、材料、机械的消耗量及其相应价格确定。直接工程费汇总后另加间接费、利润、税金生成工程发承包价,其计算程序分为 3 种：

（1）以直接费为计算基础

以直接费为计算基础,工料单价法计价程序如表 7-2 所示。

表 7-2 工料单价法计价程序（1）

序号	费 用 项 目	计 算 方 法	备注
1	直接工程费	按预算表计算	
2	措施费	按规定标准计算	
3	小计	(1)+(2)	
4	间接费	(3)×相应费率	
5	利润	[(3)+(4)]×相应利润率	
6	合计	(3)+(4)+(5)	
7	含税造价	(6)×(1+相应税率)	

（2）以人工费和机械费为计算基础

以人工费和机械费为计算基础,工料单价法计价程序如表 7-3 所示。

表 7-3 工料单价法计价程序(2)

序号	费 用 项 目	计 算 方 法	备注
1	直接工程费	按预算表计算	
2	其中人工费和机械费	按预算表计算	
3	措施费	按规定标准计算	
4	其中人工费和机械费	按规定标准计算	
5	小计	(1)+(3)	
6	人工费和机械费小计	(2)+(4)	
7	间接费	(6)×相应费率	
8	利润	(6)×相应利润率	
9	合计	(5)+(7)+(8)	
10	含税造价	(9)×(1+相应税率)	

(3)以人工费为计算基础

以人工费为计算基础,工料单价法计价程序如表 7-4 所示。

表 7-4 工料单价法计价程序(3)

序号	费 用 项 目	计 算 方 法	备注
1	直接工程费	按预算表计算	
2	其中人工费	按预算表计算	
3	措施费	按规定标准计算	
4	其中人工费	按规定标准计算	
5	小计	(1)+(3)	
6	人工费小计	(2)+(4)	
7	间接费	(6)×相应费率	
8	利润	(6)×相应利润率	
9	合计	(5)+(7)+(8)	
10	含税造价	(9)×(1+相应税率)	

2. 综合单价法计价程序

综合单价法是分部分项工程单价为全费用单价,全费用单价经综合计算后生成,其内容包括直接工程费、间接费、利润和税金(措施费也可按此方法生成全费用价格)。

各分项工程量乘以综合单价的合价汇总后,生成工程发承包价。

由于各分部分项工程中的人工、材料、机械含量的比例不同,各分项工程可根据其材料费占人工费、材料费、机械费合计的比例(以字母"C"代表该项比值),在以下三种计算程序中选择一种计算其综合单价。

(1)当 $C > C_0$(C_0 为本地区原费用定额测算所选典型工程材料费占人工费、材料费和机械费合计的比例)时,可采用以人工费、材料费、机械费合计为基数计算该分项工程的间接费和利润。以直接费为计算基础,其计算程序如表 7-5 所示。

表 7-5　综合单价法计价程序(1)

序号	费 用 项 目	计 算 方 法	备注
1	分项直接工程费	人工费＋材料费＋机械费	
2	间接费	(1)×相应费率	
3	利润	[(1)＋(2)]×相应利润率	
4	合计	(1)＋(2)＋(3)	
5	含税造价	(4)×(1＋相应税率)	

(2)当 $C < C_0$ 值的下限时,可采用以人工费和机械费合计为基数计算该分项的间接费和利润。以人工费和机械费为计算基础,其计算程序如表 7-6 所示。

表 7-6　综合单价法计价程序(2)

序号	费 用 项 目	计 算 方 法	备注
1	分项直接工程费	人工费＋材料费＋机械费	
2	其中人工费和机械费	人工费＋机械费	
3	间接费	(2)×相应费率	
4	利润	(2)×相应利润率	
5	合计	(1)＋(3)＋(4)	
6	含税造价	(5)×(1＋相应税率)	

(3)如该分项工程的直接费仅为人工费,无材料费和机械费时,可采用以人工费为基数计算该分项工程的间接费和利润。以人工费为计算基础,其计算程序如表 7-7 所示。

表 7-7　综合单价法计价程序(3)

序号	费 用 项 目	计 算 方 法	备注
1	分项直接工程费	人工费＋材料费＋机械费	
2	其中人工费	人工费	
3	间接费	(2)×相应费率	
4	利润	(2)×相应利润率	
5	合计	(1)＋(3)＋(4)	
6	含税造价	(5)×(1＋相应税率)	

7.2.7　国外建筑安装工程费用的构成

1. 费用构成

国外建筑安装工程费用的构成与我国的情况大致相同,尤其是直接费的计算基本一致。其费用构成包括以下内容:

(1)直接费

1)工资。国外一般工程施工的工人按技术要求划分为高级技工、熟练工、半熟练工和壮工。当工程价格采用平均工资计算时,要按各类工人总数的比例进行加权计算。工资应该包括工资、加班费、津贴、招雇解雇费用等。

2)材料费。包括:①材料原价,在当地材料市场中采购的材料则为采购价,包括材料出厂价和采购供销手续费等;进口材料一般是指到达当地海港的交货价。②运杂费,在当地采购的材料是指从采购地点至工程施工现场的短途运输费、装卸费;进口材料则为从当地海港运至工程施工现场的运输费、装卸费。③税金,在当地采购的材料,采购价格中已经包括税金;进口材料则为工程所在国的进口关税和手续费等。④运输损耗及采购保管费。⑤预涨费,根据当地材料价格年平均上涨率和施工年数,按材料原价、运杂费、税金之和的一定比例计算。

3)施工机械费。大型自有机械台时单价,一般由每台时应摊折旧费、应摊维修费、台时消耗的能源和动力费、台时应摊的驾驶工人工资以及工程机械设备险投保费、第三者责任险投保费等组成。如使用租赁施工机械时,其费用则包括租赁费、租赁机械的进出场费等。

(2)管理费

管理费包括工程现场管理费(约占整个管理费的 20％~30％)和公司管理费(约占整个管理费的 70％~75％)。管理费除了包括与我国施工管理费构成相似的工作人员工资、工作人员辅助工资、办公费、差旅交通费、固定资产使用费、生活设施使用费、工具用具使用费、劳动保护费、检验试验费以外,还含有业务经费。业务经费包括:

1)广告宣传费。

2)交际费。如日常接待饮料、宴请及礼品费等。

3)业务资料费。如购买投标文件、文件及资料复印费等。

4)业务所需手续费。施工企业参加投标时,必须由银行开具投标保函;在中标后必须由银行开具履约保函;在收到业主的工程预付款以前必须由银行开具付款保函;在工程竣工后,必须由银行开具质量或维修保函。在开具以上保函时,银行要收取一定的担保费。

5)代理人费用和佣金。施工企业为争取中标或为加强收取工程款,在工程所在地(所在国)寻找代理人或签订代理合同,因而付出的佣金和费用。

6)保险费。包括建筑安装工程一切险投保费、第三者责任险投保费等。

7)税金。包括印花税、转手税、公司所得税、个人所得税、营业税、社会安定税等。

8)向银行贷款利息。

在许多国家,施工企业的业务及管理费往往是管理费中所占比例最大的一项,大约占整个管理费的 30％~38％。

(3)开办费

在许多国家,开办费一般是在各分部分项工程造价的前面按单项工程分别单独列出。单项工程建筑安装工程量越大,开办费在工程价格中的比例就越小;反之开办费就越大。一般开办费约占工程价格的 10％~20％。开办费包括的内容因国家和工程的不同而异,大致包括以下内容:

1)施工用水、用电费。施工用水费,按实际打井、抽水、送水发生的费用估算,也可以按占直接费的比率估计。施工用电费,按实际需要的电费或自行发电费估算,也可按照占直接费的比率估算。

2)工地清理费及完工后清理费,建筑物烘干费、临时围墙、安全信号、防护用品的费用以及恶劣气候条件下的工程防护费、污染费、噪音费,其他法定的防护费用。

3)周转材料费。如脚手架、模板的摊销费等。

4)临时设施费。包括生活用房、生产用房、临时通讯、室外工程(包括道路,车场、围墙、给排水管道、输电线路等)的费用,可按实际需要计算。

5)驻工地工程师的现场办公室及所需设备的费用,现场材料试验及所需设备的费用。一般在招标文件的技术规范中有明确的面积、质量标准及设备清单等要求。如要求配备一定的服务人员或实验助理人员,则其工资费用也需计入。

6)其他。包括工人现场福利费及安全费、职工交通费、日常气候报表费、现场道路及进出场道路修筑及维护费、恶劣天气下的工程保护措施费、现场保卫设施费等。

(4)利润

国际市场上,施工企业的利润一般占成本的 10%~15%,也有管理费与利润合取,占直接费的 30%左右。具体工程的利润率要根据具体情况,如工程难易、现场条件、工期长短、竞争对手的情况等随行就市确定。

(5)暂定金额

是指包括在合同中,供工程任何部分的施工或提供货物、材料、设备或服务、不可预料事件之费用使用的一项金额,这项金额只有经工程师批准后才能动用。

(6)分包工程费用

1)分包工程费。包括分包工程的直接费、管理费和利润。

2)总包利润和管理费。指分包单位向总包单位交纳的总包管理费、其他服务费和利润。

2. 费用的组成形式和分摊比例

(1)组成形式

上述组成造价的各项费用体现在承包商投标报价中有三种形式:组成分部分项工程单价、单独列项、分摊进单价。

1)组成分部分项工程单价。人工费、机械费和材料费直接消耗在分部分项工程上,在费用和分部分项工程之间存在着直观的对应关系,所以人工费、材料费和机械费组成分部分项工程单价,单价与工程量相乘可得出分部分项工程价格。

2)单独列项。开办费中的项目有临时设施、为业主提供的办公和生活设施、脚手架等费用,经常在工程量清单的开办费部分单独分项报价。这种方式适用于不直接消耗在某个分部分项工程上,无法与分部分项工程直接对应,然而却是对完成工程建设必不可少的费用。

3)分摊进单价。承包商总部管理费、利润和税金,以及开办费中的项目经常以一定的比例分摊进单价。

需要注意的是,开办费项目在单独列项和分摊进单价这两种方式中采用哪一种,要根据招标文件和计算规则的要求而定。有的计算规则包括的开办费项目比较齐全,有的计算规则包括的开办费项目比较少。例如,著名的 SMM7 计算规则(英国皇家特许测量师学会(RICS)编制的《建筑工程量标准计算规则》第 7 版)的开办费项目就比较齐全,而同样比较有影响的《建筑工程量计算原则(国际通用)》就没有专门的开办费用部分,要求把开办费都分摊进分部分项工程单价中。

(2)分摊比例

1)固定比例。税金和政府收取的各项管理费的比例是工程所在地政府规定的费率,承包商不能随意变动。

2)浮动比率。总部管理费和利润的比例由承包商自行确定。承包商根据自身经营状况、工程具体情况等投标策略确定。一般来讲,这个比例在一定范围内是浮动变化的,不同的工程项目、不同的时间和地点,承包商对总部管理费和利润的预期值都不会相同。

3)测算比例。开办费的比例需要详细测算,首先计算出需要分摊的项目金额,然后计算分摊金额与分部分项工程价格的比例。

4)公式法。可参考下列公式分摊：

$$A=a(1+K_1)(1+K_2)(1+K_3)$$

式中　A——分摊后的分部分项工程单价；

　　　a——分摊前的分部分项工程单价；

　　K_1——开办费项目的分摊比例；

　　K_2——总部管理费和利润的分摊比例；

　　K_3——税率。

7.3　设备及工、器具费用的构成及计算

设备及工、器具购置费用由设备购置费和工具、器具及生产家具购置费组成，它是固定资产投资中的积极部分。在生产性工程建设中，设备及工、器具购置费用占工程造价比重的增大，意味着生产技术的进步和资本有机构成的提高。

7.3.1　设备购置费的构成及计算

设备购置费是指为建设项目购置或自制的达到固定资产标准的各种国产或进口设备、工具、器具的购置费用。它由设备原价和设备运杂费构成。

$$设备购置费＝设备原价＋设备运杂费$$

式中设备原价指国产设备或进口设备的原价；设备运杂费指除设备原价之外的关于设备采购、运输、途中包装及仓库保管等方面支出费用的总和。

1. 国产设备原价的构成及计算

国产设备原价一般指的是设备制造厂的交货价，或订货合同价。它一般根据生产厂或供应商的询价、报价、合同价确定，或采用一定的方法计算确定。国产设备原价分为国产标准设备原价和国产非标准设备原价。

（1）国产标准设备原价

国产标准设备是指按照主管部门颁布的标准图纸和技术要求，由我国设备生产厂批量生产的，符合国家质量检测标准的设备。国产标准设备原价有两种，即带有备件的原价和不带有备件的原价。在计算时，一般采用带有备件的原价。

（2）国产非标准设备原价

国产非标准设备是指国家尚无定型标准，各设备生产厂不可能在工艺过程中采用批量生产，只能按一次订货，并根据具体的设计图纸制造的设备。非标准设备原价有多种不同的计算方法，如成本计算估价法、系列设备插入估价法、分部组合估价法、定额估价法等。但无论采用哪种方法都应该使非标准设备计价接近实际出厂价，并且计算方法要简便。按成本计算估价法，非标准设备的原价由以下各项组成：

1)材料费。其计算公式如下：

$$材料费＝材料净重×(1＋加工损耗系数)×每吨材料综合价$$

2)加工费。加工费包括生产工人工资和工资附加费、燃料动力费、设备折旧费、车间经费等。其计算公式如下：

$$加工费＝设备总重量(t)×设备每吨加工费$$

3)辅助材料费(简称辅材费)。辅助材料费包括焊条、焊丝、氧气、氩气、氮气、油漆、电石等

费用。其计算公式如下：

$$辅助材料费＝设备总重量×辅助材料费指标$$

4)专用工具费。按 1)～3)项之和乘以一定百分比计算。

5)废品损失费。按 1)～4)项之和乘以一定百分比计算。

6)外购配套件费。按设备设计图纸所列的外购配套件的名称、型号、规格、数量、重量，根据相应的价格加杂费计算。

7)包装费。按 1)～6)项之和乘以一定百分比计算。

8)利润。按 1)～5)项加第 7)项之和乘以一定利润率计算。

9)税金。国产非标准设备原价中的税金，是指增值税。

$$增值税＝当期销项税额－进项税额$$

$$当期销项税额＝销售额×适用增值税率$$

10)非标准设备设计费。按国家规定的设计费收费标准计算。

综上所述，单台非标准设备原价可用下面的公式表达：

$$单台非标准设备原价＝\{[(材料费＋加工费＋辅材费)×(1＋专用工具费率)$$
$$×(1＋废品损失费率)＋外购配套件费]×(1＋包装费率)$$
$$－外购配套件费\}×(1＋利润率)＋销项税金$$
$$＋非标准设备设计费＋外购配套件费$$

2. 进口设备原价的构成及计算

进口设备的原价是指进口设备的抵岸价，即抵达买方边境港口或边境车站，且交完关税等税费后形成的价格。进口设备抵岸价的构成与进口设备的交货类别有关。

(1)进口设备的交货类别

进口设备的交货类别可分为内陆交货类、目的地交货类、装运港交货类。

内陆交货类。即卖方在出口国内陆的某个地点交货。在交货地点，卖方及时提交合同规定的货物和有关凭证，并负担交货前的一切费用和风险；买方按时接受货物，交付贷款，负担接货后的一切费用和风险，并自行办理出口手续和装运出口。货物的所有权也在交货后由卖方转移给买方。

目的地交货类。即卖方在进口国的港口或内地交货，有目的港船上交货价、目的港船边交货价(FOS)和目的港码头交货价(关税已付)及完税后交货价(进口国的指定地点)等几种交货价。它们的特点是：买卖双方承担的责任、费用和风险是以目的地约定交货点为分界线，只有当卖方在交货地点将货物置于买方控制下才算交货，才能向买方收取贷款。这种交货类别对卖方来说承担的风险较大，在国际贸易中卖方一般不愿采用。

装运港交货类。即卖方在出口国装运港交货，主要有装运港船上交货价(FOB)，习惯称离岸价格，运费在内价(C&F)和运费、保险费在内价(CIF)，习惯称到岸价格。它们的特点是：卖方按照约定的时间在装运港交货，只要卖方把合同规定的货物装船后提供货运单据便完成交货任务，可凭单据收回货款。

装运港船上交货价(FOB)是我国进口设备采用最多的一种货价。采用装运港船上交货价时卖方的责任是：在规定的期限内，负责在合同规定的装运港口将货物装上买方指定的船只，并及时通知买方；负担货物装船前的一切费用和风险，负责办理出口手续；提供出口国政府或有关方面签发的证件；负责提供有关装运单据。买方的责任是：负责租船或订舱，支付运费，并将船期、船名通知卖方；负担货物装船后的一切费用和风险；负责办理保险及支付保险费，办理在目的港的进口和收货手续;接受卖方提供的有关装运单据,并按合同规定支付贷款。

(2)进口设备抵岸价构成及计算

进口设备采用最多的是装运港船上交货价(FOB),其抵岸价的构成可概括为:

进口设备抵岸价＝货价＋国际运费＋运输保险费＋银行财务费＋外贸手续费＋关税

＋增值税＋消费税＋海关监管手续费＋车辆购置附加费

1)货价。一般指装运港船上交货价(FOB)。设备货价分为原币货价和人民币货价,原币货价一律折算为美元表示,人民币货价按原币货价乘以外汇市场美元兑换人民币中间价确定。进口设备货价按有关生产厂商询价、报价、订货合同价计算。

2)国际运费。即从装运港(站)到达我国抵达港(站)的运费。进口设备大部分采用海洋运输,小部分采用铁路运输,个别采用航空运输。进口设备国际运费计算公式为:

$$国际运费＝原币货价(FOB)\times 运费率$$

或

$$国际运费＝运量\times 单位运价$$

其中,运费率或单位运价参照有关部门或进出口公司的规定执行。

3)运输保险费。对外贸易货物运输保险是由保险人(保险公司)与被保险人(出口人或进口人)订立保险契约,在被保险人交付议定的保险费后,保险人根据保险契约的规定对货物在运输过程中发生的承保责任范围内的损失给予经济上的补偿。这是一种财产保险。计算公式为:

$$运输保险费＝\frac{原币货价(FOB)＋国际运费}{1－保险费率}\times 保险费率$$

其中,保险费率按保险公司规定的进口货物保险费率计算。

4)银行财务费。一般是指中国银行手续费,可按下式简化计算:

$$银行财务费＝人民币货价(FOB)\times 银行财务费率$$

5)外贸手续费。指按对外经济贸易部规定的外贸手续费率计取的费用,外贸手续费费率一般取 1.5%。计算公式为:

$$外贸手续费＝(装运港船上交货价(FOB)＋国际运费＋运输保险费)\times 外贸手续费率$$

6)关税。由海关对进出国境或关境的货物和物品征收的一种税。计算公式为:

$$关税＝到岸价格(CIF)\times 进口关税税率$$

其中,到岸价格(CIF)包括离岸价格(FOB)、国际运费、运输保险费等费用,作为关税完税价格。进口关税税率分为优惠和普通两种。优惠税率适用于与我国签订有关税互惠条款的贸易条约或协定的国家的进口设备;普通税率适用于与我国未订有关税互惠条款的贸易条约或协定的国家的进口设备。进口关税税率按我国海关总署发布的进口关税税率计算。

7)增值税。是对从事进口贸易的单位和个人,在进口商品报关进口后征收的税种。我国增值税条例规定,进口应税产品均按组成计税价格和增值税税率直接计算应纳税额。即:

$$进口产品增值税额＝组成计税价格\times 增值税税率$$

$$组成计税价格＝关税完税价格＋关税＋消费税$$

增值税税率根据规定的税率计算。

8)消费税。对部分进口设备(如轿车、摩托车等)征收,一般计算公式为:

$$应纳消费税税额＝\frac{到岸价＋关税}{1－消费税税率}\times 消费税税率$$

其中,消费税税率根据规定的税率计算。

9)海关监管手续费。指海关对进口减税、免税、保税货物实施监督、管理、提供服务的手续费。对于全额征收进口关税的货物不计本项费用。其计算公式如下：

$$海关监管手续费＝到岸价×海关监管手续费率(一般为0.3\%)$$

10)车辆购置附加费。进口车辆需缴纳车辆购置附加费,其计算公式如下：

$$进口车辆购置附加费＝(到岸价＋关税＋消费税＋增值税)×进口车辆购置附加费率$$

3. 设备运杂费的构成及计算

(1)设备运杂费的构成

设备运杂费通常由下列各项构成：

1)运费和装卸费。国产设备运费和装卸费是指设备由制造厂交货地点起至工地仓库(或施工组织设计指定的需要安装设备的堆放地点)止所发生的运输费用和装卸费用;进口设备运费和装卸费则是指进口设备由我国到岸港口或边境车站起至工地仓库(或施工组织设计指定的需要安装设备的堆放地点)止所发生的运费和装卸费。

2)包装费。指设备原价中没有包含的,为运输而进行的包装支出的各种费用。

3)设备供销部门的手续费。按有关部门规定的统一费率计算。

4)采购与仓库保管费。指采购、验收、保管和收发设备所发生的各种费用,包括设备采购人员、保管人员和管理人员的工资、工资附加费、办公费、差旅交通费,设备供应部门办公和仓库所占固定资产使用费、工具用具使用费、劳动保护费、检验试验费等。这些费用可按主管部门规定的采购与保管费费率计算。

(2)设备运杂费的计算

设备运杂费按设备原价乘以设备运杂费率计算,其计算公式如下：

$$设备运杂费＝设备原价×设备运杂费率$$

其中,设备运杂费率按各部门及省、市等的规定计取。

7.3.2 工具、器具及生产家具购置费的构成及计算

工具、器具及生产家具购置费,是指新建或扩建项目初步设计规定的,保证初期正常生产必须购置的没有达到固定资产标准的设备、仪器、工卡模具、器具、生产家具和备品备件等的购置费用。一般以设备购置费为计算基数,按照部门或行业规定的工具、器具及生产家具费率计算。计算公式为：

$$工具、器具及生产家具购置费＝设备购置费×定额费率$$

7.4 工程建设其他费用的构成及计算

工程建设其他费用,是指从工程筹建起到工程竣工验收交付使用止的整个建设期间,除建筑安装工程费用和设备及工、器具购置费用以外的,为保证工程建设顺利完成和交付使用后能够正常发挥效用而发生的各项费用。

工程建设其他费用,按其内容大体可分为三类。第一类指土地使用费;第二类指与工程建设有关的其他费用;第三类指与未来企业生产经营有关的其他费用。

7.4.1 土地使用费

任何一个建设项目都固定于一定地点与地面相连接,必须占用一定量的土地,也就必然要

发生为获得建设用地而支付的费用,这就是土地使用费。它是指通过划拨方式取得土地使用权而支付的土地征用及迁移补偿费,或者通过土地使用权出让方式取得土地使用权而支付的土地使用权出让金。

1. 土地征用及迁移补偿费

土地征用及迁移补偿费,是指建设项目通过划拨方式取得无限期的土地使用权,依照《中华人民共和国土地管理法》等规定所支付的费用。其总和一般不得超过被征土地年产值的30倍,土地年产值则按该地被征用前3年的平均产量和国家规定的价格计算。其内容包括:

(1)土地补偿费。征用耕地(包括菜地)的补偿标准,按政府规定,为该耕地年产值的若干倍,具体补偿标准由省、自治区、直辖市人民政府在此范围内制定。征用园地、鱼塘、藕糖、苇塘、宅基地、林地、牧场、草原等的补偿标准,由省、自治区、直辖市人民政府制定。征收无收益的土地,不予补偿。

(2)青苗补偿费和被征用土地上的房屋、水井、树木等附着物补偿费。这些补偿费的标准由省、自治区、直辖市人民政府制定。征用城市郊区的菜地时,还应按照有关规定向国家缴纳新菜地开发建设基金。

(3)安置补助费。征用耕地、菜地的,每个需要安置的农业人口的安置补助费为该地被征用前3年平均年产值的4~6倍,每亩耕地的安置补助费最高不得超过被征用前3年平均年产值的15倍。

(4)缴纳的耕地占用税或城镇土地使用税、土地登记费及征地管理费等。县市土地管理机关从征地费中提取土地管理费的比率,要按征地工作量大小,视不同情况,在1%~4%幅度内提取。

(5)征地动迁费。包括征用土地上的房屋及附属构筑物、城市公共设施等拆除、迁建补偿费、搬迁运输费,企业单位因搬迁造成的减产、停工损失补贴费,拆迁管理费等。

(6)水利水电工程水库淹没处理补偿费。包括农村移民安置迁建费,城市迁建补偿费,库区工矿企业、交通、电力、通信、广播、管网、水利等的恢复、迁移补偿费,库底清理费,防护工程费,环境影响补偿费用等。

2. 土地使用权出让金

土地使用权出让金,指建设项目通过土地使用权出让方式,取得有限期的土地使用权,依照《中华人民共和国城镇国有土地使用权出让和转让暂行条例》规定,支付的土地使用权出让金。

7.4.2 与项目建设有关的其他费用

根据项目的不同,与项目建设有关的其他费用的构成也不尽相同,一般包括以下各项,在进行工程估算及概算中可根据实际情况进行计算。

1. 建设单位管理费

建设单位管理费是指建设项目从立项、筹建、建设、联合试运转、竣工验收交付使用及后评估等全过程管理所需的费用。内容包括:

(1)建设单位开办费。指新建项目为保证筹建和建设工作正常进行所需办公设备、生活家具、用具、交通工具等购置费用。

(2)建设单位经费。包括工作人员的基本工资、工资性补贴、职工福利费、劳动保护费、劳动保险费、办公费、差旅交通费、工会经费、职工教育经费、固定资产使用费、工具用具使用费、技术图书资料费、生产人员招募费、工程招标费、合同契约公证费、工程质量监督检测费、工程咨询费、法律顾问费、审计费、业务招待费、排污费、竣工交付使用清理及竣工验收费、后评估等费用。不包括应计入设备、材料预算价格的建设单位采购及保管设备材料所需的费用。

建设单位管理费按照单项工程费用之和(包括设备工、器具购置费和建筑安装工程费用)乘以建设单位管理费率计算。

建设单位管理费率按照建设项目的不同性质、不同规模确定。有的建设项目按照建设工期和规定的金额计算建设单位管理费。

2. 勘察设计费

勘察设计费是指为本建设项目提供项目建议书、可行性研究报告及设计文件等所需费用,内容包括:

(1)编制项目建议书、可行性研究报告及投资估算、工程咨询、评价以及为编制上述文件所进行勘察、设计、研究试验等所需费用;

(2)委托勘察、设计单位进行初步设计、施工图设计及概预算文件编制等所需费用;

(3)在规定范围内由建设单位自行完成的勘察、设计工作所需费用。

勘察设计费中,项目建议书、可行性研究报告按国家颁布的收费标准计算,设计费按国家颁布的工程设计收费标准计算;勘察费一般民用建筑 6 层以下的按 3～5 元/m² 计算。高层建筑按 8～10 元/m² 计算,工业建筑按 10～12 元/m² 计算。

3. 研究试验费

研究试验费是指为建设项目提供和验证设计参数、数据、资料等所进行的必要的试验费用以及设计规定在施工中必须进行试验、验证所需费用。包括自行或委托其他部门研究试验所需人工费、材料费、试验设备及仪器使用费等。这项费用按照设计单位根据本工程项目的需要提出的研究试验内容和要求计算。

4. 建设单位临时设施费

建设单位临时设施费是指建设期间建设单位所需临时设施的搭设、维修、摊销费用或租赁费用。

临时设施包括临时宿舍、文化福利及公用事业房屋与构筑物、仓库、办公室、加工厂以及规定范围内的道路、水、电、管线等临时设施和小型临时设施。

5. 工程监理费

工程监理费是指建设单位委托工程监理单位对工程实施监理工作所需费用。根据原国家物价局、建设部的文件规定,选择下列方法之一计算:

(1)一般情况应按工程建设监理收费标准计算,即按所监理工程概算或预算的百分比计算;

(2)对于单工种或临时性项目可根据参与监理的年度平均人数计算。

6. 工程保险费

工程保险费是指建设项目在建设期间根据需要实施工程保险所需的费用。包括以各种建筑工程及其在施工过程中的物料、机器设备为保险标的的建筑工程一切险;以安装工程中的各种机器、机械设备为保险标的的安装工程一切险;以及机器损坏保险等。根据不同的工程类别,分别以其建筑、安装工程费乘以建筑、安装工程保险费率计算。民用建筑(住宅楼、综合性大楼、商场、旅馆、医院、学校)占建筑工程费的 2‰～4‰;其他建筑(工业厂房、仓库、道路、码头、水坝、隧道、桥梁、管道等)占建筑工程费的 3‰～6‰;安装工程(农业、工业、机械、电子、电器、纺织、矿山、石油、化学及钢铁工业、钢结构桥梁)占建筑工程费的 3‰~6‰。

7. 引进技术和进口设备其他费用

引进技术及进口设备其他费用,包括出国人员费用、国外工程技术人员来华费用、技术引进费、分期或延期付款利息、担保费以及进口设备检验鉴定费。

(1)出国人员费用。指为引进技术和进口设备派出人员在国外培训和进行设计联络,设备检验等的差旅费、服装费、生活费等。这项费用根据设计规定的出国培训和工作的人数、时间及派往国家,按财政部、外交部规定的临时出国人员费用开支标准及中国民用航空公司现行国际航线票价等进行计算,其中使用外汇部分应计算银行财务费用。

(2)国外工程技术人员来华费用。指为安装进口设备,引进国外技术等聘用外国工程技术人员进行技术指导工作所发生的费用。包括技术服务费、外国技术人员的在华工资、生活补贴、差旅费、医药费、住宿费、交通费、宴请费、参观游览等招待费用。这项费用按每人每月费用指标计算。

(3)技术引进费。指为引进国外先进技术而支付的费用。包括专利费、专有技术费(技术保密费)、国外设计及技术资料费、计算机软件费等。这项费用根据合同或协议的价格计算。

(4)分期或延期付款利息。指利用出口信贷引进技术或进口设备采取分期或延期付款的办法所支付的利息。

(5)担保费。指国内金融机构为买方出具保函的担保费。这项费用按有关金融机构规定的担保费率计算(一般可按承保金额的 5‰他计算)。

(6)进口设备检验鉴定费用。指进口设备按规定付给商品检验部门的进口设备检验鉴定费。这项费用按进口设备货价的 3‰~5‰计算。

8. 工程承包费

工程承包费是指具有总承包条件的工程公司,对工程建设项目从开始建设至竣工投产全过程的总承包所需的管理费用。具体内容包括组织勘察设计、设备材料采购、非标设备设计制造与销售、施工招标、发包、工程预决算、项目管理、施工质量监督、隐蔽工程检查、验收和试车直至竣工投产的各种管理费用。该费用按国家主管部门或省、自治区、直辖市协调规定的工程总承包费取费标准计算。如无规定时,一般工业建设项目为投资估算的 6%~8%,民用建筑(包括住宅建设)和市政项目为 4%~6%。不实行工程承包的项目不计算本项费用。

7.4.3 与未来企业有关的其他费用

1. 联合试运转费

联合试运转费是指新建企业或新增加生产工艺过程的扩建企业在竣工验收前,按照设计规定的工程质量标准,进行整个车间的负荷或无负荷联合试运转发生的费用支出大于试运转收入的亏损部分。费用内容包括:试运转所需的原料、燃料、油料和动力的费用,机械使用费,低值易耗品及其他物品的购置费用和施工单位参加联合试运转人员的工资等。试运转收入包括试运转产品销售和其他收入。不包括应由设备安装工程费项下开支的单台设备调试费及试车费用。联合试运转费一般根据不同性质的项目按需要试运转车间的工艺设备购置费的百分比计算。

2. 生产准备费

生产准备费是指新建企业或新增生产能力的企业,为保证竣工交付使用进行必要的生产准备所发生的费用。费用内容包括：

（1）生产人员培训费，包括自行培训、委托其他单位培训的人员的工资、工资性补贴、职工福利费、差旅交通费、学习资料费、学习费、劳动保护费等。

（2）生产单位提前进厂参加施工、设备安装、调试等以及熟悉工艺流程及设备性能等人员的工资、工资性补贴、职工福利费、差旅交通费、劳动保护费等。

生产准备费一般根据需要培训和提前进厂人员的人数及培训时间，按生产准备费指标进行估算。

应该指出，生产准备费在实际执行中是一笔在时间上、人数上、培训深度上很难划分的、活口很大的支出，尤其要严格掌握。

3. 办公和生活家具购置费

办公和生活家具购置费是指为保证新建、改建、扩建项目初期正常生产、使用和管理所必需购置的办公和生活家具、用具的费用。改、扩建项目所需的办公和生活用具购置费，应低于新建项目。其范围包括办公室、会议室、资料档案室、阅览室、文娱室、食堂、浴室、理发室、单身宿舍和设计规定必须建设的托儿所、卫生所、招待所、中小学校等家具用具购置费。这项费用按照设计定员人数乘以综合指标计算，一般为 600～800 元/人。

7.5 预备费、建设期贷款利息及固定资产投资方向调节税

7.5.1 预备费

按我国现行规定，预备费包括基本项备费和涨价预备费。

1. 基本预备费

基本预备费是指在初步设计及概算内难以预料的工程费用，费用内容包括：

（1）在批准的初步设计范围内，技术设计、施工图设计及施工过程中所增加的工程费用；设计变更、局部地基处理等增加的费用。

（2）一般自然灾害造成的损失和预防自然灾害所采取的措施费用。实行工程保险的工程项目费用应适当降低。

（3）竣工验收时为鉴定工程质量对隐蔽工程进行必要的挖掘和修复费用。

基本预备费是按建筑安装工程费用、设备及工器具购置费和工程建设其他费用三者之和为计取基础，乘以基本预备费率进行计算。

基本预备费＝（建筑安装工程费用＋设备及工器具购置费＋工程建设其他费用）
×基本预备费率

基本预备费率的取值应执行国家及部门的有关规定。

2. 涨价预备费

涨价预备费是指建设项目在建设期间内由于价格等变化引起工程造价变化的预测预留费用。费用内容包括：人工、设备、材料、施工机械的价差费，建筑安装工程费及工程建设其他费用调整，利率、汇率调整等增加的费用。

涨价预备费的测算方法，一般根据国家规定的投资综合价格指数，按估算年份价格水平的投资额为基数，采用复利方法计算。计算公式为：

$$PF = \sum_{t=1}^{n} I_t \left[(1 + f)^t - 1 \right]$$

式中 　PF——涨价预备费；

　　　　n——建设期年份数；

　　　　I_t——建设期第 t 年的计划投资额，包括建筑安装工程费、设备及工器具购置费、工程
建设其他费用及基本预备费；

　　　　f——年平均投资价格上涨率。

【例 7-1】 某建设项目，建设期为 3 年，各年计划投资额分别为：第一年投资 4 000 万元，
第二年投资 6 000 万元，第三年投资 2 000 万元，年平均投资价格上涨率为 5%，求建设项目建
设期间涨价预备费。

解：第一年涨价预备费为：
$$PF_1 = I_1[(1+f)^1 - 1] = 4\,000 \times 5\% = 200(万元)$$

第二年涨价预备费为：
$$PF_2 = I_2[(1+f)^2 - 1] = 6\,000[(1+5\%)^2 - 1] = 615(万元)$$

第三年涨价预备费为：
$$PF_3 = I_3[(1+f)^3 - 1] = 2\,000[(1+5\%)^3 - 1] = 315.25(万元)$$

所以，建设期涨价预备费 $= 200 + 615 + 315.25 = 1130.25$（万元）

7.5.2 建设期贷款利息

建设期贷款利息包括向国内银行和其他非银行金融机构贷款、出口信贷、外国政府贷款、
国际商业银行贷款以及在境内外发行的债券等在建设期间内应偿还的借款利息。

当总贷款是分年均衡发放时，建设期利息的计算可按当年借款在年中支用考虑，即当年贷
款按半年计息，上年贷款按全年计息。计算公式为：

各年应计利息 $=$（年初借款本息累计 $+$ 本年借款额/2）$\times$ 年利率

【例 7-2】 某建设项目，建设期为 3 年，分年度均衡进行贷款，第一年贷款 400 万元，第二
年贷款 600 万元，第三年贷款 200 万元，年利率 10%，建设期内利息只计息不支付，计算建设
期贷款利息。

解：建设期，各年利息计算如下：

第一年贷款利息 $=(400/2) \times 10\% = 20$（万元）

第二年贷款利息 $=(200 + 20 + 600/2) \times 10\% = 52$（万元）

第三年贷款利息 $=(220 + 600 + 52 + 200/2) \times 10\% = 97.2$（万元）

所以，建设期贷款利息 $= 20 + 52 + 97.2 = 169.2$（万元）

7.5.3 固定资产投资方向调节税

为了贯彻国家产业政策，控制投资规模，引导投资方向，调整投资结构，加强重点建设，促
进国民经济持续、稳定、协调发展，对在我国境内进行固定资产投资的单位和个人征收固定资
产投资方向调节税（简称投资方向调节税）。（注：为贯彻国家宏观政策，扩大内需，鼓励投资，
根据国务院的决定，对《中华人民共和国固定资产投资方向调节税暂行条例》规定的纳税义务
人，其固定资产投资应税项目自 2001 年 1 月 1 日起新发生的投资额，暂停征收固定资产投资
方向调节税。但该税种并未取消。）

1. 税率

投资方向调节税根据国家产业政策和项目经济规模实行差别税率，税率为 0%、5%、

10%、15%、30%五个档次。差别税率按两大类设计,一是基本建设项目投资,二是更新改造项目投资。对前者设计了四档税率,即 0%、5%、15%、30%;对后者设计了两种税率,即 0%、10%。

(1)基本建设项目投资适用的税率

1)国家急需发展的项目投资,如农业、林业、水利、能源、交通、通讯、原材料,科教、地质、勘探、矿山开采等基础产业和薄弱环节的部门项目投资,适用零税率。

2)对国家鼓励发展但受能源、交通等制约的项目投资,如钢铁、化工、石油、水泥等部分重要原材料项目,以及一些重要机械、电子、轻工工业和新型建材的项目,实行 5% 的税率。

3)为配合住房制度改革,对城乡个人修建、购买住宅的投资实行零税率;对单位修建、购买一般性住宅投资,实行 5% 的低税率;对单位用公款修建、购买高标准独门独院、别墅式住宅投资,实行 30% 的高税率。

4)对楼堂馆所以及国家严格限制发展的项目投资,课以重税,税率为 30%。

5)对不属于上述四类的其他项目投资,实行中等税负政策,税率 15%。

(2)更新改造项目投资适用的税率

1)为了鼓励企事业单位进行设备更新和技术改造,促进技术进步,对国家急需发展的项目投资,予以扶持,适用零税率;对单纯工艺改造和设备更新的项目投资,适用零税率。

2)对不属于上述提到的其他更新改造项目投资,一律适用 10% 的税率。

2. 计税依据

投资方向调节税以固定资产投资项目实际完成投资额为计税依据。实际完成投资额包括:设备及工器具购置费、建筑安装工程费、工程建设其他费用及预备费。但更新改造项目以建筑工程实际完成的投资额为计税依据。

3. 计税方法

首先,确定单位工程应税投资完成额;其次,根据工程的性质及划分的单位工程情况,确定单位工程的适用税率;最后,计算各个单位工程应纳的投资方向调节税税额,并且将各个单位工程应纳的税额汇总,即得出整个项目的应纳税额。

4. 缴纳方法

投资方向调节税按固定资产投资项目的单位工程年度计划投资额预缴,年度终了后,按年度实际完成投资额结算,多退少补。项目竣工后,按应征收投资方向调节税的项目及其单位工程的实际完成投资额进行清算,多退少补。

8 工程造价的定额计价方法

8.1 工程建设定额概述

定额是一种规定的额度,广义地说,就是处理特定事物的数量界限。在现代社会经济生活中,定额几乎是无处不在。就生产领域来说,工时定额、原材料消耗定额、原材料和成品半成品储备定额、流动资金定额等,都是企业管理的重要基础。在工程建设领域也存在多种定额,它是工程造价计价的重要依据。

8.1.1 工程建设定额的产生和分类

1. 定额的产生和发展

定额的产生和发展与管理科学的产生与发展有着密切的关系;在小商品生产情况下,由于生产规模小,产品比较单纯,生产中需要多少人力、物力,如何组织生产,往往只凭简单的生产经验就能够完成。到了 19 世纪末 20 世纪初,资本主义社会大生产的发展,使人们共同劳动的规模日益扩大,劳动分工和协作越来越精细和复杂,只凭头脑中积累的经验已不能满足复杂管理的需要。为了降低单位产品中的活劳动和物化劳动的消耗,就必须加强对生产消费的研究和管理,因此定额作为现代科学管理的一门重要学科也就出现了。

对定额进行科学的研究应该说是从泰勒开始的。泰勒是 19 世纪末的美国工程师。当时工业发展很快,但由于采用传统的管理方法,工人的劳动强度很高,劳动生产率却很低。为了提高劳动效率,从 1880 年开始,泰勒进行了各种试验,他着重从工人的操作方法上研究工时的科学利用,把工作时间分成若干组成部分,观察工人的操作方法,并用秒表记录工人每一个动作的消耗时间,制定出工时消耗标准。通过对工人进行训练,要求工人改变原来习惯的操作方法,取消那些不必要的操作程序,来达到工时定额。泰勒还对工具和设备进行研究,使工人使用的工具、设备、材料标准化。

泰勒通过研究,提出了一套系统标难的科学管理方法,形成了著名的"泰勒制"。泰勒制的核心可以归纳为:制定科学的工时定额,实行标准的操作方法和有差别的计件工资。泰勒给资本主义企业管理带来了根本性变革,因而在西方赢得了"管理科学之父"的尊称,被奉为科学管理的鼻祖。

继泰勒之后,资本主义企业管理又有许多新的发展,对于定额的制定也有许多新的研究。20 世纪 70 年代出现的行为科学,从社会学和心理学的角度,强调重视社会环境、人际关系对人行为的影响。着重研究人的本性和需要、行为的动机,特别是生产中的人际关系,以达到提高劳动生产率的目的。定额虽然是管理科学发展初期的产物,但是随着管理科学的发展,研究方法和范围不断扩大,不仅适应了各行各业的需要,同时对生产力的发展也起到了推动作用。

综上所述,定额与管理科学是不可分离的。定额伴随着管理科学的产生而产生,伴随着管理科学的发展而发展;定额是管理科学的基础,管理科学的发展又极大地促进了定额的发展。

2. 工程建设定额的概念和分类

在工程建设过程中,完成某一分项工程或结构构件的生产,必须消耗一定数量的劳动力、材料、机械台班和资金,这些消耗是随着生产的技术组织条件的变化而变化的,它应反映出一定时期的社会劳动生产率水平。

工程建设定额作为众多定额中的一类,是对工程项目建设过程中人力、物力和资金消耗量的规定额度,即在一定生产率水平下,在工程建设中单位产品上人工、材料、机械和资金消耗的规定额度,这种数量关系体现出正常施工条件、合理的施工组织设计、合格产品下各种生产要素消耗的社会平均合理水平。

由于工程建设产品具有构造复杂、产品规模宏大、种类繁多、生产周期长等技术经济特点,造成了工程建设产品外延的不确定性。它可以指工程建设的最终产品,也可以是构成工程项目的某些完整的产品,也可以是完整产品中的某些较大组成部分,还可以是较大组成部分中的较小部分,或更为细小的部分。这些特点使定额在工程建设管理中占有重要的地位,同时也决定了工程建设定额的多种类、多层次。工程建设定额是工程建设中各类定额的总称,包括许多种类的定额。按其内容、用途、性质及范围等不同,工程建设定额可以作如下分类:

(1)按生产要素分类

按定额反映的生产要素消耗内容分类,工程建设定额可以划分为劳动定额、材料消耗定额、机械台班使用定额三种。

(2)按定额编制程序和用途分类

工程建设定额划分为施工定额、预算定额、概算定额、概算指标和投资估算指标五种。

(3)按专业性质划分

工程建设定额划分全国统一定额、行业通用定额和专业专用三种。全国通用定额是指在部门间和地区间都可以使用的定额;行业通用定额是指具有专业特点在行业部门内可以通用的定额;专业专用定额是特殊专业的定额,只能在制定的范围内使用。

(4)按主编单位和管理权限分类

工程建设定额可以分为全国统一定额、行业统一定额、地区统一定额、企业定额、补充定额五种。

定额的形式、内容和种类是根据生产建设的需要而制定的,不同的定额及其在使用中的作用也不完全一样,但它们之间是相互联系的,在实际工作中有时需要相互配合使用。

3. 工程建设定额的特点

(1)科学性

工程建设定额的科学性包括两重含义。一重含义是指工程建设定额和生产力发展水平相适应,反映出工程建设中生产消费的客观规律。另一重含义,是指工程建设定额管理在理论、方法和手段上适应现代科学技术和信息社会发展的需要。

工程建设定额的科学性,首先表现在用科学的态度制定定额,尊重客观实际,力求定额水平合理;其次表现在制定定额的技术方法上.利用现代科学管理的成就,形成一套系统的、完整的、在实践中行之有效的方法;第三表现在定额制定和贯彻的一体化。为了提供贯彻的依据,贯彻是为了实现管理的目标,也是对定额的信息反馈。

(2)系统性

建设工程定额是相对独立的系统,是由多种定额结合而成的有机的整体。其结构复杂,有鲜明的层次,明确的目标。

建设工程是一个庞大的实体系统,定额是为这个实体系统服务的。建设工程本身的多种类、多层次就决定了以它为服务对象的定额的多种类、多层次。建设工程都有严格的项目划分，如建设项目、单项工程、单位工程、分部分项工程；在计划和实施过程中有严密的逻辑阶段，如可行性研究、设计、施工、竣工交付使用以及投入使用后的维修。与此相适应必然形成定额的多种类、多层次。

（3）统一性

定额的统一性，主要是由国家对经济发展有计划的宏观调控职能决定的。为了使国民经济按照既定的目标发展，就需要借助于某些标准、定额、规范等，对建设工程进行规划、组织、调节、控制。而这些标准、定额、规范必须在一定范围内是一种统一的尺度，才能实现上述职能，才能利用它对项目的决策、设计方案、投标报价、成本控制进行比选和评价。为了建立全国统一建设市场和规范计价行为，"计价规范"统一了分部分项工程项目名称、统一了计量单位、统一了工程量计算规则、统一了项目编码。

（4）指导性

随着我国建筑市场的不断成熟和规范，工程建设定额尤其是统一定额原有的法令性特点逐渐弱化，转而成为对整个建筑市场和具体建设工程产品交易的指导作用。

工程建设定额指导性的客观基础是定额的科学性。只有科学的定额才能正确的指导客观的交易行为。工程建设定额的指导性体现在两个方面：一方面，工程建设定额作为国家各地区和各行业颁布的指导性依据，可以规范建筑市场的交易行为，在具体的建筑产品定价过程中也可起到相应的参考作用，同时统一定额还可以作为政府投资项目定价以及造价控制的重要依据；另一方面，在现行的工程量清单计价方式下，体现交易双方自主定价的特点，承包商报价的主要依据是企业定额，但企业定额的编制和完善仍然离不开统一定额的指导。

（5）稳定性与时效性

工程建设定额中的任何一种都是一定时期技术发展和管理水平的反映，因而在一段时间内都表现出稳定的状态。稳定的时间有长有短，一般在 5 年至 10 年之间。保持定额的稳定性是有效的贯彻定额所必要的。如果某种定额处于经常修改变动之中，那么必然造成执行中的困难和混乱，使人们感到没有必要去认真对待它。此外，工程建设定额的不稳定也会给定额的编制工作带来极大的困难。

但是工程建设定额的稳定性是相对的。当生产力向前发展了，定额就会与已经发展了的生产力不相适应。这样，它原有的作用就会逐步减弱以至消失，就需要重新编制或修订。

8.1.2　施工定额

1. 施工定额的概念及其作用

施工定额是施工企业内部管理所使用的定额，亦称企业定额。所谓企业定额，是指施工企业根据本企业的技术水平和管理水平，编制完成单位合格产品所必需的人工、材料和施工机械台班的消耗量，以及其他生产经营要素消耗的数量标准，由劳动定额、材料消耗定额、施工机械台班使用定额三部分组成。

企业定额反映企业的施工生产与生产消费之间的数量关系，不仅能体现企业个别的劳动生产率和技术装备水平，同时也是衡量企业管理水平的标尺，是企业加强集约经营、精细管理的前提和主要手段。在工程量清单计价模式下，每个企业均应拥有反映自己企业能力的企业定额。企业定额的水平与企业的技术和管理水平相适应，企业的技术水平和管理水平不同，企业的定额水平也就不同，从一定意义上讲，企业定额是企业的商业秘密，是企业参与市场竞争的核心竞争能力的具体表现。

企业定额的作用主要体现在以下几个方面：

(1)企业定额是施工企业进行建设工程投标报价的重要依据

2001年12月1日起施行的《建筑工程施工发包与承包计价管理办法》(中华人民共和国建设部令第107号)第七条第二款规定："投标报价应当依据企业定额和市场价格信息并按照国务院和省、自治区、直辖市人民政府建设行政主管部门发布的工程造价计价办法进行编制"。此外,自2003年7月1日起,我国开始实行《建筑工程工程量清单计价规范》。工程量清单计价,是一种与市场经济适应、通过市场形成建设工程价格的计价模式,它要求各投标企业必须通过能综合反映企业的技术水平、管理水平、机械设备工艺能力、工人操作能力的企业定额来进行投标报价——这样才能真正体现出个别成本间的差距,真正实现市场竞争。因此,实现工程量清单计价的关键和核心就在于企业定额的编制和使用。

企业定额反映的是企业的生产力水平、管理水平和市场竞争力。按照企业定额计算出的工程费用是企业生产和经营所需的实际成本。在投标过程中,企业首先按本企业的企业定额计算出完成拟投标工程的成本,在此基础上考虑预期利润和可能的工程风险费用,制定出建设工程项目的投标报价。由此可见,企业定额是形成企业个别成本的基础,根据企业定额进行的投标报价具有更大的合理性,能有效提升企业投标报价的竞争力。

(2)企业定额的建立和运用可以提高企业的管理水平和生产力水平

随着我国加入WTO以及经济全球化的加剧,企业要在激烈的市场竞争中占据有利的地位,就必须降低管理成本、加强管理。企业定额能直接对企业的技术、经营管理水平以及工期、质量、价格等因素进行准确的测算和控制,进而控制工程成本。而且,企业定额作为企业内部生产管理的标准文件,能结合企业自身技术力量和科学的管理方法,使企业的管理水平在企业定额的制定和使用的实践中不断提高。企业编制企业定额是企业进行科学管理、开展管理创新、促进企业管理水平提高的一个重要环节。

同时,企业定额是企业生产力的综合反映。通过编制企业定额可以摸清企业生产力状况,发挥优势,弥补不足,促进企业生产力水平的提高。企业编制管理性定额是企业加强内部监控、进行成本核算的依据,是有效控制工程成本的手段。

(3)企业定额是业内推广先进技术和鼓励创新的工具

企业定额代表企业先进的施工技术水平、施工机具和施工方法。因此,企业在建立企业定额后,会促使各个企业主动学习先进企业的技术,这样就达到了推广先进技术的目的。同时,各个企业要想超过其他企业的定额水平,就必须进行管理创新或技术创新。因此,企业定额实际上也就成为企业推动技术和管理创新的一种重要手段。

(4)企业定额的建立和使用可以规范建筑市场秩序、规范发包承包行为

施工企业的经营活动应通过工程项目的承建,谋求质量、工期、信誉的最优化。唯有如此,企业才能走向良性循环的发展道路,建筑业也才能走向可持续发展的道路。企业定额的应用,促使企业在市场竞争中按实际消耗水平报价,这就避免了施工企业为了在竞标中取胜,无节制地压价、降价,造成企业效率低下、生产亏损、发展滞后现象的发生,也避免了业主在招标投标中滋生腐败。在我国现阶段建筑业由计划经济向市场经济转型的时期,为规范发包承包行为,促进建筑业可持续发展,企业定额的建立和运用一定会产生深远和重大影响。

企业定额适应了我国工程造价管理体制和管理制度的改革,是实现工程造价管理改革最终目标不可或缺的一个重要环节。实现工程造价管理的市场化,由市场形成价格是关键。如

果以全国（地区）或行业统一定额为依据来报价，不仅不能体现市场竞争，也不能真正确定其工程成本。而以各自的企业定额为基础进行报价，就能真实的反映出企业成本的差异，在施工企业之间形成实力的竞争，从而真正的达到市场形成价格的目的。因此，可以说企业定额的编制和运用是我国工程造价领域改革关键而重要的一步。

施工定额是以工作过程为编制对象，定额制定的水平要以"平均先进"的水平为标准，在内容和形式上要满足施工管理中的各种需要，以便于应用为原则；制定方法要通过实践和长期积累的大量统计资料．并应用科学的方法编制。

2. 劳动定额

劳动定额，也称人工定额。是指在一定的生产技术组织条件下，完成单位合格产品所必须的劳动消耗量标准。这个标准是国家和企业对工人在单位时间内完成产品数量、质量的综合要求。它表示建筑安装工人劳动生产率的一个先进合理的指标，反映的是建筑安装工人劳动生产率的社会平均先进水平，是施工定额的重要组成部分。

劳动定额按其表现形式的不同，分为时间定额和产量定额。

（1）时间定额

时间定额，是指某种专业、技术等级的工人班组或个人，在合理的劳动组织、合理的使用材料和施工机械同时配合的条件下，完成单位合格产品所需消耗的工作时间，包括准备与结束时间、基本工作时间、辅助工作时间、不可避免的中断时间以及工人必须的休息时间等。

时间定额的计量单位，一般以完成单位产品所消耗的工日来表示。如工日／立方米（或平方米、米、吨、……），每一工日按 8 小时计算。其计算方法如下：

$$个人完成单位产品的时间定额（工日）＝\frac{1}{每工日产量}$$

$$小组完成单位产品的时间定额（工日）＝\frac{小组成员工日数总和}{小组台班产量}$$

（2）产量定额

产量定额，是指在合理的劳动组织、合理的使用材料以及施工机械同时配合的条件下，某种专业、技术等级的工人班组或个人，在单位时间内所完成的质量合格产品的数量。

产量定额的计量单位，一般以产品的计量单位和工日来表示，如立方米（或平方米、米、吨、根、块、……）／工日。其计算方法如下：

$$每工产量＝\frac{1}{个人完成单位产品的时间定额}$$

$$台班产量＝\frac{小组成员工日数总和}{小组完成单位产品的时间定额}$$

从时间定额和产量定额的计算公式可以看出，个人完成的时间定额和产量定额之间互为倒数关系。时间定额降低，则产量定额提高；反之，时间定额提高，则产量定额降低。即：

$$时间定额×产量定额＝1$$

但是，对小组完成的时间定额和产量定额，二者就不是通常所说的倒数关系。此时，时间定额与产量定额之积，在数值上恰好等于小组成员数。即：

$$时间定额×产量定额＝小组成员数$$

时间定额和产量定额都表示同一劳动定额项目，它们是同一劳动定额项目的两种不同的表现形式。时间定额以工日为单位，综合计算方便，时间概念明确。产量定额则以产品数量为单位表示，它具体、形象，劳动者的奋斗目标一目了然，便于分配任务。

3. 材料消耗定额

材料消耗定额,是指在合理使用材料和节约材料的条件下,生产单位质量合格的产品所必须消耗一定品种、规格的材料、成品、半成品、构配件、燃料和水、电以及不可避免的损耗量等的数量标准。

(1)主要材料消耗定额

主要材料消耗定额,包括直接使用在工程上的材料净用量和在施工现场内运输及操作过程中的不可避免的废料和损耗。

材料的损耗一般以损耗率表示。材料损耗率可以通过观察法或统计法计算确定。材料损耗率可有两种不同定义,由此,材料消耗量计算有两个不同的公式:

1)损耗率 $=\dfrac{损耗量}{总消耗量}\times100\%$

$$总消耗量=净用量+损耗量=\dfrac{净用量}{1-损耗率}$$

2)损耗率 $=\dfrac{损耗量}{净用量}\times100\%$

$$总消耗量=净用量+损耗量=净用量\times(1+损耗率)$$

(2)周转性材料消耗定额

周转材料是指在施工过程中,能多次使用,反复周转的工具性材料、配件和用具等。如挡土板、模板和脚手架等。这类材料在施工中每次使用都有损耗,不是一次消耗完,而是在多次周转使用中,经过修补逐渐消耗的。

定额中,周转材料消耗量指标的表示,应当用一次使用量和摊销量两个指标表示。一次使用量是指周转材料在不重复使用时的一次使用量,供施工企业组织施工用;摊销量是指周转材料退出使用,应分摊到每一定计量单位的结构构件的周转材料消耗量,供施工企业成本核算或预算用。

周转性材料消耗一般与下列 4 个因素有关:

1)第一次制造时的材料消耗(一次使用量)

一次使用量,是指为完成定额计量单位产品的生产,第一次投入的材料数量。它与各分部分项工程的名称、部位、施工工艺和施工方法有关,可根据施工图纸计算得出。其计算公式为:

$$一次使用量=材料净用量\times(1+制作和安装损耗率)$$

2)每周转使用一次材料的损耗量(下次使用时需要补充量)

损耗量,是指周转性材料从第二次起,每周转一次后必须进行一定的修补加工后才能使用,而每次修补和加工所消耗的材料数量称为损耗量。

$$损耗量=\dfrac{一次使用量\times(周转次数-1)}{周转次数}\times损耗率$$

3)周转使用次数

周转次数,是指周转性材料在补损的条件下,可以重复使用的次数。它与周转材料的种类、工程部位、施工方法和施工进度等有关,一般在深入施工现场调查、观测和统计分析的基础上,按平均先进和合理的水平来确定相应材料的周转次数。

周转使用量,是指周转性材料在周转使用和补损的条件下,每周转一次平均所需要的材料数量。

$$周转使用量=\dfrac{一次使用量+一次使用量\times(周转次数-1)\times损耗率}{周转次数}$$

$$=一次使用量\times\frac{1+(周转次数-1)\times损耗率}{周转次数}$$

$$=一次使用量\times K_1$$

式中 K_1——周转使用系数

$$K_1=\frac{1+(周转次数-1)\times损耗率}{周转次数}$$

4)周转材料的最终回收量及其回收折价

周转材料回收量,是指周转性材料每周转一次以后,可以平均回收的数量。

$$回收量=一次使用量\times\frac{1-损耗率}{周转次数}$$

周转材料摊销量,是指材料消耗定额规定的完成一定计量单位的产品,一次所需要的周转材料的数量。

$$摊销量=周转使用量-回收量$$

$$=一次使用量\times K_1-\left(一次使用量\times\frac{1-损耗率}{周转次数}\right)$$

$$=一次使用量\times\left(K_1-\frac{1-损耗率}{周转次数}\right)$$

若上式用于编制预算定额中的周转性材料摊销量时,其回收两部分应乘以回收折价率,以考虑材料使用前后价值的变化。同时,考虑到周转性材料每周转一次,施工单位都要投入一定的人力和物力,势必发生组织和管理修补的施工活动,导致现场管理费额外支付。为了补偿此项费用和简化计算,往往采用减少回收量,增加摊销量的办法解决。即对上式加以修正,使其变为:

$$摊销量=一次使用量\times\left[K_1-\frac{(1-损耗率)\times回收折价率}{周转次数\times(1+现场管理费率)}\right]$$

$$=一次使用量\times K_2$$

式中 K_2——摊销量系数

$$K_2=K_1-\frac{(1-损耗率)\times回收折价率}{周转次数\times(1+现场管理费率)}$$

4. 机械台班使用定额

机械台班使用定额,也称机械台班定额。它反映了施工机构在正常的施工条件下,合理地、均衡地组织劳动和使用机械时,该机械在单位时间内的生产效率。按其表现形式不同,可分为机械时间定额和机械产量定额。

(1)机械时间定额

机械时间定额,是指在合理劳动组织与合理使用机械的条件下,完成单位合格产品所必须的工作时间。包括有效工作时间(正常负荷下的工作时间和降低负荷下的工作时间)、不可避免的中断时间、不可避免的无负荷工作时间。

机械时间定额以"台班"表示,即一台机械,工作一个作业班的时间。一个作业班时间一般定为八小时。

$$单位产品机械时间定额(台班)=\frac{1}{台班产量}$$

由于机械必须由工人小组配合,所以,完成单位合格产品的时间定额,应同时列出人工时间定额。即:

$$单位产品人工时间定额（工日）＝\frac{小组成员总人数}{台班产量}$$

（2）机械产量定额

机械产量定额，是指在合理劳动组织与合理使用机械条件下，机械在每个台班时间内应完成合格产品的数量。

$$机械台班产量定额＝\frac{1}{机械时间定额（台班）}$$

机械时间定额和机械产量定额互为倒数关系。

8.1.3　预算定额

1. 预算定额概述

（1）预算定额的概念

预算定额，是指在合理的施工组织设计、正常施工条件下，规定完成一定计量单位的分项工程或结构构件所必需的人工、材料和施工机械台班的社会平均消耗量标准，是计算建筑安装产品价格的基础。

预算定额是工程建设中一项重要的技术经济文件，它的各项指标，反映了在完成单位分项工程消耗的活劳动和物化劳动的数量标准。这种限度最终决定着单项工程和单位工程成本和造价。

（2）预算定额的用途和作用

1）预算定额是编制施工图预算、确定建筑安装工程造价的基础

施工图设计一经确定，工程预算造价就取决于预算定额水平和人工、材料及机械台班的价格。预算定额起着控制劳动消耗、材料消耗和机械台班使用的作用，进而起着控制建筑产品价格的作用。

2）预算定额是编制施工组织设计的依据

施工组织设计的重要任务之一，是确定施工中所需人力、物力的供求量，并作出最佳安排。施工单位在缺乏本企业的施工定额的情况下，根据预算定额，亦能够比较精确地计算出施工中各项资源的需要量，为有计划地组织材料采购和预制件加工、劳动力和施工机械的调配，提供了可靠的计算依据。

3）预算定额是工程结算的依据

工程结算是建设单位和施工单位按照工程进度对已完成的分部分项工程实现货币支付的行为。按进度支付工程款，需要根据预算定额将已完分项工程的造价算出。单位工程验收后，再按竣工工程量、预算定额和施工合同规定进行结算，以保证建设单位建设资金的合理使用和施工单位的经济收入。

4）预算定额是施工单位进行经济活动分析的依据

预算定额规定的物化劳动和劳动消耗指标，是施工单位在生产经营中允许消耗的最高标准。施工单位必须以预算定额作为评价企业工作的重要标准，作为努力实现的目标。施工单位可根据预算定额对施工中的劳动、材料、机械的消耗情况进行具体的分析，以便找出并克服低功效、高消耗的薄弱环节，提高竞争能力。只有在施工中尽量降低劳动消耗，采用新技术，提高劳动者素质，提高劳动生产率，才能取得较好的经济效果。

5）预算定额是编制概算定额的基础

概算定额是在预算定额基础上综合扩大编制的。利用预算定额作为编制依据,不但可以节省编制工作的大量人力、物力和时间,收到事半功倍的效果,还可以使概算定额在水平上与预算定额保持一致,以免造成执行中的不一致。

6)预算定额是合理编制招标标底、投标报价的基础

在深化改革中,预算定额的指令性作用将日益削弱,而施工单位按照工程个别成本报价的指导性作用仍然存在,因此,预算定额作为编制标底的依据和施工企业报价的基础性作用仍将存在,这也是由于预算定额本身的科学性决定的。

(3)预算定额的种类

1)按专业性质分,预算定额分为建筑工程预算定额和安装工程预算定额。

建筑工程预算定额按适用对象又分为房屋建筑工程预算定额、市政工程预算定额、铁路工程预算定额、公路工程预算定额、水利水电工程预算定额、房屋修缮工程预算定额、矿山井巷预算定额等。

安装工程预算定额按使用对象又分为电气设备安装工程预算定额、机械设备安装工程预算定额、通信设备安装工程预算定额、化学工业设备安装工程预算定额、工业管道安装工程预算定额、工艺金属结构安装工程预算定额、热力设备安装工程预算定额等。

2)从管理权限和执行范围分,预算定额可分为全国统一定额、行业统一定额和地区统一定额等。

3)预算定额按物资要素划分为劳动定额、机械定额和材料消耗定额,但它们相互依存形成一个整体,作为编制预算定额的依据,各自不具有独立性。

2. 预算定额的编制原则和依据

(1)预算定额的编制原则

为了保证预算定额的质量,充分发挥预算定额的作用,使之在实际使用中简便、合理、有效,在编制工作中应遵循以下原则:

1)按社会平均水平确定预算定额水平的原则

预算定额是确定和控制建筑安装工程造价的主要依据。因此,它必须遵循价值规律的客观要求,即按生产过程中所消耗的社会必要劳动时间确定定额水平。即按照"在现有的社会正常的生产条件下,在社会平均的劳动熟练程度和劳动强度下制造某种使用价值所需要的劳动时间"来确定定额水平。所以预算定额的平均水平,是在正常的施工条件,合理的施工组织和工艺条件、平均劳动熟练程度和劳动强度下,完成单位分项工程基本构造要素所需的劳动时间。

2)简明适用原则

编制预算定额贯彻简明适用原则是对执行定额的可操作性,便于掌握而言的。为此,编制预算定额时,对于那些主要的、常用的、价值量大的项目,分项工程划分宜细。次要的、不常用的价值量相对较小的项目,分项工程的划分则可以放粗一些。

定额项目不全,缺漏项多,会使建筑安装工程价格缺少充足的、可靠的依据。因此,要注意补充那些因采用新技术、新结构、新材料和先进经验而出现的新的定额项目。但是,补充的定额一般因受资料所限,且费时费力,可靠性差,容易引起争执。同时要注意合理确定预算定额的计量单位,简化工程量计算,尽可能避免同一种材料用不同的计量单位,以及尽量少留活口或减少换算工作量。

3)坚持统一性和差别性相结合的原则

所谓统一性,就是从培育全国统一市场,规范计价行为出发,计价定额的制定规划和组织实施由国务院建设行政主管部门归口,并负责全国统一定额的制定或修改,颁发有关工程造价管理的规章制度、办法等。这样就有利于通过定额和工程造价的管理实现建筑安装工程价格的宏观调控。通过编制全国统一定额,使建筑安装工程具有一个统一的计价依据,也使考核设计和施工的经济效果具有一个统一的尺度。

所谓差别性,就是在统一性的基础上,各部门和省、自治区、直辖市主管部门可以在自己的管辖范围内,根据本部门和本地区的具体情况,制定部门和地区性定额、补充性制度和管理办法,以适应我国幅员辽阔,地区间部门间发展不平衡和差异大的实际情况。

(2)预算定额的编制依据

1)现行施工定额

预算定额中的人工、材料和机械的消耗指标,要根据现行的施工定额来取定;预算定额的分项和计量单位的选择,也要以施工定额为参考,从而保证二者的协调性和可比性,减轻预算定额的编制工作量和缩短编制时间。

2)通用设计标准图集、定型设计图纸和有代表性的设计图纸

编制预算定额时,要选择通用的、定型的和有代表性的设计图纸(或图集),加以仔细分析研究,并计算出工程数量,作为编制预算定额时选择施工方法和分析人工、材料和机械消耗量的计算依据。

3)现行的设计规范、施工及验收规范、质量评定标准和安全操作规程

现行的有关规范、标准或规程等文件,是确定设计标准、施工方法和质量以及保证安全施工的一项重要法规。编制预算定额,确定人工、材料和机械等消耗量时,必须以上述文件为依据。

4)新技术、新结构、新材料的科学实验、测定、统计以及经济分析资料

随着建筑工业化的发展和生产力水平的提高,预算定额的水平和项目必然要作相应的调整。上述资料,则是调整定额水平,增加新的定额项目和确定定额数据的依据。

5)现行的预算定额、各企业定额和补充定额

现行的预算定额,包括国家和各省、市、自治区过去颁发的预算定额及编制的基础资料,是编制预算定额的依据和参考;有代表性的补充定额,是编制预算定额的补充资料和依据。

6)现行的人工工资标准、材料预算价格和机械台班单价

现行的人工工资标准、建筑材料预算价格和机械台班单价,是编制预算定额,确定人工费、材料费和机械使用费及定额基价的依据。

3. 预算定额的编制步骤和方法

(1)预算定额的编制步骤

1)准备工作阶段

①调集人员、成立编制小组;

②收集资料;

③拟定编制方案;

④确定定额项目、水平和表现形式。

2)编制初稿阶段

①审查、熟悉和修改资料以及进行测算和分析;

②按确定的定额项目和图纸等资料计算工程量;

③确定人工、材料和施工机械台班消耗量;

④计算定额基价,编制定额项目表和拟定文字说明。

3)审查定稿阶段

①测算新编定额水平;

②审查、修改所编定额;

③定稿后报送上级主管部门审批、颁发执行。

(2)预算定额的编制方法

1)根据编制工程预算定额的有关资料,参照施工定额分项项目,综合确定预算定额的分项工程(或结构构件)项目及其所含子项目的名称和工作内容。

2)根据正常的施工组织设计,正确合理地确定施工方法。

3)根据分项工程(或结构构件)的形体特征和变化规律确定定额项目计量单位。

一般来说,当物体的长、宽、高都发生变化时,应采用"立方米"为计量单位,如土方、砖石、混凝土等工程;当物体有一定的厚度,而面积不固定时,应当采用"平方米"为计量单位,如地面、墙面、屋面工程等;当物体的截面形状和大小不变,而长度发生变化时,应当采用"延长米"为计量单位,如楼梯扶手、桥梁、隧道等;当物体的体积或面积相同,但重量和价格差异较大时,应采用"吨"或"公斤"为计量单位,如金属构件制作、安装工程等;当物体形状不规则,难以度量时,则采用自然计量单位为计量单位,如根、榀、套等。

建设工程预算定额的计量单位均按公制执行,长度采用毫米、厘米、米和千米,面积采用平方毫米、平方厘米、平方米,体积采用立方米,重量采用千克、吨;定额项目单位及其小数的取定,人工以"工日"为单位取两位小数,主要材料及成品、半成品中的木材以"立方米"为单位取三位小数、钢材和钢筋以"吨"为单位取三位小数、水泥和石灰以"千克"为单位取整数、砂浆和混凝土以"立方米"为单位取两位小数、其余材料一般取两位小数,单价以"元"为单位取两位小数,其它材料费以"元"为单位取两位小数,施工机械以"台班"为单位取两位小数。数字计算过程中取三位小数,计算结果"四舍五入",保留两位小数;定额单位扩大时,通常采用原单位的倍数,如 10 m³、100 m³、10 m² 等。

4)计算工程量并确定人工、材料和施工机械台班消耗量指标。

人工、材料和机械台班消耗指标,是预算定额的重要内容。预算定额水平的高低主要取决于这些指标的合理确定。

预算定额是一种综合性定额,是以复合过程为标定对象,在施工定额的基础上综合扩大而成,在确定各项指标前,应根据编制方案所确定的定额项目和已选定的典型图纸,按定额子目和已确定的计算单位,按工程量计算规则分别计算工程量,在此基础上计算人工、材料和施工机械台班的消耗指标。

5)编制定额表,即确定和填制定额中的各项内容:

①确定人工消耗定额

按工种分别列出各工种工人的合计工日数和他们的平均工资等级,对于用工量很少的各工种可合并为"其他用工"列出。

②确定材料消耗定额

应列出各主要材料名称和消耗量;对于一些用量很少的次要材料,可合并一项按"其他材料费",以金额"元"表示,但占材料总价值的比重,不能超过 2%~3%。

③确定机械台班消耗定额

列出各种主要机械名称,消耗定额以"台班"表示;对一些次要机械,可合并一项按"其他机械费",直接以金额"元"列人定额表。

④确定定额基价

预算定额表中,直接列出定额基价,其中人工费、材料费、机械使用费应分别列出。

6)按预算定额的工程特征,包括工作内容、施工方法、计量单位以及具体要求,编制简要的定额说明。

8.1.4 概算定额与概算指标

1. 概算定额

(1)概算定额概念

概算定额,是在预算定额基础上,确定完成合格的单位扩大分项工程或单位扩大结构构件所需的人工、材料和机械台班消耗的数量标准,亦称扩大结构定额。

概算定额的内容和深度,只能是以预算定额为基础的综合与扩大,在合并中不得遗漏或增加细目,以保证定额数据的严密性和正确性。

又因概算定额是在预算定额的基础上适当综合扩大,因而在工程量取值、工程标准和施工方法等进行综合取定时,概算定额与预算定额之间将产生一定的允许幅度差。这种幅度差可控制在 5% 以内,以便根据概算定额编制的概算控制得住施工图预算。

(2)概算定额的作用

1)是初步设计阶段编制建设项目概算的依据;

2)是设计方案比较的依据;

3)是编制主要材料需要量计划的计算基础;

4)是编制概算指标的依据。

(3)概算定额的编制

1)编制原则

编制概算定额应贯彻社会平均水平和简明适用原则。由于概算定额和预算定额都是工程基价的依据,因此,为了符合价值规律的要求,概算定额水平也必须贯彻平均水平的原则。

2)编制依据

概算定额的编制依据,一般包括:现行的设计规范和预算定额,具有代表性的标准设计图纸和其他设计资料,现行的人工工资标准、材料预算价格和施工机械台班预算价格。

3)编制步骤

编制概算定额,一般分四个阶段,即准备工作阶段、编制初稿阶段、测算阶段和定稿审批阶段。

准备工作阶段,主要是建立编制机构,确定人员组成。在此基础上,组织有关人员搜集有关如上述的编制依据资料,了解现行概算定额的执行情况和存在的问题,明确编制目的,制定编制计划,确定定额项目。

编制初稿阶段,是根据所订计划和定额项目,深入进行调查研究,对搜集到的图纸、资料,进行细致的分析研究,编制出概算定额初稿。

测算阶段,主要是检验和确定所编定额水平。通常从两个方面对其进行测算:一方面是测算新编概算定额和现行预算定额二者在水平上是否一致,幅度差是否超过规定的范围,如超过规定的范围,则需对概算定额水平进行必要的调整;另一方面是测算新编概算定额水平与现行概算定额水平的差值。

定稿审批阶段,主要是将调整后的概算定额初稿、编制说明和送审报告,交国家主管部门审批。

4)编制方法

编制概算定额时,应在预算定额的基础上,综合其相关的项目,以主体结构分部工程为主进行列项。在此基础上,根据审定的图纸等依据资料,计算工程量,并对砂浆、混凝土和钢筋铁件用量等,可按工程结构的不同部位,通过测算、统计后,定出合理的值。同时,结合国家的规定,合理地确定出概算定额与预算定额两者之间的幅度差。最后计算出每个定额项目的人工费、材料费、机械使用费、基价以及主要材料消耗量。

2. 概算指标

(1)概算指标概念、作用

概算指标比概算定额综合性更强,它以整个建筑物或构筑物为对象,以建筑面积、体积或成套设备装置的台或组为计量单位而规定的人工、材料和机械台班的消耗量标准和造价指标。

概算指标和概算定额、预算定额一样,都是与各个设计阶段相适应的多次性计价的产物,它主要用于投资估价、初步设计阶段,其主要作用是:

1)概算指标可以作为编制建设项目投资估算的参考;

2)概算指标中的主要材料指标可作为匡算主要材料用量的依据;

3)概算指标是设计单位进行设计方案比较,建设单位选址的一种依据;

4)概算指标是编制固定资产投资计划,确定投资额的主要依据。

(2)概算指标的编制原则

1)按社会平均水平确定概算指标的原则

在我国社会主义市场经济条件下,概算指标作为确定工程造价的依据,同样必须遵循价值规律的客观要求,在其编制时必须按照社会必要劳动时间,贯彻平均水平的原则。只有这样才能使概算指标合理确定和控制工程造价的作用得以充分发挥。

2)概算指标的内容和表现形式,要贯彻简明适用的原则

为适应市场经济的客观要求,概算指标的项目划分应根据用途的不同,确定其项目的综合范围。遵循粗而不漏、适用面广的原则,体现综合扩大的性质。概算指标从形式到内容应简明易懂,要便于在采用时根据拟建工程的具体情况进行必要的调整换算,能在较大的范围内满足不同用途的需要。

3)概算指标的编制依据必须具有代表性

编制概算指标所依据的工程设计资料,应是具有代表性的,技术上是先进的,经济上是合理的。

(3)编制步骤和方法

1)概算指标步骤

编制概算指标,一般分为准备阶段、编制阶段、复核送审阶段三个阶段。

准备阶段,主要是汇集图纸资料,拟定编制项目,起草编制方案、编制细则和制定计算方法,并对一些技术性、方向性的问题进行学习和讨论。

编制阶段,是优选图纸,根据选出的图纸和现行预算定额,计算工程量,编制预算书,求出单位面积或体积的预算造价,确定人工、主要材料和机械台班的消耗指标,填写概算指标

表格。

复核送审阶段,是将人工、主要材料和机械台班消耗指标算出后,进行审核,以防发生错误。并对同类性质和结构的指标水平进行比较,必要时加以调整,然后定稿送主管部门,审批后颁发执行。

2)概算指标编制方法

概算指标构成的数据,主要来自各种工程预算和决算资料。即用各种有关数据经过整理分析、归纳计算而得。例如每平方米的造价指标,就是根据该项工程的全部预算(决算)价值除以该工程的建筑面积而得数据。再如每平方米造价所包含的各种材料数量就是该工程预算(决算)中该种材料总的耗用量除以总的建筑面积而得的数据。

总之,概算指标的编制方法与概算定额的编制方法基本类似,只是项目综合性更大,是以整个建筑物或构筑物为单位进行计算而编制确定的。

8.1.5　投资估算指标

(1)投资估算指标的概念和作用

工程建设投资估算指标是编制建设项目建议书、可行性研究报告等前期工作阶段投资估算的依据,也可以作为编制固定资产长远规划投资额的参考。投资估算指标为完成项目建设的投资估算提供依据和手段,它在固定资产的形成过程中起着投资预测、投资控制、投资效益分析的作用,是合理确定项目投资的基础。投资估算指标中的主要材料消耗量也是一种扩大材料消耗量指标,可以作为计算建设项目主要材料消耗量的基础。估算指标的正确制定对于提高投资估算的准确程度、对建设项目的合理评估以及正确决策具有重要的意义。

(2)投资估算的编制原则

由于投资估算指标属于项目建设前期进行估算投资的技术经济指标,它不但要反映实施阶段的静态投资,还必须反映项目建设前期和交付使用期内发生的动态投资,以投资估算指标为依据编制的投资估算,包括项目建设的全部投资额。这就要求投资估算指标要比其它各种计价定额具有更大的综合性和概括性。因此,投资估算指标的编制工作,除了应遵循一般定额的编制原则外,还必须坚持下述原则:

1)投资估算指标项目的确定,应考虑以后几年编制建设金额项目建议书和可行性研究报告投资估算的需要。

2)投资估算指标的分类、项目划分、项目内容、表现形式等,要结合各专业的特点,并且要与项目建议书、可行性研究报告的编制深度相适应。

3)投资估算指标的编制内容,典型工程的选择,必须遵循国家的有关建设方针政策,符合国家技术发展方向,贯彻国家高科技政策和发展方向的原则,使指标的编制既能反映现实的高科技成果,反映正常建设条件下的造价水平,也能适应今后若干年的科技发展水平,坚持技术上的先进、可行和经济上的合理,力争以较少的投入取得最大的投资效益。

4)投资估算指标的编制要反映不同行业、不同项目和不同工程的特点,要适应项目前期工作深度的需要,而且具有更大的综合性。投资估算指标的编制必须密切结合行业特点,项目建设的特定条件,在内容即要贯彻指导性、准确性和可调性的原则,又要具有一定的深度和广度。

5)投资估算指标的编制要体现国家对固定资产投资实施间接控制作用的特点,要贯彻能分能合、有粗有细、细算粗编的原则,使投资估算指标能满足项目建议书和可行性研究各阶段的要求,既有能反映一个建设项目的全部投资及其构成,又要有组成建设项目投资的各单项工程投资。做到既能综合使用,又能个别分解使用。占投资比重大的建筑工程工艺设备,要做到有量、有价,根据不同结构形式的建筑物列出每百平方米的主要工程量和主要材料数量,主要设备也要列有规格、型号、数量。同时,要以编制年度为基期计价,有必要的调整、换算办法等,便于由于设计方案、选厂条件、建设实施阶段的变化而对投资产生影响作相应的调整,也便于对现行企业实行技术改造和改、扩建项目投资估算的需要,扩大投资估算指标的覆盖面,使投资估算能够根据建设项目的具体情况合理准确地编制。

6)投资估算指标的编制要贯彻静态和动态相结合的原则。

投资估算指标的编制要充分考虑到市场经济条件下,由于建设条件、实施时间、建设期限等因素的不同,考虑到建设期的动态因素,即价格、建设期贷款利息及涉外工程的汇率等因素的变动,导致指标的量差、价差、利息差、费用差等动态因素对投资估算的影响,对上述动态因素给予必要的调整办法和调整参数,尽可能减少这些动态因素对投资估算准确性的影响,使指标具有较强的实用性和可操作性。

(3)投资估算指标的内容

投资估算指标是确定和控制建设项目全过程各项投资支出的技术经济指标,其范围涉及建设前期、建设实施期和竣工验收交付使用期等各个阶段的费用支出,内容因行业不同各异,一般可分为建设项目综合指标、单项工程指标和单位工程指标三个层次。

1)建设项目综合指标

建设项目综合指标是指按规定列入建设项目总投资的从立项筹建开始至竣工验收交付使用的全部投资额,包括单项工程投资、工程建设其他费用和预备费等。

建设项目综合指标一般以项目的综合生产能力单位投资表示,如元/t、元/正线 km(公路km),或以使用功能表示,如医院床位:元/床。

2)单项工程指标

指按规定应列入能独立发挥生产能力或使用效益的单项工程内的全部投资额,包括建筑工程费、安装工程费、设备及生产工器具购置费和其他费用。

单项工程指标一般以单项工程生产能力单位投资如元/t 或其他单位表示。如:变配电站,元/kV·A;供水站,元/m³;办公室、仓库、宿舍、住宅等房屋则区别不同结构形式以元/m²表示。

3)单位工程指标

单位工程指标是指按规定应列入能独立设计、施工的工程项目的费用,即建筑安装工程费,包括直接工程费、间接费、计划利润和税金。

(4)投资估算指标的编制方法

投资估算指标的编制工作,涉及建设项目的产品规模、产品方案、工艺流程、设备选型、工程设计和技术经济等各个方面,既要考虑到现阶段技术状况,又要展望近期技术发展趋势和设计动向,以指导以后建设项目的实践。投资估算指标的编制应成立专业齐全的编制小组,编制人员应具备较高的专业素质。此外,投资估算指标的编制还应制定一个从编制原则、编制内容、指标的层次相互衔接、项目划分、表现形式、计量单位、计算、复核、审查程序到相互应有的责任制等内容的编制方案或编制细则,以便编制工作有章可循。

1)收集资料阶段

收集整理已建成或正在建设的、符合现行技术政策和技术发展方向、有可能重复采用的、有代表性的工程设计施工图、标准设计以及相应的竣工决算或施工图预算资料等,这些资料是编制工作的基础,资料收集得越广泛,反映出的问题越多,编制工作考虑得越全面,就越有利于提高投资估算指标的实用性和覆盖面。同时,对调查收集到的资料要选择占投资比重大、相互关联多的项目进行认真地分析整理,由于已建成或正在建设的工程的设计意图、建设时间和地点、资料的基础等不同,相互之间的差异很大,需要去粗取精、去伪存真地加以整理,才能重复利用。将整理后的数据资料按项目划分栏目加以归类,按照编制年度的现行定额、费用标准和价格,调整成编制年度的造价水平及相互比例。

2)平衡调整阶段

由于收集的资料来源不同,虽然经过一定的分析整理,但难免会由于设计方案、建设条件和建设时间上的差异带来的某些影响,使数据失准或漏项等。因此,必须对有关资料进行综合平衡调整。

3)测算审查阶段

测算是将新编的指标和选定工程的概、预算,在同一价格条件下进行比较,检验其"量差"的偏离程度是否在允许偏差的范围以内,如偏差过大,则要查找原因,进行修正,以保证指标的确切、实用。测算同时也是对指标编制质量进行的一次系统检查,应由专人进行,以保持测算口径的统一,在此基础上组织有关专业人员予以全面审查定稿。

由于投资估算指标的计算工作量非常大,在现阶段计算机已经普及的条件下,应尽可能应用计算机进行投资估算指标的编制。

8.2 工程定额计价的基本方法

8.2.1 工程定额计价的基本程序

我国在很长一段时间内采用单一的定额计价模式形成工程价格,即按照预算定额规定的分部分项子目,逐项计算工程量,套用预算定额单价(或单位估价表)确定直接工程费,然后按规定的取费标准确定措施费、间接费、利润和税金,加上材料调差系数和适当的不可预见费,经汇总后即为工程预算或标底,而标底则作为评标定标的主要依据。

以定额单价法确定工程造价,是我国采用的一种与计划经济相适应的工程造价管理制度。定额计价实际上是国家通过颁布统一的计价定额或指标,来对建筑产品价格进行有计划的管理。国家以假定的建筑安装产品为对象,制定统一的预算和概算定额。计算出每一单元子项的费用后,再综合形成整个工程的价格。工程定额计价的基本程序如图 8-1 所示:

从上述定额计价过程示意图中可以看出,编制建设工程造价最基本的过程有两个:工程量计算和工程计价。为统一口径,工程量的计算均按照统一的项目划分和工程量计算规则计算。工程量确定以后,就可以按照一定的方法确定出工程的成本及盈利,最终就可以确定出工程预算造价(或投标报价)。定额计价方法的特点就是一个"量"与"价"结合的问题。概预算的单位价格的形成过程,就是依据概预算定额所确定的消耗量乘以定额单价或市场价,经过不同层次的计算达到量与价的最优结合过程。

我们可以用公式来进一步表明确定建筑产品价格定额计价的基本方法和程序:

(1)分部分项工程直接工程费单价=人工费+材料费+施工机械使用费

式中　　　　人工费=∑(人工工日数量×人工日工资标准)

材料费=∑(材料用量×材料预算价格)

施工机械使用费=∑(机械台班用量×台班单价)

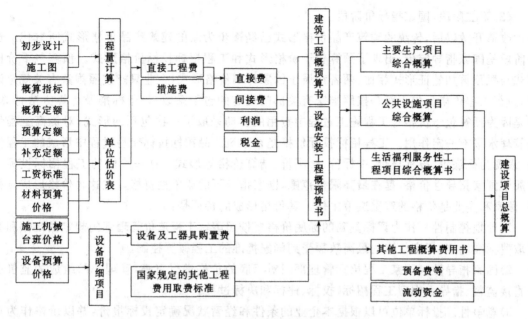

图 8-1　工程造价定额计价程序示意图

(2)单位工程直接费＝∑(分部分项工程量×直接工程费单价)＋措施费

(3)单位工程概(预)算造价＝单位工程直接费＋间接费＋利润＋税金

(4)单项工程概(预)算造价＝∑单位工程概(预)算造价＋设备工器具购置费

(5)建设项目概(预)算造价＝∑单项工程概(预)算造价＋预备费＋有关的其他费用

8.2.2　工程定额计价的性质及工程定额计价方法的改革

1. 工程定额计价的性质

在不同经济发展时期,建筑产品有不同的价格形式,不同的定价主体,不同的价格形成机制,而一定的建筑产品价格形式产生,存在于一定的工程建设管理体制和一定的建筑产品交换方式之中。我国建筑产品价格市场化经历了"国家定价——国家指导价——国家调控价"三个阶段。定额计价是以概预算定额、各种费用定额为基础依据,按照规定的计算程序确定工程造价的特殊计价方法。因此,利用工程建设定额计算工程造价就价格形成而言,介于国家指导价和国家调控价之间。

(1)第一阶段,国家定价阶段

在我国传统经济体制下,工程建设任务是由国家主管部门按计划分配,建筑业不是一个独立的物质生产部门,建设单位、施工单位的财务收支实行统收统支,建筑产品价格仅仅是一个经济核算的工具而不是工程价值的货币反映,实际在这一时期,建筑产品并不具有商品性质,所谓的"建筑产品价格"也是不存在的。在这种工程建设管理体制下,建筑产品价格实际上是在建设过程的各个阶段利用国家或地区所颁布的各种定额进行投资费用的预估和计算,也可以说成是概预算加签证的形式。主要特征是:

1)这种"价格"分为设计概算、施工图预算、工程费用签证和竣工结算。

2)这种"价格"属于国家定价的价格形式,国家是这一价格形式的决策主体。建筑产品价格形成过程中,建设单位、设计单位、施工单位都按照国家有关部门规定的定额标准、材料价格和取费标准,计算、确定工程价格,工程价格水平由国家规定。

（2）第二阶段，国家指导价阶段

改革开放以后，传统的建筑产品价格形式已经逐步为新的建筑产品价格形式所取代。这一阶段是国家指导定价，出现了预算包干价格形式和工程招标投标价格形式。预算包干价格形式与概预算加签证形式相比，两者都属于国家计划价格形式，企业只能按照国家有关规定计算，执行工程价格。包干额是按照国家有关部门规定的包干系数、包干标准及计算方法计算。但是因为预算包干价格对工程施工过程中费用的变动采取了一次包死的形式，对提高工程价格管理水平有一定作用。工程招标投标价格是在建筑产品招标投标交易过程中形成的工程价格，表现为标底价、投标报价、中标价、合同价、结算价格等形式。这一阶段的工程招标投标价格属于国家指导性价格，是在最高限价范围，国家指导下的竞争性价格。在这种价格形成过程中，国家和企业是价格的双重决策主体。其价格形成的特征是：

1）计划控制性。作为评标基础的标底价格要按照国家工程造价管理部门规定的定额和有关取费标准制定，标底价格的最高数额受到国家批准的工程概算控制。

2）国家指导性。国家工程招标管理部门对标底的价格进行审查，管理部门组成的监督小组直接监督、指导大中型工程招标、投标、评标和决标过程。

3）竞争性。投标单位可以根据本企业的条件和经营状况确定投标报价，并以价格作为竞争承包工程手段。招标单位可以在标底价格的基础上，择优确定中标单位和工程中标价格。

（3）第三阶段，国家调控价阶段

国家调控的招标投标价格形式，是一种由市场形成价格为主的价格机制。它是在国家有关部门调控下，由工程承发包双方根据工程市场中建筑产品供求关系变化自主确定工程价格。其价格的形成可以不受国家工程造价管理部门的直接干预，而是根据市场的具体情况，竞争形成。与国家指导的招标投标价格形式相比，国家调控招标投标价格形成特征如下：

1）自发形成。由工程承发包双方根据工程自身的物质劳动消耗、供求状况等协商议定，不受国家计划调控。

2）自发波动。随着工程市场供求关系的不断变化，工程价格经常处于上升或者下降的波动之中。

3）自发调节。通过价格的波动，自发调节着建筑产品的品种和数量投资与工程生产能力的平衡。

2. 工程定额计价方法的改革及发展

定额计价制度从产生到完善的数十年中，对中国内地的工程造价管理发挥了巨大作用，为政府进行工程项目的投资控制提供了很好的工具。但是随着市场经济体制改革的深度和广度不断增加，传统的定额计价制度也不断受到了冲击，改革势在必行。

自20世纪80年代末90年代初开始，建设要素市场的放开，各种建筑材料不再统购统销；随之人力、机械市场等也逐步放开，人工、材料、机械台班的要素价格随市场供求的变化而上下浮动。"动态要素"的动态管理拉开了传统定额计价改革的序幕。

工程定额计价制度第一阶段改革的核心思想是"量价分离"，即由国务院建设行政主管部门制定符合国家有关标准、规范，并反映一定时期施工水平的人工、材料、机械等消耗量标准，实现国家对消耗量标准的宏观管理。对人工、材料、机械的单价等，由工程造价管理机构依据市场价格的变化发布工程造价相关信息和指数，将过去完全由政府计划统一管理的定额计价改变为"控制量、指导价、竞争费"。

工程定额计价制度改革的第二阶段的核心问题是工程造价计价方式的改革。20世纪90

年代中后期,是中国内地建设市场迅猛发展的时期。1999 年《中华人民共和国招标投标法》的颁布标志着国内建设市场基本形成,建筑产品的商品属性得到了充分认识。在招投标已成为工程发包的主要方式之后,工程项目需要新的、更适应市场经济发展的、更有利于建设项目通过市场竞争合理形成造价的计价方式来确定其价格。2003 年 2 月,国家标准《建设工程工程量清单计价规范》(GB 50500—2003)发布并从 2003 年 7 月 1 日开始施行,这是我国工程计价方式改革历程中的里程碑,标志着我国工程造价的计价方式实现了从传统定额计价向工程量清单计价的转变。

在我国建设市场逐步放开的改革中,虽然已经制定并推广了工程量清单计价制度,但由于各地实际情况的差异,目前的工程造价计价方式不可避免地出现了双轨并行的局面——在保留了传统定额计价方式的基础上,又参照国际惯例引入了工程量清单计价方式。目前,我国的建设工程定额还是工程造价管理的重要手段。随着我国工程造价管理体制改革的不断深入和对国际工程管理的进一步深入了解,市场自主定价模式将逐渐占据主导地位。

8.3　建设项目投资估算

8.3.1　项目投资估算概述

1. 项目投资估算的含义和作用

投资估算是指在项目投资决策过程中,依据现有的资料和特定的方法,对建设项目的投资数额进行的估计。它是项目建设前期编制项目建议书和可行性研究报告的重要组成部分,是项目决策的重要依据之一。投资估算的准确与否不仅影响到可行性研究工作的质量和经济评价结果,而且也直接关系到下一阶段设计概算和施工图预算的编制,对建设项目资金筹措方案也有直接的影响。因此,全面准确地估算建设项目的工程造价,是可行性研究乃至整个决策阶段造价管理的重要任务。投资估算在项目开发建设过程中的作用有以下几点:

(1)项目建议书阶段的投资估算,是项目主管部门审批项目建议书的依据之一,并对项目的规划、规模起参考作用。

(2)项目可行性研究阶段的投资估算,是项目投资决策的重要依据,也是研究、分析、计算项目投资经济效果的重要条件。当可行性研究报告被批准之后,其投资估算额就作为设计任务书中下达的投资限额,即作为建设项目投资的最高限额,不得随意突破。

(3)项目投资估算对工程设计概算起控制作用,设计概算不得突破批准的投资估算额,并应控制在投资估算额以内。

(4)项目投资估算可作为项目资金筹措及制订建设贷款计划的依据,建设单位可根据批准的项目投资估算额,进行资金筹措和向银行申请贷款。

(5)项目投资估算是核算建设项目固定资产投资需要额和编制固定资产投资计划的重要依据。

2. 投资估算的阶段划分与精度要求

在我国,项目投资估算是指在做初步设计之前各工作阶段中的一项工作。在做工程初步设计之前,根据需要可邀请设计单位参加编制项目规划和项目建议书,并可委托设计单位承担项目的初步可行性研究、可行性研究及设计任务书的编制工作,同时应根据项目已明确的技术经济条件,编制和估算出精度不同的投资估算额。我国建设项目的投资估算分为以下几个阶段:

(1)项目规划阶段的投资估算

建设项目规划阶段是指有关部门根据国民经济发展规划、地区发展规划和行业发展规划的要求，编制一个建设项目的建设规划。此阶段是按项目规划的要求和内容，粗略地估算建设项目所需要的投资额。其对投资估算精度的要求为允许误差大于±30％。

(2)项目建议书阶段的投资估算

在项目建议书阶段，是按项目建议书中的产品方案、项目建设规模、产品主要生产工艺、企业车间组成、初选建厂地点等，估算建设项目所需要的投资额。其对投资估算精度的要求为误差控制在±30％以内。此阶段项目投资估算的意义是可据此判断一个项目是否需要进行下一阶段的工作。

(3)初步可行性研究阶段的投资估算

初步可行性研究阶段，是在掌握了更详细、更深入的资料条件下，估算建设项目所需的投资额。其对投资估算精度的要求为误差控制在±20％以内。此阶段项目投资估算的意义是据以确定是否进行详细可行性研究。

(4)详细可行性研究阶段的投资估算

详细可行性研究阶段的投资估算至关重要，因为这个阶段的投资估算经审查批准之后，便是工程设计任务书中规定的项目投资限额，并可据此列入项目年度基本建设计划。

8.3.2 投资估算的内容

根据国家规定，从满足建设项目投资设计和投资规模的角度，建设项目投资的估算包括固定资产投资估算和流动资金估算两部分。

固定资产投资估算的内容按照费用性质划分，包括建筑安装工程费、设备及工器具购置费、工程建设其他费用、预备费、建设期贷款利息、固定资产投资方向调节税等。其中，建筑安装工程费、设备及工器具购置费直接形成实体固定资产，被称为工程费用；工程建设其他费用可分别形成固定资产、无形资产及其他资产。预备费、建设期贷款利息，在可行性研究阶段为简化计算，一并计入固定资产。固定资产投资方向调节税现已暂停征收。

流动资金是指生产经营性项目投产后，用于购买原材料、燃料、支付工资及其他经营费用等所需的周转资金。它是伴随着固定资产投资而发生的长期占用的流动资产，流动资金＝流动资产－流动负债。其中，流动资金主要考虑现金、应收账款和存货；流动负债主要考虑应付账款。因此，流动资金的概念，实际上就是财务中的营运资金。

8.3.3 投资估算的编制依据、要求与步骤

1. 投资估算的编制依据

(1)建设标准和技术、设备、工程方案；

(2)专门机构发布的建设工程造价费用构成、估算指标、计算方法，以及其他有关工程造价的文件；

(3)专门机构发布的工程建设其他费用计算办法和费用标准，以及政府部门发布的物价指数；

(4)拟建项目各单项工程的建设内容及工程量；

(5)资金来源与建设工期。

2. 投资估算的编制要求

(1)工程内容和费用构成齐全,计算合理,不重复计算,不提高或者降低估算标准,不漏项、不少算;

(2)选用指标与具体工程之间存在标准或者条件差异时,应进行必要的换算或调整;

(3)投资估算精度应能满足控制初步设计概算要求。

3. 投资估算的编制步骤

(1)分别估算各单项工程所需的建筑工程费、设备及工器具购置费、安装工程费;

(2)在汇总各单项工程费用的基础上,估算工程建设其他费用和基本预备费;

(3)估算涨价预备费和建设期贷款利息;

(4)估算流动资金。

8.3.4 投资估算的编制方法

1. 固定资产投资静态投资部分的估算

不同阶段的投资估算,其方法和允许误差都是不同的。项目规划和项目建议书阶段,投资估算精度要求低,可采取简单的匡算法,如生产能力指数法、单位生产能力法、比例法、系数法等。在可行性研究阶段尤其是详细可行性研究阶段,投资估算精度要求高,需要采用相对详细的投资估算方法,即指标估算法。

(1)单位生产能力估算法

依据调查的统计资料,利用相近规模的单位生产能力投资乘以建设规模,即得拟建项目投资。其计算公式为:

$$C_2 = \left(\frac{C_1}{Q_1}\right) \cdot Q_2 \cdot f$$

式中 C_1——已建类似项目的投资额;

C_2——拟建项目投资额;

Q_1——类似项目的生产能力;

Q_2——拟建项目的生产能力;

f——不同时期、不同地点的定额、单价、费用变更等的综合调整系数。

这种方法把项目的建设投资与其生产能力的关系视为简单的线性关系,估算结果精确度较差,可达 $\pm 30\%$。使用这种方法时要注意拟建项目的生产能力和类似项目的可比性,否则误差很大。

(2)生产能力指数法

生产能力指数法又称指数估算法,它是根据已建成的类似项目生产能力和投资额来粗略估算拟建项目投资额的方法。其计算公式为:

$$C_2 = C_1 \cdot \left(\frac{Q_2}{Q_1}\right)^x \cdot f$$

式中 X——生产能力指数。

其他符号含义同前。

上式表明,造价与规模(或容量)呈非线性关系,且单位造价随工程规模(或容量)的增大而减小。在正常情况下,$0 \leqslant X \leqslant 1$。不同生产率水平的国家和不同性质的项目中,$X$ 的取值是不同的。比如化工项目美国取 0.6,英国取 0.66,日本取 0.7。

若已建类似项目的生产规模与拟建项目生产规模相差不大,Q_1 与 Q_2 的比值在 0.5~2 之间,则指数 X 的取值近似为1。

若已建类似项目的生产规模与拟建项目生产规模相差不大于 50 倍,且拟建项目生产规模的扩大仅靠增大设备规模来达到时,则 X 的取值约在 $0.6\sim0.7$ 之间;若是靠增加相同规格设备的数量达到时,X 的取值约在 $0.8\sim0.9$ 之间。

指数法主要应用于拟建装置或项目与用来参考的已知装置或项目的规模不同的场合。它与单位生产能力估算法相比精确度略高,其误差可控制在 $\pm20\%$ 以内,尽管估价误差仍较大,但有它独特的好处:即这种估价方法不需要详细的工程设计资料,只知道工艺流程及规模就可以;其次对于总承包工程而言,可作为估价的旁证,在总承包工程报价时,承包商大都采用这种方法估价。

(3)系数估算法

系数估算法也称为因子估算法,它是以拟建项目的主体工程费或主要设备费为基数,以其他工程费占主体工程费的百分比为系数估算项目总投资的方法。这种方法简单易行,但是精度较低,一般用于项目建议书阶段。系数估算法的种类很多,下面介绍几种主要类型。

1)设备系数法。以拟建项目的设备费为基数,根据已建成的同类项目的建筑安装费和其他工程费等占设备价值的百分比,求出拟建项目建筑安装工程费和其他工程费,进而求出建设项目总投资。其计算公式如下:

$$C=E(1+f_1P_1+f_2P_2+f_3P_3+\cdots)+I$$

式中　　　C——拟建项目投资额;

　　　　　E——拟建项目设备费;

$P_1,P_2,P_3,\cdots$——已建项目中建筑安装费及其他工程费等占设备费的比重;

$f_1,f_2,f_3,\cdots$——由于时间因素引起的定额、价格、费用标准等变化的综合调整系数;

　　　　　I——拟建项目其他费用。

2)主体专业系数法。以拟建项目中投资比重较大,并与生产能力直接相关的工艺设备投资为基数,根据已建同类项目的有关统计资料,计算出拟建项目各专业工程(总图、土建、采暖、给排水、管道、电气、自控等)占工艺设备投资的百分比,据以求出拟建项目各专业投资,然后加总即为项目总投资。其计算公式为:

$$C=E(1+f_1P_1'+f_2P_2'+f_3P_3'+\cdots)+I$$

式中　$P_1',P_2',P_3',\cdots$——已建项目中各专业工程费等占设备费的比重。

其他符号含义同前。

3)朗格系数法。这种方法是以设备费为基数,乘以适当系数来推算项目的建设费用。其计算公式为:

$$C=E\cdot(1+\sum K_i)\cdot K_c$$

式中　C——总建设费用;

　　　E——主要设备费;

　　　K_i——管线、仪表、建筑物等项费用的估算系数;

　　　K_c——管理费、合同费、应急费等项费用的总估算系数。

总建设费用与设备费用之比称为朗格系数 K_L。即:

$$K_L=(1+\sum K_i)\cdot K_c$$

朗格系数包含的内容如表 8-1 所示。

表 8-1 朗格系数包含的内容

项　目		固体流程	固流流程	流体流程
朗格系数 K_L		3.1	3.63	4.74
内容	(a)包括基础、设备、绝热、油漆及设备安装费	$E \times 1.43$		
	(b)包括上述在内和配管工程费	(a)×1.1	(a)×1.25	(a)×1.6
	(c)装置直接费	(b)×1.25		
	(d)包括上述在内和间接费,即总费用 C	(c)×1.31	(a)×1.35	(a)×1.38

（4）比例估算法

根据统计资料,先求出已有同类企业主要设备投资占全厂建设投资的比例,然后再估算出拟建项目的主要设备投资,即可按比例求出拟建项目的建设投资。其表达式为:

$$I = \frac{1}{K} \sum_{i=1}^{n} Q_i P_i$$

式中　I——拟建项目的建设投资;

　　K——主要设备投资占拟建项目投资的比例;

　　n——设备种类数;

　　Q_i——第 i 种设备的数量;

　　P_i——第 i 种设备的单价(到厂价格)。

（5）指标估算法

这种方法是把建设项目划分为建筑工程、设备安装工程、设备及工器具购置费及其他基本建设费等费用项目或单位工程,再根据各种具体的投资估算指标,进行各项费用项目或单位工程投资的估算,在此基础上,可汇总成每一单项工程的投资。另外,再估算工程建设其他费用及预备费,即求得建设项目总投资。

1)建筑工程费用估算。建筑工程费用是指为建造永久性建筑物或构筑物所需的费用,一般采用单位建筑工程投资估算法、单位实物工程量投资估算法、概算指标投资估算法等进行估算。

①单位建筑工程投资估算法,是以单位建筑工程量投资乘以建筑工程总量计算。一般工业与民用建筑以单位建筑面积(m^2)的投资、工业窑炉砌筑以单位容积(m^3)的投资、水库以水坝单位长度(m)的投资、铁路路基以单位长度(km)的投资、矿上掘进以单位长度(m)的投资,乘以相应的建筑工程量计算建筑工程费。

②单位实物工程量投资估算法,是以单位实物工程量的投资乘以实物工程总量计算。土石方工程按每立方米投资、矿井巷道衬砌工程按每延长米投资、路面铺设工程按每平方米投资,乘以相应的实物工程总量计算建筑工程费。

③概算指标投资估算法,对于没有上述估算指标且建筑工程费占总投资比重较大的项目,可采用概算指标投资估算法。采用该方法,应占有较为详细的工程资料、建筑材料价格和工程费用指标,投入的时间和工作量大。

2)设备及工器具购置费估算。设备购置费根据项目主要设备表及价格、费用资料编制,工器具购置费按设备费的一定比例计取。对于价格高的设备应按单台(套)估算购置费,价格较小的设备可按类估算,国内设备和进口设备应分别估算。具体估算方法见本书第 7 章 7.3。

3)安装工程费估算。安装工程费通常按行业或专门机构发布的安装工程定额、取费标准和

指标估算投资。具体可按安装费率、每吨设备安装费或单位安装实物工程量的费用估算,即:

$$安装工程费 = 设备原价 \times 安装费率$$
$$安装工程费 = 设备吨位 \times 每吨安装费$$
$$安装工程费 = 安装工程实物量 \times 安装费用指标$$

4)工程建设其他费用估算。工程建设其他费用按各项费用项目的费率或取费标准估算。

5)基本预备费估算。基本预备费在工程费用和工程建设其他费用的基础上乘以基本预备费率。

使用指标估算法,应注意以下事项:一是使用估算指标法应根据不同地区、年代进行调整。因为地区、年代不同,设备与材料的价格均有差异,调整方法可以按主要材料消耗量或"工程量"为计算依据;也可以按不同的工程项目的"万元工料消耗定额"而定不同的系数。如果有关部门已颁布了有关定额或材料价差系数(物价指数),也可以据其调整。二是使用估算指标法进行投资估算决不能生搬硬套,必须对工艺流程、定额、价格及费用标准进行分析,经过实事求是的调整与换算后,才能提高其精确度。

2. 建设投资动态部分的估算

建设投资动态部分主要包括价格变动可能增加的投资额、建设期利息两部分内容,如果是涉外项目,还应该计算汇率的影响。动态部分的估算应以基准年静态投资的资金使用计划为基础来计算,而不是以编制的年静态投资为基础计算。其中涨价预备费和建设期贷款利息的计算详见第 7 章 7.5,这里主要介绍汇率变化对涉外项目的影响。

汇率是两种不同货币之间的兑换比率,或者说是以一种货币表示的另一种货币的价格。汇率的变化意味着一种货币相对于另一种货币的升值或贬值。在我国,人民币与外币之间的汇率采取以人民币表示外币价格的形式给出,如目前 1 美元 ≈ 7.8 元人民币。由于涉外项目的投资中包含人民币以外的币种,需要按照相应的汇率把外币投资额换算为人民币投资额,所以汇率变化就会对涉外项目的投资额产生影响。

(1)外币对人民币升值。项目从国外市场购买设备材料所支付的外币金额不变,但换算成人民币的金额增加;从国外借款,本息所支付的外币金额不变,但换算成人民币的金额增加。

(2)外币对人民币贬值。项目从国外市场购买设备材料所支付的外币金额不变,但换算成人民币的金额减少;从国外借款,本息所支付的外币金额不变,但换算成人民币的金额减少。

估计汇率变化对建设项目投资的影响,是通过预测汇率在项目建设期内的变动程度以估算年份的投资额为基数,计算求得。

3. 流动资金估算方法

流动资金是指生产经营性项目投产后,为进行正常生产运营,用于购买原材料、燃料,支付工资及其他经营费用等所需的周转资金。流动资金估算一般采用分项详细估算法。个别情况或者小型项目可采用扩大指标法。

(1)分项详细估算法

流动资金的显著特点是在生产过程中不断周转,其周转额的大小与生产规模及周转速度直接相关。分项详细估算法是根据周转额与周转速度之间的关系,对构成流动资金的各项流动资产和流动负债分别进行估算。在可行性研究中,为简化计算,仅对存货、现金、应收账款和应付账款四项内容进行估算,计算公式为:

$$流动资金 = 流动资产 - 流动负债$$
$$流动资产 = 应收账款 + 存货 + 现金$$

$$流动负债＝应付账款$$

流动资金本年增加额＝本年流动资金－上年流动资金

估算的具体步骤,首先计算各类流动资产和流动负债的年周转次数,然后再分项估算占用资金额。

1)周转次数计算

周转次数是指流动资金的各个构成项目在一年内完成多少个生产过程。

$$周转次数＝360/流动资金最低周转天数$$

存货、现金、应收账款和应付账款的最低周转天数,可参照同类企业的平均周转天数并结合项目特点确定。又因为:

$$周转次数＝周转额/各项流动资金平均占用额$$

如果周转次数已知,则:

$$各项流动资金平均占用额＝周转额/周转次数$$

2)应收账款估算

应收账款是指企业对外赊销商品、劳务而占用的资金。应收账款的周转额应为全年赊销销售收入。在可行性研究时,用销售收入代替赊销收入。计算公式为:

$$应收账款＝年销售收入/应收账款周转次数$$

3)存货估算

存货是企业为销售或者生产耗用而储备的各种物资,主要有原材料、辅助材料、燃料、低值易耗品、维修备件、包装物、在产品、自制半成品和产成品等。为简化计算,仅考虑外购原材料、外购燃料、在产品和产成品,并分项进行计算。计算公式为:

$$存货＝外购原材料＋外购燃料＋在产品＋产成品$$

$$外购原材料占用资金＝年外购原材料总成本/原材料周转次数$$

$$外购燃料＝年外购燃料/按种类分项周转次数$$

$$在产品＝\frac{年外购原材料、燃料＋年工资及福利＋年修理费＋年其他制造费}{在产品周转次数}$$

$$产成品＝年经营成本/产成品周转次数$$

4)现金需要量估算

项目流动资金中的现金是指货币资金,即企业生产运营活动中停留于货币形态的那部分资金,包括企业库存现金和银行存款。计算公式为:

$$现金需要量＝（年工资及福利费＋年其他费用）/现金周转次数$$

年其他费用＝制造费用＋管理费用＋销售货用－（以上三项费用中所含的工资及福利费、折旧费、维简费、摊销费、修理费）

5)流动负债估算

流动负债是指在一年或者超过一年的一个营业周期内,需要偿还的各种债务。在可行性研究中,流动负债的估算只考虑应付账款一项。计算公式为:

$$应付账款＝（年外购原材料＋年外购燃料）/应付账款周转次数$$

(2)扩大指标估算法

扩大指标估算法是根据现有同类企业的实际资料,求得各种流动资金率指标,亦可依据行业或部门给定的参考值或经验确定比率。将各类流动资金率乘以相对应的费用基数来估算流动资金。一般常用的基数有销售收入、经营成本、总成本费用和固定资产投资等,究竟采用何种基数依行业习惯而定。扩大指标估算法简便易行,但准确度不高,适用于项目建议书阶段的估算。扩大指标估算法计算流动资金的公式为:

$$年流动资金额＝年费用基数×各类流动资金率$$

$$年流动资金额＝年产量×单位产品产量占用流动资金额$$

(3)估算流动资金应注意的问题

1)在采用分项详细估算法时,应根据项目实际情况分别确定现金、应收账款、存货和应付账款的最低周转天数,并考虑一定的保险系数。因为最低周转天数减少,将增加周转次数,从而减少流动资金需用量,因此,必须切合实际地选用最低周转天数。对于存货中的外购原材料和燃料,要分品种和来源,考虑运输方式和运输距离,以及占用流动资金的比重大小等因素确定。

2)在不同生产负荷下的流动资金,应按不同生产负荷所需的各项费用金额,分别按照上述的计算公式进行估算,而不能直接按照100％生产负荷下的流动资金乘以生产负荷百分比求得。

3)流动资金属于长期性(永久性)流动资产,流动资金的筹措可通过长期负债和资本金(一般要求占30％)的方式解决。流动资金一般要求在投产前一年开始筹措,为简化计算,可规定在投产的第一年开始按生产负荷安排流动资金需用量。其借款部分按全年计算利息,流动资金利息应计入生产期间财务费用,项目计算期末收回全部流动资金(不含利息)。

8.4 设计概算的编制

8.4.1 设计概算概述

1. 设计概算的含义

设计概算是设计文件的重要组成部分,是在投资估算的控制下由设计单位根据初步设计(或扩大初步设计)图纸、概算定额(或概算指标)、各项费用取费标准、建设地区自然、技术经济条件和设备、材料预算价格等资料,编制和确定的建设项目从筹建至竣工交付使用所需全部费用的文件。采用两阶段设计的建设项目,初步设计阶段必须编制设计概算;采用三阶段设计的,技术设计阶段必须编制修正概算。

2. 设计概算的作用

(1)设计概算是编制建设项目投资计划、确定和控制建设项目投资的依据。国家规定,编制年度固定资产投资计划,确定计划投资总额及其构成数额,要以批准的初步设计概算为依据,没有批准的初步设计文件及其概算的建设工程不能列入年度固定资产投资计划。

设计概算一经批准,将作为控制建设项目投资的最高限额。竣工结算不能突破施工图预算,施工图预算不能突破设计概算。如果由于设计变更等原因使建设费用超过概算,必须重新审查批准。

(2)设计概算是签订建设工程合同和贷款合同的依据。我国合同法中明确规定,建设工程合同价款是以设计概预算为依据,且总承包合同不得超过设计总概算的投资额。银行贷款或各单项工程的拨款累计总额不能超过设计概算,如果项目投资计划所列支的投资额与贷款突破设计概算,必须查明原因,之后由建设单位报请上级主管部门调整或追加设计概算总投资,凡未批准之前,银行对其超支部分拒不拨付。

(3)设计概算是控制施工图设计和施工图预算的依据。设计单位必须按批准的初步设计和总概算进行施工图设计,施工图预算不得突破设计概算,如确需突破总概算时,应按规定程序报批。

(4)设计概算是衡量设计方案经济合理性和选择最佳设计方案的依据。设计部门在初步设计阶段要选择最佳设计方案,设计概算是从经济角度衡量设计方案经济合理性的重要依据。因此,设计概算是衡量设计方案经济合理性和选择最佳设计方案的依据。

(5)设计概算是考核建设项目投资效果的依据。通过设计概算与竣工决算对比,可以分析和考核投资效果的好坏,同时还可以验证设计概算的准确性,有利于加强设计概算管理和建设项目的造价管理工作。

3. 设计概算的内容

设计概算可分单位工程概算、单项工程综合概算和建设项目总概算三级。各级之间概算的相互关系如图 8-2 所示。

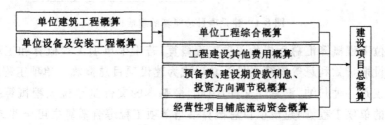

图 8-2　设计概算的三级概算关系图

(1)单位工程概算

单位工程概算是确定各单位工程建设费用的文件,是编制单项工程综合概算的依据,是单项工程综合概算的组成部分。单位工程概算按其工程性质分为建筑工程概算和设备及安装工程概算两大类。

(2)单项工程综合概算

单项工程综合概算是确定一个单项工程所需建设费用的文件,它是由单项工程中的各单位工程概算汇总编制而成的,是建设项目总概算的组成部分。单项工程综合概算的组成内容如图 8-3 所示。

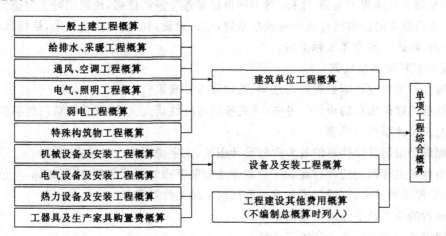

图 8-3　单项工程综合概算的组成内容

(3)建设项目总概算

建设项目总概算是确定整个建设项目从筹建到竣工验收所需全部费用的文件,它是由各单项工程综合概算、工程建设其他费用概算、预备费、建设期贷款利息和固定资产投资方向调节税概算汇总编制而成的,如图 8-4 所示。

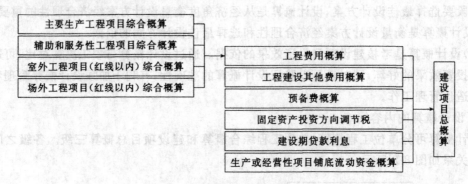

图 8-4　建设项目总概算的组成内容

若干个单位工程概算汇总后成为单项工程概算,若干个单项工程概算和工程建设其他费用、预备费、建设期贷款利息等概算文件汇总后成为建设项目总概算。单项工程综合概算和建设项目总概算仅是一种归纳、汇总性文件,因此,最基本的文件是单位工程概算书。建设项目若为一个独立的单项工程,则建设项目总概算书与单项工程综合概算书可合并编制。

8.4.2　设计概算的编制原则与依据

1. 设计概算的编制原则

(1)严格执行国家的建设方针和经济政策的原则。设计概算是一项重要的技术经济工作,要严格按照党和国家的方针、政策办事,坚决执行勤俭节约的方针,严格执行规定的设计标准。

(2)完整、准确地反映设计内容的原则。编制设计概算时,要认真了解设计意图,根据设计文件、图纸准确计算工程量,避免重算和漏算。设计修改后,要及时修正概算。

(3)坚持结合拟建工程的实际,反映工程所在地当时价格水平的原则。为提高设计概算的准确性,要实事求是地对工程所在地的建设条件,可能影响造价的各种因素进行认真的调查研究。在此基础上正确使用定额、指标、费率和价格等各项编制依据,按照现行工程造价的构成,根据有关部门发布的价格信息及价格调整指数,考虑建设期的价格变化因素,使概算尽可能地反映设计内容、施工条件和实际价格。

2. 设计概算的编制依据

(1)国家有关建设和造价管理的法律、法规和方针政策;

(2)批准的建设项目的设计任务书(或批准的可行性研究文件)和主管部门的有关规定;

(3)初步设计项目一览表;

(4)能满足编制设计概算的各专业的设计图纸、文字说明和主要设备表;

(5)当地和主管部门的现行建筑工程和专业安装工程的概算定额、概算指标、单位估价表、材料及构配件预算价格、取费标准和有关费用规定的文件等资料;

(6)现行的有关设备原价及运杂费率;

(7)建设场地的自然条件和施工条件;

(8)类似工程的概、预算及技术经济指标;

(9)其他有关资料。

8.4.3 设计概算的编制方法

1. 单位工程概算的编制方法

单位工程概算书是计算一个独立建筑物或构筑物(即单项工程)中每个专业工程所需工程费用的文件,包括建筑工程概算书和设备及安装工程概算书两类。单位工程概算文件应包括:建筑(安装)工程直接工程费计算表,建筑(安装)工程人工、材料、机械台班价差表,建筑(安装)工程费用构成表。

建筑工程概算的编制方法有:概算定额法、概算指标法、类似工程预算法等;设备及安装工程概算的编制方法有:预算单价法、扩大单价法、设备价值百分比法和综合吨位指标法等。单位工程概算造价由直接费、间接费、利润和税金组成。

(1)单位建筑工程概算的编制方法

1)概算定额法。概算定额法又叫扩大单价法或扩大结构定额法,是采用概算定额编制建筑工程概算的方法。它是根据初步设计图纸资料和概算定额的项目划分计算出工程量,然后套用概算定额单价(基价),计算汇总后,再计取有关费用,便可得出单位工程概算造价。

概算定额法要求初步设计达到一定深度,建筑结构比较明确,能按照初步设计文件计算出分部工程(或扩大结构构件)项目的工程量时,才可采用。

概算定额法编制设计概算的步骤如下:

①列出单位工程中分项工程或扩大分项工程的项目名称,并计算其工程量;

②确定各分部分项工程项目的概算定额单价;

③计算分部分项工程的直接工程费,合计得到单位工程直接工程费总和;

④按照有关规定计算措施费,合计得到单位工程直接费;

⑤按照一定标准计算间接费和利税;

⑥计算单位工程概算造价。

2)概算指标法。概算指标法是采用直接工程费指标,是用拟建工程的建筑面积(或体积)等乘以技术条件相同或基本相同的概算指标,得出直接工程费,然后按规定计算出措施费、间接费、利润和税金等,编制出单位工程概算的方法。

概算指标法的适用范围是当初步设计深度不够,不能准确地计算出工程量,但工程设计技术比较成熟而又有类似工程概算指标可以利用时,可采用此法。

由于拟建工程(设计对象)往往与类似工程的概算指标的技术条件不尽相同,而且概算指标编制年份的设备、材料、人工等价格与拟建工程当时当地的价格也不会一样。因此,必须对其进行调整。其调整方法是:

①设计对象的结构特征与概算指标有局部差异时的调整

$$结构变化修正概算指标(元/m^2) = J + Q_1 P_1 - Q_2 P_2$$

式中 J——原概算指标;

Q_1——换入新结构的含量;

P_1——换出旧结构的含量;

Q_2——换入新结构的单价;

P_2——换出旧结构的单价。

或

结构变化修正概算指标的工、料、机数量=原概算指标的工、料、机数量+换入结构件工程量

$$×相应定额工、料、机消耗量－换出结构件工程量$$
$$×相应定额工、料、机消耗量$$

以上两种方法,前者是直接修正结构件指标单价,后者是修正结构件指标人工、材料、械数量。

②设备、人工、材料、机械台班费用的调整

设备、人工、材料机械修正概算费用 = 原概算指标的设备、人工、材料机械费用
$$+\sum(换入设备、人工、材料、机械数量×拟建地区相应单价)$$
$$-\sum(换出设备、人工、材料、机械数量$$
$$×原概算指标设备、人工、材料、机械单价)$$

3)类似工程预算法。类似工程预算法是利用技术条件与设计对象相类似的已完工程或在建工程的工程造价资料来编制拟建工程设计概算的方法。

类似工程预算法适用于拟建工程初步设计与已完工程或在建工程的设计相类似又没有可用的概算指标时采用,但必须对建筑结构差异和价差进行调整。建筑结构差异的调整方法与概算指标法的调整方法相同;类似工程造价的价差调整有两种方法:

①类似工程造价资料有具体的人工、材料、机械台班的用量时,可按类似工程预算造价资料中的主要材料用量、工日数量、机械台班用量乘以拟建工程所在地的主要材料预算价格、人工单价、机械台班单价,计算出直接工程费,再乘以当地的综合费率,即可得出所需的造价指标。

②类似工程造价资料只有人工、材料、机械台班费用和措施费、间接费时,可按下面公式调整:

$$D=A \cdot K$$
$$K=a\%K_1+b\%K_2+c\%K_3+d\%K_4+e\%K_5$$

式中　　　　　D——拟建工程单方概算造价;

　　　　　　　A——类似工程单方概算造价;

　　　　　　　K——综合调整系数;

$a\%,b\%,\cdots,e\%$——类似工程预算的人工费、材料费、机械台班费、措施费、间接费占预算造价的比重;

$K_1,K_2,\cdots,K_5$——拟建工程地区与类似工程预算造价在人工费、材料费、机械台班费、措施费、间接费之间的差异系数。

(2)设备及安装单位工程概算的编制方法

设备及安装工程概算包括设备购置费用概算和设备安装工程费用概算两大部分。

1)设备购置费概算。设备购置费是根据初步设计的设备清单计算出设备原价,并汇总求出设备总原价,然后按有关规定的设备运杂费率乘以设备总原价,两项相加即为设备购置费概算。

有关设备原价、运杂费和设备购置费的概算可参见第 7 章 7.3。

2)设备安装工程费概算的编制方法

设备安装工程费概算的编制方法是根据初步设计深度和要求明确的程度来确定的,其主要编制方法有:

①预算单价法。当初步设计较深,有详细的设备清单时,可直接按安装工程预算定单价编制安装工程概算,概算编制程序基本同安装工程施工图预算。该法具有计算比较具体,精确性

较高之优点。

②扩大单价法。当初步设计深度不够,设备清单不完备,只有主体设备或仅有成套设备重量时,可采用主体设备、成套设备的综合扩大安装单价来编制概算。

③设备价值百分比法,又叫安装设备百分比法。当初步设计深度不够,只有设备出厂价而无详细规格、重量时,安装费可按占设备费的百分比计算。其百分比值(即安装费率)由主管部门制定或由设计单位根据已完类似工程确定。该法常用于价格波动不大的定型产品和通用设备产品,其计算公式为:

$$设备安装费=设备原价×安装费率(\%)$$

④综合吨位指标法。当初步设计提供的设备清单有规格和设备重量时,可采用综合吨位指标编制概算,其综合吨位指标由主管部门或由设计院根据已完类似工程资料确定。该法常用于设备价格波动较大的非标准设备和引进设备的安装工程概算,其计算公式为:

$$设备安装费=设备吨重×每吨设备安装费指标(元/t)$$

2. 单项工程综合概算的编制

单项工程综合概算是确定单项工程建设费用的综合性文件,是由该单项工程的各专业的单位工程概算汇总而成的,是建设项目总概算的组成部分。

单项工程综合概算文件一般包括编制说明(不编制总概算时列入)、综合概算表(含其所附的单位工程概算表和建筑材料表)两大部分。当建设项目只有一个单项工程时,此时综合概算文件(实为总概算)除包括上述两大部分外,还应包括工程建设其他费用、建设期贷款利息、预备费和固定资产投资方向调节税的概算。

单项工程综合概算文件的内容包括以下几个部分:

(1)编制说明。编制说明应列在综合概算表的前面,其内容为;

1)工程概况。简述建设项目性质、特点、生产规模、建设周期、建设地点等主要情况。引进项目要说明引进内容以及与国内配套工程等主要情况。

2)编制依据。包括国家和有关部门的规定、设计文件。现行概算定额或概算指标、设备材料的预算价格和费用指标的等。

3)编制方法。说明设计概算是采用概算定额法,还是采用概算指标法,或其他方法。

4)其他必要的说明。

(2)综合概算表。综合概算表是根据单项工程所辖范围内的各单位工程概算等基础资料,按照国家或部委所规定统一表格进行编制。

1)综合概算表的项目组成。工业建设项目综合概算表由建筑工程和设备及安装工程两大部分组成;民用工程项目综合概算表就是建筑工程一项。

2)综合概算的费用组成。一般应包括建筑工程费用、安装工程费用、设备购置及工器具和生产家具购置费。当不编制总概算时,还应包括工程建设其他费用、建设期贷款利息、预备费和固定资产方向调节税等费用项目。

3. 建设项目总概算的编制

建设项目总概算是设计文件的重要组成部分,是确定整个建设项目从筹建到竣工交付使用所预计花费的全部费用的文件。它是由各单项工程综合概算、工程建设其他费用、建设期贷款利息、预备费、固定资产投资方向调节税和经营性项目的铺底资金概算所组成、按照主管部门规定的统一表格进行编制而成的。

设计总概算文件一般应包括:编制说明、总概算表、各单项工程综合概算表、工程建设其他费用概算表、主要建筑安装材料汇总表等。独立装订成册的总概算文件应加封面、签署页(扉页)和目录。现将有关主要情况说明如下：

(1)编制说明。编制说明的内容与单项工程综合概算文件相同。

(2)总概算表。按照国家或地区或部委主管部门规定的统一表格进行编制。

(3)工程建设其他费用概算表。工程建设其他费用概算按国家或地区或部委所规定的项目和标准确定，并按统一格式编制。

(4)主要建筑安装材料汇总表。针对每一个单项工程列出钢筋、型钢、水泥、木材等主要建筑安装材料的消耗量。

8.5 施工图预算的编制

8.5.1 施工图预算概述

1. 施工图预算的含义

施工图预算是施工图设计预算的简称，又叫设计预算。它是由设计单位在施工图设计完成后，根据施工图设计图纸、现行预算定额、费用定额以及地区设备、材料、人工、施工机械台班等预算价格编制和确定的建筑安装工程造价的文件。

2. 施工图预算的作用

(1)建设工程施工图预算是招投标的重要基础，既是工程量清单的编制依据，也是标底编制的依据。招投标法实施以来，市场竞争日趋激烈，施工企业一般根据自身特点报价，传统的施工图预算在投标报价中的作用将逐渐弱化，但是，施工图预算的原理、依据、方法和编制程序，仍是投标报价的重要参考资料。

(2)施工图预算是施工单位在施工前组织材料、机具、设备及劳动力供应的重要参考，是施工企业编制进度计划、统计完成工作量、进行经济核算的参考依据，是甲乙双方办理工程结算和拨付工程款的参考依据，也是施工单位拟定降低成本措施和按照工程量清单计算结果、编制施工预算的依据。

(3)对于工程造价管理部门来说，施工图预算是监督、检查执行定额标准、合理确定工程造价，测算造价指数的依据。

3. 施工图预算的内容

施工图预算有单位工程预算、单项工程预算和建设项目总预算。单位工程预算是根据施工图设计文件、现行预算定额、取费标准以及人工、材料、设备、机械台班等预算价格资料，编制单位工程的施工图预算；然后汇总所有各单位工程施工图预算，成为单项工程施工图预算；再汇总各所有单项工程施工图预算，即得一个建设项目建筑安装工程的总预算。

单位工程预算包括建筑工程预算和设备安装工程预算。建筑工程预算按其工程性质分为一般土建工程预算、卫生工程预算(包括室内外给排水工程、采暖通风工程、煤气工程等)、电气照明工程预算、弱电工程预算、特殊构筑物如炉窑、烟囱、水塔等工程预算和工业管道工程预算等。设备安装工程预算可分为机械设备安装工程预算、电气设备安装工程预算和热力设备安装工程预算。

8.5.2 施工图预算的编制依据

1. 国家有关工程建设和造价管理的法律、法规和方针政策；

2. 施工图设计项目一览表、各专业施工图设计的图纸和文字说明、工程地质勘察资料；

3. 主管部门颁布的现行建筑工程和安装工程预算定额、指标、材料与构配件预算价格、工程费用取费标准和有关费用规定等文件；

4. 现行的有关设备原价及运杂费率；

5. 建设场地中的自然条件和施工条件。

8.5.3 施工图预算的编制程序

1. 编制前的准备工作

施工图预算是确定施工预算的造价的文件。编制施工图预算的过程是具体确定建筑安装工程预算造价的过程。编制施工图预算，不仅要严格遵守国家计价政策、法规，严格按施工图计量，而且还要考虑施工现场条件因素，是一项复杂而细致的工作，是一项政策性和技术性都很强的工作。因此，必须事前做好充分准备，方能编制出高水平的施工图预算。准备工作包括两大方面：一是组织准备；二是资料的收集和现场情况的调查。

2. 熟悉图纸和预算定额

图纸是编制施工图预算的基本依据，必须充分地熟悉图纸，方能编制好预算。熟悉图纸不但要弄清图纸的内容，而且要对图纸进行审核：图纸间相关尺寸是否有误，设备与材料表上的规格、数量是否与图示相符，详图、说明、尺寸和其他符号是否正确等。若发现错误应及时纠正。

另外，要全面熟悉图纸，包括采用的平面图、立面图、剖面图、大样图、标准图以及设计更改通知（或类似文件），这些都是图纸的组成部分，不可遗漏。通过对图纸的熟悉，要了解工程的性质、系统的组成，设备和材料的规格、型号和品种，以及有无新材料、新工艺的采用。

预算定额是编制施工图预算的计价标准，对其适用范围、工程量计算规则及定额系数等都要充分了解，做到心中有数，这样才能使预算编制准确、迅速。

3. 划分工程项目和计算工程量

（1）划分工程项目。划分的工程项目必须和定额规定的项目一致，这样才能正确地套用定额。不能重复列项计算，也不要漏项少算。

（2）计算并整理工程量。必须按照定额规定的工程量计算规则进行计算，该扣除部分要扣除，不该扣除的部分不能扣除。当按照工程项目将工程量全部计算完以后，要对工程项目和工程量进行整理，即合并同类项和按序排列，给套定额、计算直接工程费和进行工料分析打下基础。

4. 套单价（计算定额基价）

套单价，即将定额子项中的基价填于预算表单价栏内，并将单价乘以工程量得出和价，将结果填入和价栏内。

5. 工料分析

工料分析即按分项工程项目，依据定额或单位估价表，计算人工和各种材料的实物消耗量，并将主要材料汇总成表。工料分析的方法是：首先从定额项目表中分别将各分项工程消耗的每项材料和人工的定额消耗量查出；再分别乘以该工程项目的工程量，得到分项工程工料消耗量，最后将各分项工程工料消耗量加以汇总，得出单位工程人工、材料的消耗量。

6. 计算主材费（未计价材料费）

因为许多定额项目基价为不完全价格，即未包括主材费用在内。计算所在地定额基价费

（基价合计）之后，还应计算出主材费，以便计算工程造价。

7. 按费用标准取费

即按有关规定计取措施费，以及按当地取费规定计取间接费、利润、税金等。

8. 计算建筑安装工程造价

将直接费、间接费、利润和税金相加，即为建筑安装工程预算造价。

施工图预算的编制程序如图 8-5 所示。

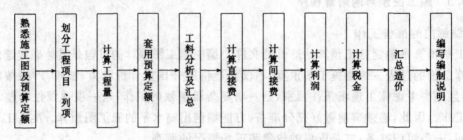

图 8-5 施工图预算编制程序示意图

8.5.4 施工图预算的编制方法

施工图预算的编制方法通常有工料单价法和综合单价法两种。

1. 工料单价法

工料单价法是目前施工图预算普遍采用的方法。它是根据建筑安装工程施工图和预算定额，按分部分项的顺序，先计算出分项工程量，然后再乘以对应的预算定额基价，求出分项工程直接费。将分项工程直接工程费汇总为单位工程直接工程费，直接工程费汇总后再加上措施费、间接费、利润、税金生成施工图预算造价。

工料单价法计算建筑安装工程造价时，费用的计费基数有三种：直接费、人工费与机械费合计、人工费。有关的取费方法详见第 7 章 7.2.6。

2. 综合单价法

所谓综合单价，即分项工程全费用单价，也就是工程量清单的单价。它综合了人工费、材料费、机械费，有关文件的调价、利润、税金，现行取费中有关费用、材料价差，以及采用固定价格的工程所测算的风险金等全部费用。

综合单价法与工料单价法相比较，主要区别在于：间接费和利润等是用一个综合管理费率分摊到分项工程单价中，从而组成分项工程全费用单价，某分项工程单价乘以工程量即为该分项工程的完全价格。

综合单价法计算建筑安装工程造价详见第 7 章 7.2.6。

9 工程造价工程量清单计价方法

9.1 工程量清单概述

工程量清单计价方法是一种区别于定额计价模式的新计价模式,是一种主要由市场定价的计价模式,是由建设产品的买方和卖方在建设市场上根据供求状况、信息状况进行自由竞价,从而最终能够签订工程合同价格的方法。因此,可以说工程量清单的计价方法是建设市场建立、发展和完善过程中的必然产物。在工程量清单的计价过程中,工程量清单为建设市场的交易双方提供了一个平等的平台,是投标人在投标活动中进行公正、公平、公开竞争的重要基础。

9.1.1 工程量清单的概念

工程量清单是表现拟建工程的分部分项工程项目、措施项目、其他项目名称和相应数量的明细清单。工程量清单是按统一规定进行编制的,它体现的核心内容为分项工程项目名称及其数量,是招标文件的组成部分。招标人或其委托代理机构按照招标要求和施工实际图纸规定将拟建招标工程的全部项目和内容,依据《建设工程工程量清单计价规范》中统一的项目编码、项目名称、计量单位和工程量计算规则进行编制,作为承包商进行投标报价的主要参考依据之一。工程量清单是一套注有拟建工程各实物工程名称、性质、特征、单位、数量及措施项目、税费等相关表格组成的文件。在性质上,工程量清单是招标文件的组成部分,是招标投标活动的重要依据,一经中标且签订合同,即成为合同的组成部分。因此,无论是招标人还是投标人都应该认真对待。

9.1.2 工程量清单的内容

工程量清单作为招标人所编制的招标文件的一部分,是投标人进行投标报价的重要依据。因此,作为一个合格的计价依据,工程量清单中必须具有完整详细的信息披露,为了达到这一要求,招标人编制的工程量清单应该包括以下内容:

1. 明确的项目设置

工程计价是一个分部组合计价的过程,不同的计价模式对项目的设置规则和结果都是不尽相同的。在业主提供的工程量清单计价中必须明确清单项目的设置情况,除明确说明各清单项目的名称,还应阐述各个清单项目的特征和工程内容,以保证清单项目设置的特征描述和工程内容,没有遗漏,也没有重叠。当然,这种项目设置可以通过统一的编制规范来解决。实际上,我国 2003 年 7 月 1 日起正式实施的《建设工程工程量清单计价规范》就解决了这一问题。

2. 清单项目的工程数量

在招标人提供的工程量清单中必须列出各个清单项目的工程数量,这也是工程量清单招标与定额招标之间的一个重大区别。

采用定额方式和由投标人自行计算工程量的投标报价,由于设计或图纸的缺陷,不同投标人理解不一,计算出的工程量也不同,报价相去甚远,容易产生纠纷。而工程量清单报价为投标者提供了一个平等竞争的条件,相同的工程量,由企业根据自身的实力来填报不同的单价,符合商品交换的一般性原则。因为对于每一个投标人来说,计价所依赖的工程数量都是一样的,使得投标人之间的竞争完全属于价格的竞争,其投标报价反映出自身的技术能力和管理能力,也使得招标人的评标标准更加简单明确。

同时,在招标人提供的工程量清单中提供工程数量,还可以实现承发包双方合同风险的合理分担。采用工程量清单报价方式后,投标人只对自己所报的成本、单价等负责,而对工程量的变更或计算错误等不负责任;相应的,对于这一部分风险则应由业主承担,这种格局符合风险合理分担与责权利关系对等的一般原则。

3. 提供基本的表格形式

工程量清单的表格格式是附属于项目设置和工程量计算的,它为投标报价提供一个合适的计价平台,投标人可以根据表格之间的逻辑关系和从属关系,在其指导下完成分部组合计价的过程。从严格意义上来说,工程量清单的表格格式可以多种多样,只要能够满足计价的需要就可以了。

9.1.3 工程量清单的编制

工程量清单主要由分部分项工程量清单、措施项目清单和其他项目清单组成,是编制标底和投标报价的依据,是签订工程合同、调整工程量和办理竣工结算的基础。

工程量清单由有编制招标文件能力的招标人或受其委托具有相应资质的工程造价咨询机构、招标代理机构依据有关计价办法、招标文件的有关要求、设计文件和施工现场实际情况进行编制。

1. 工程量清单的项目设置

工程量清单的项目设置规则是为了统一工程量清单项目名称、项目编码、计量单位和工程量计算而制定的,是编制工程量清单的依据。在《建设工程工程量清单计价规范》(以下简称"清单计价规范")中,对工程量清单项目的设置作了明确规定。

(1)项目编码

分部分项工程量清单项目编码以五级编码设置,用 12 位阿拉伯数字表示。一、二、三、四级编码为全国统一;第五级编码由工程量清单编制人区分工程量清单的项目特征而分别编制。各级编码代表的含义如下:

第一级表示工程分类顺序码(分二位):建筑工程为 01、装饰装修工程为 02、安装工程为 03、市政工程为 04、园林绿化工程为 05。

第二级表示专业工程顺序码(分二位)。

第三级表示分部工程顺序码(分二位)。

第四级表示分项工程顺序码(分三位)。

第五级表示工程量清单项目顺序码(分三位)。

工程量清单项目编码结构如图 9-1 所示(以建筑工程为例)。

(2)项目名称

"清单计价规范"附录表中的"项目名称"为分部分项工程项目名称,是形成分部分项工程量清单项目名称的基础,在此基础上增填相应项目特征,即为清单项目名称。项目名称原则上

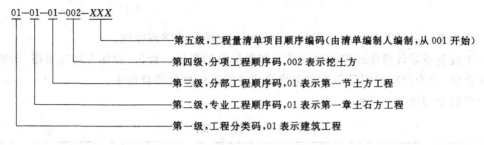

图 9-1　工程量清单项目编码结构

以形成工程实体而命名。项目名称如有缺项，招标人可按相应的原则进行补充，并报当地工程造价管理部门备案。

（3）项目特征

项目特征是对项目的准确描述，是影响价格的因素，是设置工程量清单项目的依据。项目特征按不同的工程部位、施工工艺或材料品种、规格等分别列项。凡项目特征中未描述到的其他独有特征，由清单编制人视项目具体情况确定，以准确描述清单项目为准。

（4）计量单位

计量单位应采用基本单位，除各专业另有特殊规定外，均按以下单位计量：

以重量计算的项目——吨或千克（t 或 kg）。

以体积计算的项目——立方米（m³）。

以面积计算的项目——平方米（m²）。

以长度计算的项目——米（m）。

以自然计量单位计算的项目——个、套、块、樘、组、台……

没有具体数量的项目——系统、项……

各专业有特殊计量单位的，再另外加以说明。

（5）工程内容

工程内容是指完成该清单项目可能发生的具体工程，可供招标人确定清单项目和投标人投标报价参考。以建筑工程的砖墙为例，可能发生的具体工程有搭拆内墙脚手架、运输、砌砖、勾缝等。

凡工程内容中未列全的其他具体工程，由投标人按招标文件或图纸要求编制，以完成清单项目为准，综合考虑到报价中。

2. 工程数量的计算

工程数量主要是根据工程量计算规则计算得到。工程量计算规则是指对清单项目工程量的计算规定。除另有说明外，所有清单项目的工程量应以实体工程量为准，并以完成后的净值计算；投标人投标报价时，应在单价中考虑施工中的各种损耗和需要增加的工程量。

3. 工程量清单的标准格式

工程量清单应采用统一格式，一般应由下列内容组成：

（1）封面

封面（表 9-1），由招标人填写、签字、盖章。

（2）填表须知

填表须知主要包括下列内容：

1）工程量清单及其计价格式中所要求签字、盖章的地方，必须有规定的单位和人员签字、盖章。

2)工程量清单及其计价格式中的任何内容不得随意删除或涂改。

3)工程量清单计价格式中列明的所有需要填报的单价和合价,投标人均应填报,未填报的单价和合价,视为此项费用已包含在工程量清单的其他单价和合价中。

4)明确金额的表示币种。

表 9-1 封　面

```
_____工程

               工程量清单

招　标　人:_____(单位签字盖章)

法定代表人:_____(签字盖章)

中介机构
法定代表人:_____(签字盖章)

造价工程师
及注册证号:_____(签字盖执业专用章)

编　制　时　间:_____
```

（3）总说明

总说明应按下列内容填写:

1)工程概况:建设规模、工程特征、计划工期、施工现场实际情况、交通运输情况、自然地理条件、环境保护要求等;

2)工程招标和分包范围;

3)工程量清单编制依据;

4)工程质量、材料、施工等的特殊要求;

5)招标人自行采购材料的名称、规格型号、数量等;

6)其他项目清单中招标人部分的(包括预留金、材料购置费等)金额数量;

7)其他需说明的问题。

（4）分部分项工程量清单

分部分项工程量清单是指表示拟建工程分项实体工程项目名称和相应数量的明细清单,其格式如表 9-2 所示。

表 9-2　分部分项工程量清单

工程名称:　　　　　　　　　　　　　　　　　　　　　　　　　　　　第　页　共　页

序　号	项　目　编　码	项　目　名　称	计量单位	工　程　数　量

分部分项工程量清单的编制应注意以下问题:

1)分部分项工程量清单应包括项目编码、项目名称、计量单位和工程数量四个部分。

2)项目编码按照清单计价规范的规定,编制清单项目编码。即在计量规则 9 位全国统一编码之后,增加三位清单项目编码。这三位清单项目编码由招标人针对本工程项目具体编制,并应自001起顺序编制。

3)项目名称按照清单计价规范中的分部分项工程项目名称,结合其特征,并根据不同特征组合确定其清单项目名称。编制分部分项工程量清单时,应以附录中的分部分项工程项目名称为基础,考虑该项目的规格、型号、材质等特征要求,结合拟建工程的实际情况,使其工程量清单项目名称具体化、细化,能够反映工程造价的主要因素。

清单项目名称应表达详细、准确。计量规则中的项目名称如有缺陷,招标人可作补充,并报当地工程造价管理机构(省级)备案。

4)计量单位按照清单计价规范中的相应计量单位确定。

5)工程数量按照清单计价规范中的工程量计算规则计算,其精确度按下列规定:

①以"t"为单位的,保留小数点后三位,第四位小数四舍五入;

②以"m³"、"m²"、"m"为单位,应保留二位小数,第三位小数四舍五入;

③以"个"、"项"等为单位的,应取整数。

(5)措施项目清单

措施项目清单,是指为完成工程项目施工发生于该工程施工前和施工过程中技术、生活、文明、安全等方面的非工程实体项目清单。措施项目清单应根据拟建工程的具体情况参照表9-3列项。

表 9-3 措施项目一览表

序 号	项 目 名 称
1. 通用项目	
1.1	环境保护
1.2	文明施工
1.3	安全施工
1.4	临时设施
1.5	夜间施工
1.6	二次搬运
1.7	大型机械设备进出场及安拆*
1.8	混凝土、钢筋混凝土模板及支架
1.9	脚手架
1.10	已完工程及设备保护
1.11	施工排水、降水
2. 建筑工程	
2.1	垂直运输机械
3. 装饰装修工程	
3.1	垂直运输机械
3.2	室内空气污染测试
4. 安装工程	
4.1	组装平台
4.2	设备、管道施工安全、防冻和焊接保护措施*

序 号	项 目 名 称
4.3	压力容器和高压管道的检验＊
4.4	焦炉施工大棚＊
4.5	焦炉烘炉、热态工程＊
4.6	管道安装后的充气保护措施＊
4.7	隧道内施工的通风、供水、供气、供电、照明及通讯设施
4.8	现场施工围栏
4.9	长输管道临时水工保护措施
4.10	长输管道施工便道
4.11	长输管道跨越或穿越施工措施
4.12	长输管道地下管道穿越地上建筑物的保护措施
4.13	长输管道工程施工队伍调遣
4.14	格架式抱杆
5. 市政工程	
5.1	围堰
5.2	筑岛
5.3	现场施工围栏
5.4	便道
5.5	便桥
5.6	洞内施工通风管路、供水、供气、供电、照明及通讯设施
5.7	驳岸块石清理

注：加"＊"的项目为计算实体措施费的项目，见9.2.3节。

措施项目清单格式如表9-4所示。

表9-4 措施项目清单

工程名称： 第 页 共 页

序 号	项 目 名 称

1)措施项目清单的编制依据
①拟建工程的施工组织设计；
②拟建工程的施工技术方案；
③与拟建工程相关的工程施工规范与工程验收规范；
④招标文件；
⑤设计文件。
2)措施项目清单设置时应注意的问题
①参考拟建工程的施工组织设计，以确定环境保护、文明安全施工、材料的二次搬运等项

目;

②参阅施工技术方案,以确定夜间施工、大型机械设备进出场及安拆、混凝土模板与支架、脚手架、施工排水降水、垂直运输机械、组装平台等项目;

③参阅相关的工程施工规范与工程验收规范,以确定施工技术方案没有表述的,但是为了实现工程施工规范与工程验收规范要求而必须发生的技术措施;

④确定招标文件中提出的某些必须通过一定的技术措施才能实现的要求;

⑤确定设计文件中一些不足以写进技术方案的,但是要通过一定的技术措施才能实现的内容。

3)措施项目一览表中通用项目的列项条件如表 9-5 所示。

表 9-5　通用措施项目的列项条件

序号	项 目 名 称	列 项 条 件
1	环境保护	正常情况下都要发生
2	文明施工	
3	安全施工	
4	临时设施	
5	夜间施工	拟建工程有必须连续施工的要求,或工期紧张有夜间施工倾向
6	二次搬运	正常情况下都要发生
7	大型机械设备进出场及安拆	施工方案中有大型机械的使用方案,拟建工程必须使用大型机械
8	混凝土、钢筋混凝土模板及支架	拟建工程中有混凝土、钢筋混凝土工程
9	脚手架	正常情况下都要发生
10	已完工程及设备保护	正常情况下都要发生
11	施工排水、降水	依据水文地质资料、拟建工程的地下施工深度低于地下水位

(6)其他项目清单

其他项目清单(表 9-6),是指分部分项工程量清单、措施项目清单所包含的内容以外,因招标人的特殊要求而发生的与拟建工程有关的其他费用项目和相应数量的清单。其他项目清单应根据拟建工程的具体情况,参照以下内容列项。

表 9-6　其他项目清单

工程名称:　　　　　　　　　　　　　　　　　　　　　　　　　第　页　共　　页

序　　号	项 目 名 称
1	招标人部分 　预留金 　材料购置费
2	投标人部分 　总承包服务费 　零星工作费

1)招标人部分。包括预留金、材料购置费等。其中预留金是指招标人为可能发生的工程量变更而预留的金额,这里工程量变更主要是指工程量清单漏项或有误引起的工程量的增加,以及工程施工中设计变更引起的标准提高或工程量的增加等;材料购置费是指在招标文件中规定的,由招标人采购的拟建工程材料费。

2)投标人部分。包括总承包服务费、零星工作费等。其中总承包服务费是指为配合协调招标人进行的工程分包和材料采购所需的费用;零星工作费是指完成招标人提出的,不能以实物量计量的零星工作项目所需的费用。零星工作项目表应根据拟建工程的具体情况,详细列出人工、材料、机械的名称、计量单位和相应数量,并随工程量清单发至投标人。零星工作项目中的工、料、机计量,要根据工程的复杂程度、工程设计质量的优劣,以及工程项目设计深度等因素来确定其数量。

9.1.4 工程量清单计价的性质及特点

1. 工程量清单计价的性质及特点

实行工程量清单计价,工程量清单造价文件必须做到统一项目编码、统一项目名称、统一工程量计算单位、统一工程量计算规则等四统一,达到清单项目工程量统一的目的。工程量清单计价是指投标人完成由招标人提供的工程量清单所需的全部费用,包括分部分项工程费、措施项目费、其他项目费和规费、税金。

清单计价规范中工程量清单综合单价是指完成规定计量单位项目所需的人工费、材料费、机械使用费、管理费、利润,并考虑风险因素。

工程量清单计价的性质主要有:

(1)规定性

通过制定统一的建设工程工程量清单计价方法,达到规范计价行为的目的。这些规则和办法是强制性的,工程建设各方面部应该遵守。主要体现在:

1)全部使用国有资金或国有资金投资为主的大中型建设工程,应按计价规范规定执行。

2)明确工程量清单是招标文件的组成部分,并规定了招标人在编制工程量清单时必须做到项目编码、项目名称、计量单位、工程量计算规则等四统一,并且要用规定的标准格式来表述。在清单编码上,清单计价规范规定,分部分项工程量清单编码以12位阿拉伯数字表示,前9位为全国统一编码,编制分部分项工程量清单时应按附录中的相应编码设置,不得变动,后3位是清单项目名称编码,由清单编制人根据设置的清单项目编制。

(2)实用性

计价规范附录中工程量清单项目及计算规则的项目名称表现的是工程实体项目,项目名称明确清晰,工程量计算规则简洁明了,特别还列有项目特征和工程内容,易于编制工程量清单时确定具体项目名称和投标报价。

(3)竞争性

1)清单计价规范中的措施项目,在工程量清单中只列"措施项目"一栏,具体采用什么措施,如模板、脚手架、临时设施、施工排水降水等详细内容由投标人根据企业的施工组织设计,视具体情况报价,因为这些项目在各个企业间各有不同,是企业竞争项目,是留给企业的竞争空间。

2)清单计价规范中人工、材料和施工机械没有具体的消耗量,将工程消耗量定额中的工、料、机价格和利润、管理费全面放开,由市场的供求关系自行确定价格。投标企业可以依据企业的定额和市场价格信息,也可以参照建设行政主管部门发布的社会平均消耗量定额进行报价,清单计价规范将定价权还给了企业。

(4)通用性

采用工程量清单计价将与国际惯例接轨,实现了工程量计算方法标准化、工程量计算规则统一化、工程造价确定市场化的要求。

工程量清单计价的特点主要有：

(1)统一的计价规则

通过制定统一的建设工程工程量清单计价方法、统一的工程量计量规则、统一的工程量清单项目设置规则，达到规范计价行为的目的。这些规则和办法是强制性的，建设各方面都应该遵守，这是工程造价管理部门首次在文件中明确政府应管什么，不应管什么。

(2)有效控制了消耗量

通过由政府发布统一的社会平均消耗量指导标准，为企业提供一个社会平均尺度，避免企业盲目或随意大幅度减少或扩大消耗量，从而达到保证工程质量的目的。

(3)彻底放开了价格

将工程消耗量定额中的工、料、机价格和利润、管理费全面放开，由市场的供求关系自行确定价格。

(4)企业自主报价

投标企业根据自身的技术专长、材料采购渠道和管理水平等，制定企业自己的报价定额，自主报价。企业尚无报价定额的，可参考使用造价管理部门颁布的建设工程消耗量定额。

(5)市场有序竞争形成价格

通过建立与国际惯例接轨的工程量清单计价模式，引入充分竞争形成价格的机制，制定衡量投标报价合理性的基础标准，在投标过程中，有效引入竞争机制，淡化标底的作用，在保证质量、工期的前提下，按国家《招标投标法》及有关条款规定，最终以"不低于成本"的合理低价者中标。

2. 工程量清单计价方法与定额计价方法的区别

与定额计价方法相比，工程量清单计价方法有一些重大区别，这些区别也体现了工程量清单计价方法的特点：

(1)两种计价模式的最大区别在于体现了我国建设市场发展过程的不同定价阶段。

1)定额计价模式更多地反映了国家定价或国家指导价阶段。在这一计价模式下，工程价格或直接由国家定价，或是由国家给出一定的指导性标准，承包商可以在该标准的允许幅度内实现有限竞争。例如，在我国的招投标制度中，一度严格限定投标人的报价必须在限定标底的一定范围内波动，超出此范围即为废标，这一阶段的工程招标投标价格即属于国家指导性价格，体现出在国家宏观计划控制下的市场有限竞争。

2)清单计价模式则反映了市场定价阶段。在该阶段中，工程价格是在国家有关部门间接调控和监督下，由工程承发包双方根据工程市场中建设产品供求关系变化自主确定工程价格。其价格的形成可以不受国家工程造价管理部门的直接干预，而此时的工程造价是根据市场的具体情况，有竞争形成、自发波动和自发调节的特点。

(2)两种计价模式的主要计价依据及其性质不同

1)定额计价模式的主要计价依据为国家、省、有关专业部门制定的各种定额，其性质为指导性，定额的划分一般按施工工序分项，每个分项工程项目所含的工程内容一般是单一的。

2)清单计价模式的主要依据为"工程量清单计价规范"，其性质是含有强制性条文的国家标准，清单的项目划分一般是按"综合实体"进行分项的，每个分项工程项目一般包含多项工程内容。

(3)编制工程量的主体不同。在定额计价方法中，建设工程的工程量分别由招标人和投标人分别按图计算。而在清单计价方法中,工程量由招标人统一计算或委托有工程造价咨询资质的单位统一计算,工程量清单是招标文件的重要组成部分,各投标人根据招标人提供的工程量清单,根据自身的技术装备、施工经验、企业成本、企业定额、管理水平自主填报单价与合价。

(4)单价与报价的组成不同。定额计价法的单价包括人工费、材料费、机械台班费,而清单计价方法采用综合单价形式,综合单价包括人工费、材料费、机械使用费、管理费、利润,并考虑风险因素。工程量清单计价法的报价除包括定额计价法的报价外,还包括预留金、材料购置费和零星工作项目费等。

(5)合同价格的调整方式不同。定额计价方法形成的合同,其价格的主要调整方式有:变更签证、定额解释、政策性调整。而工程量清单计价方法在一般情况下单价是相对固定的,减少了在合同实施过程中的调整活口,通常情况下,如果清单项目的数量没有增减,能够保证合同价格基本没有调整,保证了其稳定性,也便于业主进行资金准备和筹划。

(6)工程量清单计价把施工措施性消耗单列并纳入了竞争的范畴。定额计价未区分施工实物性损耗,而工程量清单计价把施工措施与工程实体项目进行分离,这项改革的意义在于突出了施工措施费的市场竞争性。工程量清单计价规范的工程量计算规则的编制原则一般是以工程实体的净尺寸计量,也没有包括工程量合理损耗,这一特点也就是定额计价的工程量计算规则与工程量清单计价规范的工程量计算规则的本质区别。

9.1.5 工程量清单计价的基本程序

工程量清单计价的基本过程可以描述为:在统一的工程量清单项目设置的基础上,制定工程量清单计量规则,根据具体工程的施工图纸计算出各个清单项目的工程量,再根据各种渠道所获得的工程造价信息和经验数据计算得到工程造价。这一基本的计算过程如图 9-2 所示。

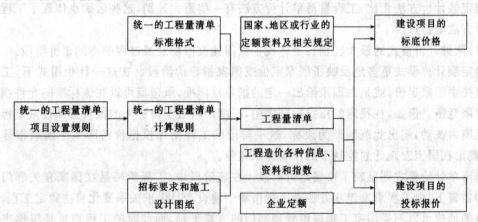

图 9-2 工程造价工程量清单计价过程示意图

从工程量清单计价过程的示意图中可以看出,其编制过程可以分为两个阶段:工程量清单格式的编制和利用工程量清单来编制投标报价(或标底价格)。投标报价是在业主提供的工程量计算结果的基础上,根据企业自身所掌握的各种信息、资料,结合企业定额编制得出的。

(1)分部分项工程费＝∑(分部分项工程量×分部分项工程单价)

其中分部分项工程单价由人工费、材料费、机械使用费、管理费、利润等组成,并考虑风险费用。

(2)措施项目费＝∑各措施项目费

其中措施项目包括通用项目、建筑工程措施项目、装饰装修工程措施项目、安装工程措施项目和市政工程措施项目,每项措施项目费均为合价,其构成与分部分项工程单价构成类似。

(3)其他项目费＝招标人部分金额＋投标人部分金额

(4)单位工程报价＝分部分项工程费＋措施项目费＋其他项目费＋规费＋税金

(5)单项工程报价＝∑单位工程报价

(6)建设项目总报价＝∑单项工程报价

9.2 工程量清单下价格的构成及计算

9.2.1 工程量清单计价模式的费用构成

工程量清单计价模式的费用构成包括分部分项工程费、措施项目费、其他项目费,以及规费和税金。

1. 分部分项工程费

分部分项工程费是指完成工程量清单列出的各分部分项清单工程量所需的费用。包括:人工费、材料费、机械使用费、管理费、利润,以及风险费。

2. 措施项目费

措施项目费是由"措施项目一览表"确定的工程措施项目金额的总和。包括:人工费、材料费、机械使用费、管理费、利润,以及风险费。

3. 其他项目费

其他项目费是指预留金、材料购置费(仅指由招标人购置的材料费)、总承包服务费、零星工作项目费的估算金额等的总和。

4. 规费

规费是指政府和有关部门规定必须缴纳的费用的总和。

5. 税金

税金是指国家税法规定的应计入建筑安装工程造价内的营业税、城市维护建设税及教育费附加费用等的总和。

工程量清单计价模式下的建筑安装工程费用构成如图 9-3 所示。

9.2.2 分部分项工程费的计算

分部分项工程量清单费用由人工费、材料费、机械使用费、管理费、利润,以及风险费组成,其中人工费、材料费、机械使用费是构成工程量清单中"分部分项工程费"的主体费用。

1. 人工费的计算

人工费,是指直接从事于建筑安装工程施工的生产工人开支的各项费用,不包括管理人员(如项目经理、施工队长、工程师、技术员、财会人员、预算人员、机械师等)、辅助服务人员(如生活管理员、炊事员、医务员、翻译员、小车司机和勤杂人员等)、现场保安等的开支费用。

在承包工程中,不论承包合同的类型如何,人工费的高低几乎在所有承包商的激烈竞争中,都是一个至关重要的竞争手段;业主考察承包商的水平,也首先考察人工费的高低。

根据工程量清单"彻底放开价格"和"企业自主报价"的特点,结合当前我国建筑市场的状况,以及现今各投标企业的投标策略,人工费的计算方法主要有以下两种模式:

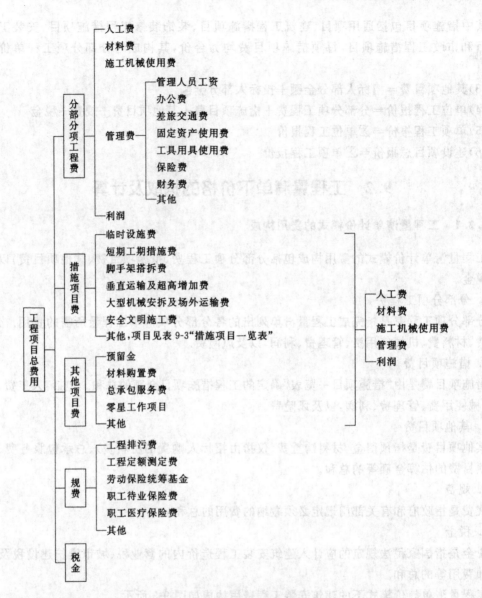

图 9-3　工程量清单费用构成

（1）利用现行的概、预算定额计价模式

利用现行的概、预算定额计算人工费的方法是：根据工程量清单提供的清单工程量，利用现行的概、预算定额，计算出完成各个分部分项工程量清单的人工费，然后根据本企业的实力及投标策略，对各个分部分项工程量清单的人工费进行调整，然后汇总计算出整个投标工程的人工费。其计算公式为

人工费＝∑（概预算定额中人工工日消耗量×相应等级的日工资综合单价）

这种方法是当前我国大多数投标企业所采用的人工费计算方法，具有简单、易操作、速度快，并有配套软件支持的特点。其缺点是竞争力弱，不能充分发挥企业的特长。

（2）动态的计价模式

这种计价模式适用于实力雄厚、竞争力强的企业，也是国际上比较流行的一种报价模式。

动态的人工费计价模式的计算方法是：首先根据工程量清单提供的清单工程量，结合本企业的人工效率和企业定额,计算出投标工程消耗的工日数;其次根据现阶段企业的经济、人力、资源状况和工程所在地的实际生活水平,以及工程的特点,计算工日单价;然后根据劳动力来源及人员比例,计算综合工日单价;最后计算人工费。其计算公式为

$$人工费=\Sigma(人工工日消耗量\times综合工日单价)$$

1)人工工日消耗量的计算方法

工程用工量(人工工日消耗量)的计算,应根据招标阶段和招标方式来确定。就当前我国建筑市场而言,有的在初步设计阶段进行招标,有的在施工图阶段进行招标。由于招标阶段不同,工程用工工日数的计算方法也不同。目前国际承包工程项目计算用工的方法基本有两种:一是分析法;二是指标法。现结合我国当前建设工程工程量清单招投标工作的特点,就这两种方法进行简单的阐述。

①分析法计算用工工日数

这种方法多数用于施工图阶段,以及扩大的初步设计阶段的招标。招标人在此阶段招标时,在招标文件中提出施工图(或初步设计图纸)和工程量清单,作为投标人计算投标报价的依据。

分析法计算工程用工量,最准确的计算是依据投标人自己施工工人的实际操作水平,加上对人工工效的分析来确定,俗称企业定额。但是,由于我国大多数施工企业目前没有自己的"企业定额",其计价行为是以现行的建设部或各行业颁布的概、预算定额为计价依据,所以,在利用分析法计算工程用工量时,应根据下列公式计算

$$DC=R \cdot K$$

式中　DC——人工工日数;

　　R——用国内现行的概、预算定额计算出的人工工日数;

　　K——人工工日折算系数。

人工工日折算系数,是通过对本企业施工工人的实际操作水平、技术装备、管理水平等因素进行综合评定计算出的生产工人劳动生产率与概、预算定额水平的比率来确定,计算公式如下:

$$K=V_q/V_0$$

式中　K——人工工日折算系数;

　　V_q——完成某项工程本企业应消耗的工日数;

　　V_0——完成同项工程概、预算定额消耗的工日数。

一般来讲,有实力参与建设工程投标竞争的企业,其劳动生产率水平要比社会平均劳动生产率高,亦即 K 的数值一般<1。所以,K 又称为"人工工日折减系数"。

在投标报价时,人工工日折减系数可以分土木建筑工程和安装工程来分别确定两个不同的"K 值";也可以对安装工程按不同的专业,分别计算多个"K 值"。投标人应根据自己企业的特点和招标书的具体要求灵活掌握。

②指标法计算用工工日数

指标法计算用工工日数,是当工程招标处于可行性研究阶段时,采用的一种用工量的计算法。

这种方法是利用工业民用建设工程用工指标计算用工量。工业民用建设工程用工指标是该企业根据历年来承包完成的工程项目,按照工程性质、工程规模、建筑结构形式,以及其他经济技术参数等控制因素,运用科学的统计分析方法分析出的用工指标。这种方法不适用于我

国目前实施的工程量清单投标报价,在这里不再进行叙述了。

2)综合工日单价的计算

①综合工日单价的构成

综合工日单价可以理解为从事建设工程施工生产的工人日工资水平。从企业支付的角度看,一个从事建设工程施工的本企业生产工人的工资,其构成应包括以下几部分:

本企业待业工人最低生活保障工资:这部分工资是企业中从事施工生产和不从事施工生产(企业内待业或失业)的每个职工都必须具备的,其标准应不低于国家关于失业职工最低生活保障金的发放标准。

由国家法律规定的、强制实施的各种工资性费用支出项目,包括:职工福利费、生产工人劳动保护费、住房公积金、劳动保险费、医疗保险费等。

投标单位驻地至工程所在地生产工人的往返差旅费:包括短、长途公共汽车费、火车费、旅馆费、路途及住宿补助费、市内交通及补助费。此项费用可根据投标人所在地至建设工程所在地的距离和路线调查确定。

外埠施工补助费:由企业支付给外埠施工生产工人的施工补助费。

医疗费:对工人轻微伤病进行治疗的费用。

法定节假日工资:法定节假日休息,如"五一"、"十一"支付的工资。

法定休假日工资:法定休假日休息支付的工资。

病假或轻伤不能工作时间的工资。

因气候影响的停工工资。

危险作业意外伤害保险费:按照建筑法规定,为从事危险作业的建筑施工人员支付的意外伤害保险费。

效益工资(奖金):工人奖金原则应在超额完成任务的前提下发放,费用可在超额结余的资金款项中支付,鉴于当前我国发放奖金的具体状况,奖金费用应归入人工费。

应包括在工资中未明确的其他项目。

应该指出的是,企业待业工人最低生活保障工资、国家法律规定强制实施的各种工资性费用支出项目、危险作业意外伤害保险费是由国家法律强制规定实施的,综合工日单价中必须包含此三项,且不得低于国家规定标准;投标单位驻地至工程所在地生产工人的往返差旅费可以按管理费处理,不计入人工费中;其余各项由投标人自主决定选用的标准。

②综合工日单价的计算

综合工日单价的计算过程可分为下列几个步骤:

第一步,根据总施工工日数(即人工工日数)及工期(日)计算总施工人数。

工日数、工期(日)和施工人数存在着下列关系

总工日数=工程实际施工工期(日)×平均总施工人数

因此,当招标文件中已经确定了施工工期时

平均总施工人数=总工日数/工程实际施工工期(日)

当招标文件中未确定施工工期时,而由投标人自主确定工期时

最优化的施工人数或工期(日)=$\sqrt{\text{总工日数}}$

第二步,确定各专业施工人员的数量及比重。

某专业平均施工人数=某专业消耗的工日数/工程实际施工工期(日)

总施工人数和各专业施工人数计算出来后,其比重亦可计算出来。

第三步,确定各专业劳动力资源的来源及构成比例。

劳动力资源的来源一般有下列三种途径:一是来源于本企业,这一部分劳动力是施工现场劳动力资源的骨干,投标人在投标报价时,应根据本企业现有可供调配使用生产工人数量、技术水平、技术等级及拟承建工程的特点,确定各专业应派遣的工人人数和工种比例;二是外聘技工,这部分人员主要是解决本企业短缺的具有特殊技术职能和能满足特殊要求的技术工人。由于这部分人的工资水平比较高,所以人数不宜多;三是当地劳务市场招聘的力工,由于当地劳务市场的力工工资水平一般较低,所以,在满足工程施工要求的前提下,提倡尽可能多地使用这部分劳动力。

上述三种劳动力资源的构成比例的确定,应根据本企业现状、工程特点及对生产工人的要求和当地劳务市场的劳动力资源的充足程度、技能水平及工资水平综合评价后,进行合理确定。

第四步,确定综合工日单价。

一个建设项目施工,一般可分为土建、结构、设备、管道、电气、仪表、通风空调、给排水、采暖、消防,以及防腐绝热等专业。各专业综合工日单价的计算可按下列公式计算:

某专业综合工日单价 $= \sum$(本专业某种来源的人力资源人工单价×构成比重)

综合工日单价的计算就是将各专业综合工日单价按加权平均的方法计算出一个加权平均数作为综合工日单价。其计算公式如下:

综合工日单价 $= \sum$(某专业综合工日单价×权数)

其中权数的取定,是根据各专业工日消耗量占总工日数的比重取定的。如果投标单位使用各专业综合工日单价法投标,则不须计算综合工日单价。

通过上述一系列的计算,可以初步得出综合工日单价的水平,但是得出的单价是否有竞争力,以此报价是否能够中标,必须进行一系列的分析评估。

首先,对本企业以往投标的同类或类似工程的标书,按中标与未中标进行分类分析:其一,分析人工单价的计算方法和价格水平;其二,分析中标与未中标的原因,从中找出某些规律。

其次,进行市场调查,摸清现阶段建筑安装施工企业的人均工资水平和劳务市场劳动力价格,尤其是工程所在地的企业工资水平和劳动力价格。其后进一步对其价格水平,以及工程施工期内的变动趋势及变动幅度进行分析预测。

第三,对潜在的竞争对手进行分析预测,分析其可能采取的价格水平,以及其造成的影响(包括对其自身和其他投标单位及其招标人的影响)。

最后,确定调整。通过上述分析,如果认为自己计算的价格过高,没有竞争力,可以对价格进行调整。在调整价格时要注意,外聘技工和市场劳务工的工资水平是通过市场调查取得的,这两部分价格不能调整,只能对来源于本企业工人的价格进行调整。

此外,还应对报价中所使用的各种基础数据和计算资料进行整理存档,以备以后投标使用。

动态的计价模式能准确地计算出本企业承揽拟建工程所需发生的人工费,对企业增强竞争力,提高企业管理水平及增收创利具有十分重要的意义。这种报价模式与利用概、预算定额报价相比,缺点是工作量相对较大、程序复杂,且企业应拥有自己的企业定额及各类信息数据库。

2. 材料费的计算

建筑安装工程直接费中的材料费是指施工过程中耗用的构成工程实体的各类原材料、构配件、成品及半成品等主要材料的费用，以及工程中耗费的虽不构成工程实体，但有利于工程实体形成的各类消耗性材料费用的总和。

在投标报价的过程中，材料费的计算是一个至关重要的问题。因为，对于建筑安装工程来说，材料费占整个建筑安装工程费用的 60%～70%。处理好材料费用，对投标人在投标过程中能否取得主动，以致最终能否一举中标都至关重要。

要做好材料费的计算，首先要了解材料费的计算方法。比较常用的材料费计算有三种模式：利用现行的概预算定额计价模式、全动态的计价模式、半动态的计价模式。其各自的计算方法可参考人工费计算的相关叙述。

为了在投标中取得优势地位，计算材料费时应把握以下几点：

（1）合理确定材料的消耗量

1）主要材料消耗量

根据清单计价规范规定，招标人要在招标书中提供供投标人投标报价用的"工程量清单"。在工程量清单中，已经提供了一部分主要材料的名称、规格、型号、材质和数量，这部分材料应按使用量和损耗量之和进行计价。

对于工程量清单中没有提供的主要材料，投标人应根据工程的需要（包括工程特点和工程量大小），以及以往承担工程的经验自主进行确定，包括材料的名称、规格、型号、材质和数量等，材料的数量应是使用量和损耗量之和。

2）消耗材料消耗量

消耗材料（如砂纸、纱布、锯条、氧气等等，费用一般占材料费的 5%～15%。）的确定方法与主要材料消耗量的确定方法基本相同，投标人应根据需要，自主确定消耗材料的名称、规格、型号、材质和数量。

3）部分周转性材料摊销量

在工程施工过程中，有部分材料作为手段措施没有构成工程实体，其实物形态也没有改变，但其价值却被分批逐步地消耗掉，这部分材料称为周转性材料。周转性材料被消耗掉的价值，应当摊销在相应清单项目的材料费中（计入措施费的周转性材料除外）。摊销的比例应根据材料价值、磨损的程度、可被利用的次数以及投标策略等因素进行确定。

（2）合理确定材料单价

建筑安装工程材料价格是指材料运抵施工现场材料仓库或堆放地点后的出库价格。建筑安装工程材料单价的组成及计算，参见第 7 章 7.2。

3. 施工机械使用费的计算

施工机械使用费是指使用施工机械作业所发生的机械使用费以及机械安、拆和进出场费，不包括为管理人员配置的小车以及用于通勤任务的车辆等不参与施工生产的机械设备的台班费。

施工机械使用费的高低及其合理性，不仅影响到建筑安装工程造价，而且能从侧面反映出企业劳动生产率水平的高低，其对投标单位竞争力的影响是不可忽视的。因此，在计算施工机械使用费时，一定要把握以下几点：

（1）合理确定施工机械的种类和消耗量

要根据承包工程的地理位置、自然气候条件的具体情况以及工程量、工期等因素编制施工组织设计和施工方案，然后根据施工组织设计和施工方案、机械利用率、概预算定额或企业定额及相关文件等，确定施工机械的种类、型号、规格和消耗量。

首先,根据工程量,利用概预算定额或企业定额,粗略地计算出施工机械的种类、型号、规格和消耗量;然后,根据施工方案和其他有关资料对机械设备的种类、型号、规格进行筛选,确定本工程需配备的施工机械的具体明细项目;最后,根据本企业的机械利用率指标,确定本工程中实际需要消耗的机械台班数量。

(2)确定施工机械台班综合单价

1)确定施工机械台班单价

①养路费、车船使用税、保险费及年检费是按国家或有关部门规定缴纳的,是个定值。

②燃料动力费是机械台班动力消耗与动力单价的乘积,也是个定值。

③机上人工费的处理方法有两种:第一种方法是将机上人工费计入工程直接人工费中;第二种方法是计入相应施工机械的机械台班综合单价中。机上人工费台班单价可参照"人工工日单价"的计算方法确定。

④安拆费及场外运输费的计算。施工机械的安装、拆除及场外运输可编制专门的方案,根据方案计算费用,并以此进一步地优化方案,优化后的方案也可作为施工方案的组成部分。

⑤折旧费和维修费的计算。折旧费和维修费(维修费包括大修理费和经常修理费)是两项随时间变化而变化的费用。一台施工机械如果折旧年限短,则折旧费用高,维修费用低;如果折旧年限长,则折旧费用低,维修费用高。所以,选择施工机械最经济使用年限作为折旧年限,是降低机械台班单价,提高机械使用效率最有效、最直接的方法。确定了折旧年限后,然后确定折旧方法,最后计算台班折旧额和台班维修费。

组成施工机械台班单价的各项费用额确定以后,机械台班单价也就确定了。

此外,机械台班单价的确定方法也可根据国家及有关部门颁布的机械台班定额进行调整求得。

2)确定租赁机械台班费

租赁机械台班费是指根据施工需要向其他企业或租赁公司租用施工机械所发生的台班租赁费。

在投标工作的前期,应进行市场调查,调查的内容包括:租赁市场可供选择的施工机械种类、规格、型号、完好性、数量、价格水平,以及租赁单位信誉度等,并通过比较选择拟租赁的施工机械的种类、规格、数量及单位,并以施工机械台班租赁价格作为机械台班单价。一般除必须租赁的施工机械外,其他租赁机械的台班租赁费应低于本企业的机械台班单价。

3)优化平衡、确定机械台班综合单价

通过综合分析,确定各类施工机械的来源及比例,计算机械台班综合单价。其计算公式为:

$$机械台班综合单价 = \sum(不同来源的同类机械台班单价 \times 权数)$$

其中权数,是根据各不同来源渠道的机械占同类施工机械总量的比重取定的。

(3)大型机械设备使用费、进出场费及安拆费

在传统的概、预算定额中,施工机械使用费不包括大型机械设备使用费、进出场费及安拆费,其费用一般作为措施费用单独计算。

在工程量清单计价模式下,此项费用的处理方式与概、预算定额的处理方式不同。大型机械设备的使用费作为机械台班使用费,按相应分项工程项目分摊计入直接工程费的施工机械使用费中;而大型机械设备进出场费及安拆费作为措施费用计入措施费用项目中。

4. 管理费、利润的计算

管理费、利润计算,参见第 7 章 7.2,这里就不再赘述。

以上五部分费用加总,再考虑适当的风险费用,即可得出分各部分项工程综合单价,各分部分项工程综合单价乘以相应的分部分项工程数量得出各分部分项工程费,汇总便可得到工程量清单中分部分项工程费用。

9.2.3 措施项目费计算

1. 实体措施费的计算

实体措施费是指工程量清单中,为保证某类工程实体项目顺利进行,按照国家现行有关建设工程施工及验收规范、规程要求,必须配套完成的工程内容所需的费用。(注:实体措施项目见表 9-3《措施费用一览表》中加"*"的项目。)

实体措施费计算方法有两种:

(1)系数计算法

系数计算法是用与措施项目有直接关系的工程项目直接工程费(或人工费,或人工费与机械费之和)合计作为计算基数,乘以实体措施费用系数。

实体措施费用系数是根据以往有代表性工程的资料,通过分析计算取得的。

(2)方案分析法

方案分析法是通过编制具体的措施实施方案,对方案所涉及的各种经济技术参数进行计算后,确定实体措施费用。

现以大型机械设备进出场及安拆费的计算过程说明,见表 9-7。

表 9-7　某装置大型吊车使用费、进出场费及安拆费清单

金额单位:元

序号	费用名称	单程费用	往复费用	备注
	1 200 t 吊车		5 676 142	
(一)	码头各项费用		577 302	
1	检验、检疫费	103	206	
2	报关、保检打单费	70	140	
3	理货公司理货费	2 160	4 320	
	码头收费	8 394	16 788	
4	外贸港口港务费	4 859	9 718	
	外贸港口航道建设费	2 099	4 198	
	货物卸货费	182 966	365 932	
5	卸船浮吊费(4件,分别为73 t 1件、50 t 2件、48 t 1件)	88 000	176 000	
(二)	码头至工地汽车运输卸车费		230 000	
1	运输费	80 000	160 000	
2	装卸车费用	35 000	70 000	
(三)	现场费用		4 561 200	
1	吊车租金		3 612 000	
2	完税费用		361 200	
3	组(拆)车费	50 000	100 000	

序号	费用名称	单程费用	往复费用	备注
4	道路及场地处理费		200 000	
5	吊车燃料费		55 000	
6	走道板及吊梁		203 000	29 t×7 000 元/t
7	其他措施费		30 000	
(四)	其他费用		307 640	
1	银行担保费		100 000	
2	特种设备检验费		100 000	
3	外国人员工资及通勤费		47 640	
4	经营费用		60 000	

注：在上表所列各项费用中，码头各项费用、码头至工地汽车运输卸车费、组（拆）车费、道路及场地处理费、走道板及吊梁、其他措施费、特种设备检验费、经营费用属于大型机械设备进出场及安拆费；其余为大型机械设备使用费，计入机械使用费中。

2. 配套措施费的计算

配套措施费不是为某类实体项目，而是为保证整个工程项目顺利进行，按照国家现行有关建设工程施工及验收规范、规程要求，必须配套完成的工程内容所需的费用。

配套措施费计算方法也包括系数计算法和方案分析法两种：

（1）系数计算法

系数计算法是用整体工程项目直接工程费（或人工费，或人工费与机械费之和）合计作为计算基数，乘以配套措施费用系数。

配套措施费用系数是根据以往有代表性工程的资料，通过分析计算取得的。

（2）方案分析法

方案分析法是通过编制具体的措施实施方案，对方案所涉及的各种经济技术参数进行计算后，确定配套措施费用。具体计算过程可参考"实体措施费"。

9.2.4　其他项目费的计算

其他项目费是指预留金、材料购置费（仅指由招标人购置的材料费）、总承包服务费、零星工作项目费等估算金额的总和。由招标人部分、投标人部分，两部分内容组成。

1. 招标人部分

（1）预留金，主要考虑可能发生的工程量变化和费用增加而预留的金额。引起工程量变化和费用增加的原因很多，一般主要有以下几方面：

1）清单编制人员在统计工程量及变更工程量清单时发生的漏算、错算等引起的工程量增加；

2）设计深度不够、设计质量低造成的设计变更引起的工程量增加；

3）在现场施工过程中，因业主要求，并由设计或监理工程师出具的工程变更增加的工程量；

4）其他原因引起的，且应由业主承担的费用增加，如风险费用及索赔费用。

此处提出的工程量的变更主要是指工程量清单漏项或有误引起的工程量的增加和施工中的设计变更引起标准提高或工程量的增加等。

预留金由清单编制人根据业主意图和拟建工程实况计算出金额并填制表格。其计算,应根据设计文件的深度、设计质量的高低、拟建工程的成熟程度及工程风险的性质来确定其额度。设计深度深,设计质量高,已经成熟的工程设计,一般预留工程总造价的 3%～5% 即可。在初步设计阶段,工程设计不成熟的,最少要预留工程总造价的 10%～15%。

预留金作为工程造价费用的组成部分计入工程造价,但预留金的支付与否、支付额度以及用途,都必须通过(监理)工程师的批准。

(2)材料购置费,是指业主出于特殊目的或要求,对工程消耗的某类或某几类材料,在招标文件中规定,由招标人采购的拟建工程材料费。

(3)其他,系指招标人部分可增加的新列项。例如,指定分包工程费,由于某分项工程或单位工程专业性较强,必须由专业队伍施工,即可增加这项费用,费用金额应通过向专业队伍询价(或招标)取得。

2. 投标人部分

清单计价规范中列举了总承包服务费、零星工作项目费两项内容。如果招标文件对承包商的工作范围还有其他要求,也应对其要求列项。例如,设备的厂外运输,设备的接、保、检,为业主代培技术工人等。

投标人部分的清单内容设置,除总承包服务费仅需简单列项外,其余内容应该量化的必须量化描述。如设备厂外运输,需要标明设备的台数,每台的规格、重量、运距等。零星工作项目表要标明各类人工、材料、机械的消耗量。

零星工作项目中的工、料、机计量,要根据工程的复杂程度、工程设计质量的优劣,以及工程项目设计的成熟程度等因素来确定其数量。一般工程以人工计量为基础,按人工消耗总量的 1% 取值即可。材料消耗主要是辅助材料消耗,按不同专业工人消耗材料类别列项,按工人日消耗量计入。机械列项和计量,除了考虑人工因素外,还要参考各单位工程机械消耗的种类,可按机械消耗总量的 1% 取值。

9.2.5 规费及税金的计算

工程量清单计价模式下规费及税金的组成与计算,与建筑安装工程费中的规费及税金的组成与计算相一致,参见第 7 章 7.2,本章不再赘述。

9.3 工程量清单计价模式下标底价格的编制

招标工程如设有标底,标底应根据招标文件中的工程量清单和有关要求、施工现场实际情况及拟定的施工方案或施工组织设计以及按照省、自治区、直辖市建设行政主管部门制定的有关工程造价计价办法进行编制。

9.3.1 招标标底价格概述

在实施工程量清单招标条件下,标底价格的作用、编制原则,以及编制依据等方面也发生了相应的变化。

1. 标底价格的作用

工程招标标底价是业主掌握工程造价,控制工程投资的基础数据,是业主测评各投标单位工程报价的准确与否的依据。

在以往的招投标工作,标底价格在评标定标过程中都起到了不可替代的作用。在实施工程量清单报价条件下,形成了由招标人按照国家统一的工程量计算规则计算工程数量,由投标人自主报价,经评审低价中标的工程造价模式。标底价格的作用在招标投标中的重要性逐渐弱化,这也是工程造价管理与国际接轨的必然趋势。经评审低价中标的工程造价管理模式,必然会引导我国建筑市场形成国际上一般的无标底价格的工程招投标模式。

2. 标底价格的编制原则

(1)遵循四统一原则

根据清单计价规范的要求,工程量清单的编制与计价必须遵循四统一原则,即项目编码统一、项目名称统一、计量单位统一、工程量计算规则统一。

四统一原则即是在同一工程项目内对内容相同的分部分项工程只能有一组项目编码与其对应,同一编码下分部分项工程的项目名称、计量单位、工程量计算规则必须一致。四统一原则下的分部分项工程计价必须一致。

(2)遵循市场形成价格的原则。

市场形成价格是市场经济条件下的必然产物。长期以来我国工程招投标标底价格的确定受国家(或行业)工程预算定额的制约,标底价格反映的是社会平均消耗水平,不能表现个别企业的实际消耗量,不能全面反映企业的技术装备水平、管理水平和劳动生产率,不利于市场经济条件下企业间的公平竞争。

工程量清单计价由投标人自主报价,有利于企业发挥自己的最大优势。各投标企业在工程量清单报价条件下必须对单位工程成本、利润进行分析,统筹考虑,精心选择施工方案,并根据企业自身能力合理地确定人工、材料、施工机械等生产要素的投入与配置,优化组合,有效地控制现场费用和技术措施费用,形成最具有竞争力的报价。

工程量清单下的标底价格反映的是由市场形成的具有社会先进水平的生产要素市场价格。

(3)体现公开、公平、公正的原则。

工程造价是工程建设的核心内容,也是建设市场运行的核心。建设市场上存的许多不规范行为大多与工程造价有关。工程量清单下的标底价格应充分体现公开、公平、公正原则。公开、公平、公正不仅是投标人之间的公开、公平、公正,亦包括招投标双方间的公开、公平、公正,即标底价格(工程建设产品价格)的确定,应同其他商品一样,由市场价值规律来决定(采用生产要素市场价格),不能人为地盲目压低或提高。

(4)风险合理分担原则。

风险无处不在,对建设工程项目而言,存在风险是必然的。

工程量清单计价方法,是在建设工程招投标中,招标人按照国家统一的工程量计算规则计算提供工程数量,由投标人依据工程量清单所提供的工程数量自主报价,即由招标人承担工程量计量的风险,投标人承担工程价格的风险。在标底价格的编制过程中,编制人应充分考虑招投标双方风险可能发生的几率,风险对工程量变化和工程造价变化的影响,在标底价格中应予以体现。

(5)标底的计价内容、计价口径,与清单计价规范下招标文件的规定相一致的原则

标底的计价过程必须严格按照工程量清单给出的工程量及其所综合的工程内容进行计价,不得随意变更或增减。

(6)一个工程只能编制一个标底的原则。

要素市场价格是工程造价构成中最活跃的成分,只有充分把握其变化规律才能确定标底价格的唯一性。一个标底的原则,即是确定市场要素价格唯一性的原则。

3. 标底价格的编制依据

(1)《建设工程工程量清单计价规范》。

(2)招标文件的商务条款。

(3)工程设计文件。

(4)有关工程施工规范及工程验收规范。

(5)施工组织设计及施工技术方案。

(6)施工现场地质、水文、气象,以及地上情况的有关资料。

(7)招标期间建筑安装材料及工程设备的市场价格。

(8)工程项目所在地劳动力市场价格。

(9)由招标方采购的材料、设备的到货计划。

(10)招标人制定的工期计划。

9.3.2　招标标底价格的编制

1. 标底价格的编制程序

工程标底价格的编制必须遵循一定的程序才能保证标底价格的正确性。

(1)确定标底价格的编制机构。

标底价格由招标单位(或业主)自行编制,或受其委托具有编制标底资格和能力的中介机构代理编制。

(2)搜集、审阅编制依据。

(3)取定市场要素价格。

(4)确定工程计价要素消耗量指标。

当使用现行定额编制标底价格时,应对定额中各类消耗量指标按社会先进水平进行调整。

(5)参加工程招投标交底会,勘察施工现场。

(6)招标文件质疑。

对招标文件(工程量清单)表述,或描述不清的问题向招标方质疑,请求解释,明确招标方的真实意图,力求计价精确。

(7)综合上述内容,按工程量清单表述工程项目特征和描述的综合工程内容进行计价。

(8)完成标底价格初稿。

(9)审核修正。

(10)审核定稿。

2. 标底价格的编制方法

工程量清单计价模式下,标底价格由分部分项工程量清单计价、措施项目清单计价、其他项目清单计价、规费和税金五部分内容组成。

(1)分部分项工程量清单计价

分部分项工程量清单计价,是对招标人提供的分部分项工程量清单进行计价的。工程量清单计价模式下,编制标底时,分部分项工程量清单计价通常有预算定额调整法、工程成本测算法两种方法。

1)人工、材料及施工机械费的计算

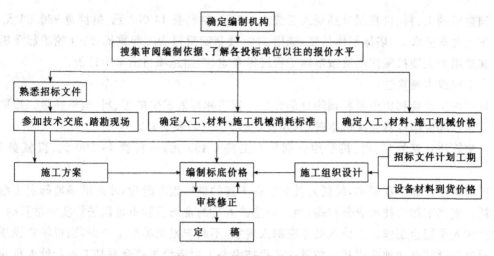

图 9-4 标底价格的编制程序

现举例说明,某分部分项工程量清单如表 9-8 所示。

①预算定额调整法

表 9-8 分部分项工程量清单

工程名称 第 页 共 页

序号	项目编码	项目名称	计量单位	工 程 数 量
	030502004001	碳钢 Q235,填料塔安装,ϕ3 000mm,H45 000mm 126.5t,基础高度 6m 碳钢填料塔本体安装 耳吊 水压试验 2MPa 325m³ 设备补漆 岩棉板保温 $\delta=60$mm 镀锌钢板保护层 $\delta=0.8$mm 地脚螺栓孔灌浆 设备底座与基础灌浆 设备填充	台	1

以表 9-8 为例,对照清单项目特征为整体塔设备安装,查阅图纸并参阅施工技术方案,可统计得出塔体重 126.5t,附塔管线 2t,梯子平台扶手约 12t,保温保护层约 25t,总重约 165t。为保证施工质量,施工方案要求须在地面完成上述工作后整体安装。据此查得第五册《全国统一安装工程预算定额》整体塔器安装 200t 以下,基础标高 10m 以下,定额子目编号 5-1025。人工消耗 373.83 工日;各类辅助材料讨价 16 473.77 元;施工机械费 6 073.94 元。

根据经验施工效率可以提高 30%,基本人工单价每工日 25 元。则塔本体安装人工费为:
$$373.83 \times 70\% \times 25 = 6542(元)。$$

参照施工方案,查阅定额辅助材料消耗标准,工字钢为不需要材料,道木、方木、滚杠可按 50% 摊销。则塔本体安装辅助材料费为:
$$16\ 473.77 - 4.35 \times 178.64 - (882.24 \times 2.4 + 1764 \times 0.45 + 2.98 \times 160.5) \times 50\% = 14002(元)。$$

参照施工方案,查阅定额施工机械消耗标准,40t 汽车起重机不适用,电动卷扬机不适用。塔本体施工机械费计算为:
$$6\ 073.94 - 1\ 856.12 \times 1.29 - 73.21 \times 17.27 - 196.49 \times 7.3 = 980.83(元)。$$

调整后的工、料、机费用分别是人工费 6 542 元、材料费 14 002 元、机械费 980.83 元。

施工方案要求,本塔体整体吊装,选用 270t 履带起重机为主起重机,150t 轮胎起重机为副机。其费用为大型机械使用费按整体工程统筹考虑,在措施项目清单中计价。

②工程成本测算法:

根据施工经验和历史资料预测分部分项工程实际可能发生的工、料、机消耗量。按取定的生产要素市场价格计算直接成本费用,如表 9-9,表 9-10,表 9-11。

按测算法计算的工、料、机费用分别是人工费 6 485 元、材料费 14 200 元、机械费 1 024 元。

按测算法计算工程成本,编制人员必须有丰富的现场施工经验,才能准确地确定工程的各种消耗。实测工作含技术成分较高,当工程造价人员的现场经验不足以进行实测估算时,应请资深技术人员配合工作。造价人员亦应深入现场,不断积累现场施工知识,当现场知识累积到一定程度后就能自如地完成相关估算。工程技术与工程造价相结合页是工程造价人员业务素质发展的方向。

表 9-9　人工成本消耗

序号	工种名称	人数	天数	工日	单价(元)	合价(元)
1	高级起重工(技师)	3	6	18	50	900
2	起重工	12	4	48	25	1 200
3	力工	30	4	120	20	2 400
4	铆(钳)工	8	8	64	25	1 600
5	电焊工	3	3	9	40	360
6	测量工	1	1	1	25	25
	合计					6 485

表 9-10　辅助材料消耗

序号	材料名称	单位	数量	单价(元)	合价(元)
1	斜垫铁	t	0.8	10 000	8 000
2	平垫铁	t	0.5	4 200	2 100
3	电焊条结 422	kg	20	5	100
4	道木 25% 摊销	m³	1	1 000	1 000
5	其他材料费	t	150	20	3 000
	合计				1 420

表 9-11　施工机械消耗

序号	机械名称	单位	数量	单价(元)	合价(元)
1	载重汽车 6t	台班	1	250	250
2	汽车起重机 8t	台班	1	400	400
3	直流电焊机	台班	6	48	288
4	焊条烘干箱	台班	2	43	86
	合计				1 024

以上所作的各种计算都是对主项(塔体)内容的计量与计价,下面我们介绍综合工程内容的计量与计价。

吊耳制作安装。清单条件给出了吊耳的荷载能力 150t,但是未给出吊耳的数量。根据常识即能确定吊耳的数量为 2 个。所以吊耳的制作安装按 2 个计量计价。

水压试验。清单给出设计压力 2MPa 与设备容积 325m³。水压试验按台计量,主体设备亦按台计量,所以水压试验可借主体设备数量计量计价。当条件未给出设备容积时,可按设备规格自行计算设备容积。

设备补漆没有给出漆种与数量,因为事先不知漆面的损坏程度,清单编制人员无法列出需要补漆的数量,而且本项内容发生的几率较小,对整个工程造价的影响可忽略不计,之所以在综合工程内容中列出此项,是以提示投标人不管有否对此项计价、在项目交工时招标人接受的是油漆完好的设备,即投标人报价应含此项价格。如果投标人未对此项计价,招标人可以认为本项价格已包含在其他项目内。

岩棉保温给出了保温材料的材质、需要保温的厚度,但没有注明保温数量,这样就要求标底编制人或投标人按设备规格自行计算保温工程量。计算得出保温工程量为 27 m³。安立式设备,保温厚度 60 mm 计价。依据招标文件规定的供应责任划分,如果保温材料由投标人供货,在计算材料费时应计入保温材料价格。

镀锌钢板保护层未给任何数据和技术要求。根据设备规格,可计算出保护层工程量为 438 m²。如果招标文件规定镀锌钢板由投标人供货,但本项工程内容有两个问题叙述不清,一是镀锌钢板的厚度,二是保护层的安装形式(钉口安装,挂口安装)。镀锌钢板厚度不明,影响材料报价。安装形式不明,影响施工费报价。因此需要对招标人进行质疑。

清单工程量计量规则规定,清单工程量计量均按净量计量。本项目保护层计量 438 m² 即是净量。材料价格的计算,应包含损耗量在内。材料损耗率(材料损耗系数)亦属工程报价的竞争性因素。在标底编制时材料损耗量的计算应根据实际测算的损耗率进行计量与报价。原定额规定的损耗率较大,应该作适当的调整。标底编制时的损耗率计算,要按标准规格的材料进行计算。

地脚螺栓孔灌浆、设备底座与基础间灌浆,清单未给出数量,标底计价时要自行计算工程量。

设备填充,清单也未给出数量,在一般工程中设备填充由业主自行完成,如若列入工程量清单,投标人(或标底编制人)就要对其进行报价,工程量描述不清,应通过质疑予以澄清。

2)管理费的计算

管理费的计算可分为费用定额系数计算法和预测实际成本法。

费用定额系数计算法,是利用原配套的费用定额取费标准,按一定的比例计算管理费。安装工程费用定额一般是以基本直接费中的人工费为基数计取管理费。在工程量清单计价条件下,基本直接费的组成内容比较定额基本直接费的组成内容已经发生变化。一部分费用进入措施清单项目,造成人工费基数不完整。在利用费用定额系数法计算管理费时,要注意调整因基数不同造成的影响。

预测实际成本法,是把施工现场和总部为本工程项目预计要发生的各项费用逐项进行计算,汇总出管理费总额,安装工程以人工费为基数、建筑工程以直接工程费为基数分摊到各分部分项工程量清单中。

3)利润的计算

利润一项是招投标报价竞争最激烈的项目,在标底编制时其利润率的确定应根据拟建项目的竞争程度,以及参与投标各单位在投标报价中的竞争能力而确定。例如,有五家单位投标,其中三家企业近期施工量不足急于承揽新的工程,这样就会产生激烈的竞争。竞争的手段首先是消减工程利润,标价的编制就要顺应形势以低利润报价,以免投标价与标底价产生较大的偏离。

综上所述,工程量清单下的标底价必须严格遵照《建设工程工程量清单计价规范》进行编制,以工程量清单给出的工程数量和综合的工程内容,按市场价格计价。对工程量清单开列的工程数量和综合的工程内容不得随意更改、增减,必须保持与各投标单位计价口径的统一。

综合单价计算如表 9-12 所示。

表 9-12　分部分项工程量清单综合单价计算表

工程名称:静置设备安装工程 　　　　　　　　　　　　　　　　　计量单位:台
项目编码:030502004001 　　　　　　　　　　　　　　　　　　　工程数量:1
项目名称:碳钢 Q235,填料塔安装,ϕ3 000mm 　　　　　　　综合单价:108 249 元
H45 000 mm,126.5 t,基础高度 6m

序号	定额编号	工程内容	单位	数量	其中(元)					
					人工费	材料费	机械费	管理费	利润	小计
1	5—1025	碳钢塔本体安装	台	1	8 680	16 474	6 047			
2	5—1614	耳吊 150 t	个	2	957	3 680	899			
3	5—1258	水压试验 2 MPa325 m³	台	1	956	2 479	485			
4		设备补漆	m²							
5	11—1868	岩棉板保温 60 mm	m³	27	3 049	1 968	183			
6	11—2202	镀锌板保护层挂口	m²	438	5 169	184	1 700			
7	1—1414	地脚螺栓孔灌浆	m³	0.95	77	202				
8	1—1419	设备底座与基础间灌浆	m³	0.57	67	171				
9	5—1116	设备填充 ϕ15 磁环乱堆	t	36	7 540	885	2 359			
		合计	台	1	26 495	26 043	11 673	34 443	9 570	108 249

(2)措施项目清单计价

《建设工程工程量清单计价规范》为工程量清单的编制与计价提供了一份措施项目一览表,供招投标双方参考使用。

标底编制人要对提供的措施项目清单表内内容逐项计价。如果编制人认为表内提供的项目不全,亦可列项补充。

措施项目计价应按各单位工程计取。

措施项目标底价的计算依据主要来源于施工组织设计和施工技术方案。措施项目标底价的计算,宜采用成本预测法估算。计价规范提供的措施项目费分析表可用于计算此项费用。

措施项目标底价编制时,应注意一个问题,即正常状态下施工组织设计都对环境保护、文明安全施工、临时设施等都作整体部署,非特殊情况对单位工程不作部署。因此,采用成本预测法估算费用,也只能以整个工程项目为对象进行估算,然后再分摊到各单位工程。

(3)其他项目清单计价

其他项目清单计价按单位工程计取。分为招标人、投标人两部分,分别由招标人与投标人填

写。由招标人填写的内容包括预留金、材料购置费等。由投标人填写的包括总承包服务费、零星工作项目费等。按计价规范的规定,规范中列项不包括的内容,招投标人均可增加列项并计价。

招标人部分的数据由招标人填写,并随同招标文件一同发至投标人或标底编制人。在标底计价中,编制人应如数填写不得更改。

投标人部分由投标人或标底编制人填写,其中总承包服务费应根据工程规模、工程的复杂程度、投标人的经营范围、划分拟分包工程来计取,一般是不大于分包工程总造价的5%。

零星工作项目表,由招标人提供具体项目和数量,由投标人或标底编制人对其进行计价。

零星工作项目计价表中的单价为综合单价,其中人工费综合了管理费与利润,材料费综合了材料购置费及采购保管费,机械综合了机械台班使用费,车船使用税以及设备的调遣费。

（4）规费

规费亦称地方规费,是税金之外由政府机关或政府有关部门收取的各种费用。各地收取的内容多有不同,在标底编制时应按工程所在地的有关规定计算此项费用。

（5）税金

税金包括营业税、城市维护建设税、教育费附加等三项内容。因为工程所在地的不同,税率也有所区别。标底编制时应按工程所在地规定的税率计取税金。

9.3.3 标底价格的审查

1. 标底价格的审查

（1）标底价格审查的意义

标底价格编制完成后,需要认真进行审查。加强标底价格的审查,对于提高工程量清单计价水平,保证标底质量具有重要作用。

1）发现错误,修正错误,保证标底价格的正确率。

2）促进工程造价人员提高业务素质,成为懂技术、懂造价的复合型人才,以适应市场经济环境下工程建设对工程造价人员的要求。

3）提供正确工程造价基准,保证招投标工作的顺利进行。

（2）标底价格的审查过程

标底价格的审查,一般分三个阶段进行。

1）编制人自审

当某单位工程标底计价初稿完成后,编制人要进行自我审查,检查分部分项工程各生产要素消耗水平是否合理,计价过程的计算是否有误,力求合理。

2）编制人之间互审

编制人之间互审的主要目的是,发现编制人对工程量清单项目理解的差异,统一认识,准确理解。

3）专家（上级）或审核组审查

专家（上级）或审核组审查是全面审查,包括对招标文件的符合性审查,计价基础资料的合理性审查,标底价格整体计价水平的审查,标底价格单项计价水平的审查,它是完成定稿的权威性审查。

（3）标底价格审查的内容

1）符合性

符合性包括计价价格对招标文件的符合性,对工程量清单项目的符合性,对招标人真实意图的符合性。

2)计价基础资料的合理性

计价基础资料的合理性,是标底价格合理的前提。计价基础资料包括:工程施工规范、工程验收规范、企业生产要素消耗水平、工程所在地生产要素价格水平。

3)标底整体价格水平

标底价格大幅度是否偏离概(预)算造价,是否无理由偏离已建同类工程造价,各专业工程造价是否比例失调,实体项与非实体项价格比例是否失调。

4)标底单项价格水平

标底单项价格水平偏离概算值。

(4)标底价格的审查方法

1)专家评审法

由工程造价方面的专家,分专业对标底价格逐一审查,发现问题,纠正谬误。清单计价伊始,使用此法比较妥当,可以避免重大失误,确保标底价格的可利用性。

2)分组计算审查法

按专业分组,按分部分项工程,就生产要素消耗水平、生产要素价格水平,对工程量清单项目理解,进行全面审查。在清单计价伊始,专家力量不足的情况下,这种方法不失为好的方法。

3)筛选审查法

利用原定额建立分部分项工程基本综合单价数值表,统一口径对应筛选,选出不合理的偏离基本数值表的分部分项工程计价数据,再对该分部分项工程计价详细审查。

4)定额水平调整对比审查法

利用原定额,按清单给定的范围,组成分部分项工程量清单综合单价。再按市场生产要素价格水平、市场工程生产要素消耗水平测定比例,调整单位工程造价。对比单位工程标底价,找出偏差,对标底价进行调控。该方法可以把握各单位工程标底价的准确性,但是不能保证各个分部分项工程计价是否合理。

2. 标底价格的应用

工程招标标底价是业主为掌握工程造价,控制工程投资的基础数据,并以此为依据测评各投标单位工程报价的准确与否。

标底价格最基本的应用形式,是标底价格与各投标单位投标价格的对比。从中发现投标价格的偏离与谬误,为招标答疑会提供招标人质疑素材,澄清投标价格涵盖范围。

对比分为工程项目总价对比、分项工程总价对比、单位工程总价对比、分部分项工程综合单价对比、措施项目列项与计价对比、其他项目列项与计价对比。

在《建设工程工程量清单计价规范》下的工程量清单报价,为标底价格在商务标测评中建立了一个基准的平台,即标底价格的计价基础与各投标单位报价的计价基础完全一致,方便了标底价格与投标报价的对比。

(1)工程项目总价对比

对各投标单位工程项目总报价进行排序,确定标底价格在全部投标报价中所处的位置。位置处于中间,说明报价价格正常。测算最高价及最低价与标底价的偏离程度,可得到工程建设市场价格的变动趋势,排除不合理报价后的平均报价与标底价之比,就形成了以标底价为基础的平均工程造价综合指数,用以指导今后标底价的编制,或为社会提供工程造价依据。

如果业主要简化评标过程,即可根据合理最低价或接近标底价确定中标单位。

(2)分项工程总价对比

因为各个分项工程在工程项目内的重要程度不同,业主需要了解各报价单位分项工程的报价水平,就要进行分项工程总价对比。以标底价为基准,判别各报价单位对不同分项工程的拟投入,用以检验报价单位资源配置的合理性。

(3)单位工程总价对比

单位工程总价是按专业划分的最小单位的完全工程造价。对比标底价,可得知报价单位拟按专业划分的资源配置状况,用以检验报价单位资源配置的合理性。

(4)分部分项工程综合单价对比

分部分项工程综合单价,是工程量清单报价的基础数据,在以上总价对比、分析的基础上,对照标底价的分部分项工程综合单价,查阅偏离标底价的分部分项工程综合单价分析表,可以了解到投标人是否正确理解了工程量清单的工程特征及综合工程内容,是否按工程量清单的工程持征和综合工程内容进行了正确的计价,以及投标价偏离标底价的原因,以此判断投标价的正确与错误。

(5)措施项目列项与计价对比

以标底价为基准、对比分析投标人的措施项目列项与计价,不仅可以了解到工程报价的高低,以及报价高低的原因,还可以了解到一个施工企业的工作作风、施工习惯,乃至企业的整体素质,有助于招标人合理地确定中标单位。

措施项目在招投标测评中,是唯一一个不能以项目多少、价格高低论优劣的项目。在工程总报价合理的前提下,以合理计价的尽量多的施工措施项目,是实现工程总体目标的有力保证。

(6)其他项目列项与计价对比

其他项目列项与计价对比,其他项目分招标人和投标人两部分内容。一般仅就投标人部分与标底价对比,用以判断项目列项的合理性与报价水平。

9.4 工程量清单计价模式下的投标报价

9.4.1 工程量清单投标报价的标准格式

工程量清单计价应采用统一格式。工程量清单计价格式应随招标文件发至投标人,由投标人填写。工程量清单计价格式应有以下内容组成。

1. 封面

封面由投标人按规定的内容填写、签字、盖章。其格式如表 9-13 所示。

2. 投标总价

投标报价应按工程项目总价表合计金额填写。其格式如表 9-14 所示。

3. 工程项目总价表

工程项目总价表应按各单项工程费汇总表的合计金额填写。其格式如表 9-15 所示。

4. 单项工程费汇总表

单项工程费汇总表应按各单位工程费汇总表的合计金额填写。其格式如表 9-16 所示。

5. 单位工程费汇总表

单位工程费汇总表中的金额,应分别按照分部分项工程量清单计价表、措施项目清单计价表和其他项目清单计价表的合计金额以及根据有关规定计算出的规费、税金填写。其格式如表 9-17 所示。

表 9-13 封 面

_____工程

工程量清单报价表

投 标 人：_____（单位签字盖章）
法定代表人：_____（签字盖章）
造价工程师
及注册证号：_____（签字盖执业专用章）
编 制 时 间：_____

表 9-14 投 标 总 价 表

投 标 总 价

建 设 单 位：_____
工 程 名 称：_____
投标总价(大写)：_____
　　　(小写)：_____
投 标 人：_____（单位签字盖章）
法 定 代 表 人：_____（签字盖章）
编 制 时 间：_____

表 9-15 工程项目总价表

工程名称： 　　　　　　　　　　　　　　　　　　　　　　　　　　第 页 共 页

序号	单项工程名称	金额(元)
合　计		

表 9-16 单项工程费汇总表

工程名称： 　　　　　　　　　　　　　　　　　　　　　　　　　　第 页 共 页

序号	单位工程名称	金额(元)
合　计		

表 9-17 单位工程费汇总表

工程名称： 　　　　　　　　　　　　　　　　　　　　　　　　　　第 页 共 页

序号	项 目 名 称	金额(元)
1	分部分项工程清单计价合计	
2	措施项目清单计价合计	
3	其他项目清单计价合计	
4	规费	
5	税金	
合　计		

6.分部分项工程量清单计价表

分部分项工程量清单计价表是根据招标人提供的工程量清单填写单价与合价得到的。其格式如表 9-18 所示。

编制分部分项工程量清单计价表时应注意以下问题：

(1)综合单价应包括完成一个规定计量单位工程所需的人工费、材料费、机械使用费、管理费和利润，并应考虑风险因素。

(2)分部分项工程量清单计价表中的序号、项目编码、项目名称、计量单位、工程数量必须按分部分项工程量清单中的相应内容填写。

(3)由于受各种因素的影响，同一分项工程可能设计不同，由此所含的工程内容会发生差异。在《建设工程工程量清单计价规范》附录中"工程内容"栏所列的工程内容没有区别不同设计而逐一列出，就某一个具体工程项目而言，确定综合单价时，附录中的工程内容仅供参考。

(4)分部分项工程量清单的综合单价，不得包括招标人自行采购材料的价款，但应考虑对管理费、利润的影响。

表 9-18 分部分项工程量清单计价表

工程名称：　　　　　　　　　　　　　　　　　　　　　　　　　　第 页 共 页

序号	项目编码	项目名称	计量单位	工程数量	金额(元)	
					综合单价	合 价
		本页小计				
		合 计				

7.措施项目清单计价表

措施项目清单计价表中的金额，应根据招标人提供的措施项目清单中所列的措施项目名称填写。其格式如表 9-19。

表 9-19 措施项目清单计价表

工程名称：　　　　　　　　　　　　　　　　　　　　　　　　　　第 页 共 页

序号	项 目 名 称	金额(元)
	合 计	

编制措施项目清单计价表时应注意以下问题：

(1)措施项目清单中所列的措施项目均以"一项"提出，所以计价时，首先应详细分析其所含的工程内容，然后确定其综合单价。措施项目不同，其综合单价组成内容可能有差异，因此《建设工程工程量清单计价规范》强调，在确定措施项目综合单价时，规范中规定的综合单价的内容仅供参考。

（2）招标人提出的措施项目清单是根据一般情况确定的，没有考虑不同投标人的特殊情况，因此投标人在报价时，可根据本企业的实际情况增加措施项目内容来进行报价。

（3）措施项目清单计价表中的序号、项目名称必须按措施项目清单中的相应内容填写。

8.其他项目清单计价表

其他项目清单计价表中的序号、项目名称必须按招标人提供的其他项目清单中的相应内容填写，不得增加或减少，不得修改。招标人部分的金额必须按招标人提出的数额填写；投标人部分的总承包服务费由投标人根据提供的服务所需的费用填写，零星工作项目费按"零星工作项目计价表"的合计金额填写。其他项目清单计价表的格式如表9-20所示。

表9-20 其他项目清单计价表

工程名称：　　　　　　　　　　　　　　　　　　　　　　第 页 共 页

序号	项 目 名 称	金额（元）
1	招标人部分	
1.1	预留金	
1.2	材料购置费	
	小　计	
2	投标人部分	
2.1	总承包服务费	
2.2	零星工作费	
	小　计	
	合　计	

其他项目清单中的预留金、材料购置费和零星工作费，均为估算预测数量，虽在投标时计入投标人的报价中，但不应视为投标人所有。竣工结算时，应按承包人实际完成的工程内容结算，剩余部分仍归招标人所有。

9.零星工作项目计价表

零星工作费表中的人工、材料、机械名称、计量单位和相应数量，应按零星工作项目表中相应的内容填写，不得增加或减少，不得修改。零星工作项目计价表的格式如表9-21所示。

表9-21 零星工作费表

工程名称：　　　　　　　　　　　　　　　　　　　　　　第 页 共 页

序号	名　称	计量单位	工程数量	金额（元）	
				综合单价	合价
1	人工				
	小计				
2	材料				
	小计				
3	机械				
	小计				
	合计				

编制零星工作项目计价表时应注意以下问题：

（1）招标人提供的零星工作项目表应包括详细的人工、材料、机械名称、计量单位和相应数量。

(2)综合单价应参照规范规定的综合单价组成,根据零星工作的特点填写。

(3)工程竣工,零星工作费应按实际完成的工程量所需费用结算。

10. 分部分项工程量清单综合单价分析表

分部分项工程量清单综合单价分析表,应由招标人根据需要提出要求后填写。其格式如表 9-22 所示。

表 9-22　分部分项工程量清单综合单价分析表

工程名称:　　　　　　　　　　　　　　　　　　　　　　第 页 共 页

序号	工 程 内 容	单位	数量	综合单价(元)					
				人工费	材料费	机械费	管理费	利润	综合单价
	合　　计								

11. 措施项目分析表

措施项目分析表,应由招标人根据需要提出要求后填写。其格式如表 9-23 所示。

表 9-23　措施项目分析表

工程名称:　　　　　　　　　　　　　　　　　　　　　　第 页 共 页

序号	措施项目名称	单位	数量	综合单价(元)					
				人工费	材料费	机械费	管理费	利润	税金
	合　　计								

12. 主要材料价格表

招标人提供的主要材料价格表,应包括详细的材料编码、材料名称、规格型号和计量单位;投标人所填写的单价必须与工程量清单计价中采用的相应材料的单价一致。主要材料价格表的格式如表 9-24 所示。

表 9-24　主要材料价格表

工程名称:　　　　　　　　　　　　　　　　　　　　　　第 页 共 页

序号	材料编码	材料名称	规格、型号等特殊要求	单 位	单价(元)

分部分项工程量清单综合单价分析表、措施项目分析表及主要材料价格表,通常是由招标人提出要求后投标人进行填写,目的是为了在评标时便于评委对投标人的最终总报价以及分

项工程的综合单价的合理性进行分析、评分,剔除不合理的低价,消除恶意竞争的后果,有利于招标人在保证工程建设质量的同时,选择一个合理的、报价较低的中标单位。

9.4.2　工程量清单下投标报价的前期工作

投标报价的前期工作主要是指确定投标报价的准备期,主要包括:取得招标信息、提交资格预审资料、研究招标文件、准备投标资料、确定投标策略等。这一时期是为后面准确报价的必要工作阶段,往往有许多投标人对前期工作不重视,一旦购买到招标文件就急于编制投标文件,以至于在编制过程中会出现缺这缺那,这不明白那不清楚,造成无法挽回的损失。

1. 取得招标信息并参加资格审查

招标信息的主要来源是招投标交易中心。交易中心会定期不定期地发布工程招标信息,但是,如果投标人仅仅依靠从交易中心获取工程招标信息,就会在竞争中处于劣势。因为,我国招投标法规定了两种招标方式:公开招标和邀请招标。交易中心发布的主要是公开招标的信息,邀请招标的信息在发布时,招标人常常已经完成了考察及选择招标邀请对象的工作,投标人此时才去报名参加,已经错过了被邀请的机会。所以,投标人日常建立广泛的信息网络是非常关键的。一些有经验的投标人有时往往从工程立项甚至从项目可行性研究阶段就开始跟踪,并根据自身的技术优势和施工经验为招标人提供合理化建议,获得招标人的信任。

投标人取得招标信息的主要途径有:

(1)通过招标广告或公告来发现投标目标,这是获得公开招标信息的方式;

(2)搞好公共关系,经常派业务人员深入各个单位和部门,广泛联系,收集信息;

(3)通过政府有关部门,如计委、建委、行业协会等单位获得信息;

(4)通过咨询公司、监理公司、科研设计单位等代理机构获得信息;

(5)取得老客户的信任,从而承接后续工程或接受邀请而获得信息;

(6)与总承包商建立广泛的联系;

(7)利用有形的建筑交易市场及各种报刊、网站的信息;

(8)通过社会知名人士的介绍得到信息。

投标人得到信息后,应及时表明自己的意愿,报名参加,并向招标人提交资格审查资料。投标人资料主要包括:营业执照、资质证书、企业简介、技术力量、主要的机械设备、近三年内的主要施工工程情况及投标同类工程的施工情况、在建工程项目及财务状况。

对于资格审查的重要性投标人必须重视,因为它是为招标人认识本企业的第一印象。经常有一些缺乏经验的投标人,尽管实力雄厚,但在投标资格审查时,由于对投标资格审查资料的不重视而在投标资格审查阶段就被淘汰。

2. 对投标中所收集的有关信息的分析

投标是投标人在建筑市场中的交易行为,具有较大的冒险性。根据有关资料统计,国内一流的投标人中标概率也只有 $10\%\sim20\%$,而且中标后要想实现利润也面临着种种风险因素。这就要求投标人必须获得尽量多的招标信息,并尽量详细地掌握与项目实施有关的信息。随着市场竞争的日益激烈,如何对取得的信息进行分析,关系到投标人的生存和发展。信息竞争将成为投标人竞争的焦点。投标人对信息分析应从以下几个方面进行:

(1)招标人投资的可靠性,工程投资资金是否已到位,必要时应取得对发包人资金可靠性的调查。建设项目是否已经批准。

(2)招标人是否有与工程规模相适应的技术经济管理人员,有无工程管理的能力、合同管理经验和履约的状况如何；委托的监理是否符合资质等级要求，以及监理的经验、能力和信誉。

（3）招标人或委托的监理是否有明显的授标倾向。

（4）投标项目的技术特点：

1）工程规模、类型是否适合投标人；

2）气候条件、水文地质和自然资源等是否为投标人技术专长；

3）是否存在明显的技术难度；

4）工期是否过于紧迫；

5）预计应采取何种重大技术措施；

6）其他技术专长。

（5）投标项目的经济特点：

1）工程款支付方式，外资工程外汇比例；

2）预付款的比例；

3）允许调价的因素、规费及税金信息；

4）金融和保险的有关情况。

（6）投标竞争形势分析：

1）根据投标项目的性质，预测投标竞争形势；

2）参与投标的竞争对手的优势分析和预计其投标的动向；

3）竞争对手的投标积极性。

（7）投标条件及迫切性：

1）可利用的资源和其他有利条件；

2）投标人当前的经营状况、财务状况和投标的积极性。

（8）本企业对投标项目的优势分析：

1）是否需要较少的开办费用；

2）是否具有技术专长及价格优势；

3）类似工程承包经验及信誉；

4）资金、劳务、物资供应、管理等方面的优势；

5）项目的社会效益；

6）与招标人的关系是否良好；

7）投标资源是否充足；

8）有否理想的合作伙伴联合投标。

（9）投标项目风险分析：

1）民情风俗、社会秩序、地方法规、政治局势；

2）社会经济发展形势及稳定性、物价趋势；

3）与工程实施有关的自然风险；

4）招标人的履约风险；

5）延误工期罚款的额度大小；

6）投标项目本身可能造成的风险。

根据上述各项信息的分析结果，做出包括经济效益预测在内的可行性研究报告，供投标决策者据以进行科学、合理的投标决策。

3. 研究招标文件

(1)研究招标文件条款

为了在投标竞争中获胜,投标人应设立专门的投标机构,设置专业人员掌握市场行情及招标信息,时常积累有关资料,维护企业定额及人工、材料、机械价格系统。一旦通过了资格审查,取得招标文件后,应立刻进行招标文件研究、确定投标策略、确定定额含量及人工、材料、机械价格,编制施工组织设计及施工方案,计算报价。根据投标报价策略,采用不平衡报价及报价技巧防范风险,分析决策报价,最后形成投标文件。

在研究招标文件时,必须对招标文件的每句话,每个字都认认真真地研究,投标时要对招标文件的全部内容响应,以免误解招标文件的内容,造成不必要的损失。此外,必须掌握招标范围,弄清图纸、技术规范和工程量清单三者之间的范围、做法和数量之间互相矛盾的地方,明白招标人提供的工程量清单中的工程量是工程净量,不包括任何损耗及施工方案及施工工艺造成的工程增量,所以要认真研究工程量清单包括的工程内容及采取的施工方案,同时应注意有的清单项目的工程内容是明确的,有的并不那么明确,要结合施工图纸、施工规范及施工方案加以确定。除此之外还应对招标文件规定的工期、投标书的格式、签署方式、密封方法,投标的截止日期也要熟悉,并形成备忘录,避免由于失误而造成不必要的损失。

(2)研究评标办法

评标办法是招标文件的组成部分,投标人中标与否是按评标办法的要求进行评定的。我国一般采用两种评标办法:综合评议法和最低报价法。

综合评议法又有定性综合评议法和定量综合评议法两种。定量综合评议法采用综合评分的方法选择中标人,是根据投标报价、主要材料、工期、质量、施工方案、信誉、荣誉、已完或在建工程项目的质量、项目经理的素质等因素综合评议投标人,选择综合评分最高的投标人中标;定性综合评议法是在无法把报价、工期、质量等级诸多因素定量化打分的情况下,评标人根据经验判断各投标方案的优劣。采用综合评议法时,投标人理想的投标策略应是如何做到报价最高,综合评分也最高。而要做到这一点,就得在提高报价的同时,必须提高工程质量,要有先进科学的施工方案、施工工艺水平作保证,以缩短工期为代价。但是这种办法对投标人来说,必须要有丰富的投标经验,并能对全局很好地分析才能做到综合评分最高。否则,如果一味地追求报价,而使综合得分降低就失去了意义,是不可取的。

最低报价法也叫合理低价中标法,是根据最低价格选择中标人,是在保证质量、工期的前提下,以最合理低价中标。这里主要是指"合理"低价,是指投标人报价不能低于自身的个别成本。也就是说,对于投标人就要做到如何报价最低,利润相对最高,不注意这一点,就有可能会造成中标工程越多亏损越多的现象。

(3)研究合同条款

合同的主要条款是招标文件的组成部分,双方的最终法律制约作用就在合同上,履约价格的体现方式和结算的依据主要是依靠合同,因此投标人要对合同特别重视。

合同主要分通用条款和专用条款。要研究合同首先得清楚合同的构成及主要条款,一般应主要从以下几方面进行分析:

1)价格

价格是投标成败的关键。对于合同中关于价格的条款分析,主要看清单综合单价的调整,能不能调,如何调。因此,应根据工期和工程的实际预测价格风险。

2)分析工期及违约责任

分析工期及违约责任,是根据编制的施工方案或施工组织设计分析能不能按期完工,如不能按期完工会有什么违约责任。工程有没有可能会发生变更,如对地质资料的充分了解等。

3)分析付款方式

分析付款方式,这是投标人能不能保质保量按期完工的条件,有许多工程由于招标人不按期付款而造成了停工的现象,给双方造成了损失。

因此,投标人要对各个因素进行综合分析,并根据权利义务进行对比分析,只有这样才能很好地预测风险,并采取相应的对策。

(4)研究工程量清单

工程量清单是招标文件的重要组成部分,是招标人提供的投标人用以报价的工程量,也是最终结算及支付的依据。所以必须对工程量清单中的工程量在施工过程及最终结算时是否会发生变更等情况进行分析,并分析工程量清单包括的具体内容。只有这样,投标人才能准确把握每一清单项的内容范围,并做出正确的报价。不然会造成分析不到位,误解或错解而造成报价不全导致损失。尤其是采用合理低价中标的招标形式时,报价显得更加重要。

4. 准备投标资料及确定投标策略

投标报价之前,必须准备与报价有关的所有资料,这些资料的质量高低直接影响到投标报价的成败。投标前需要准备的资料主要有:招标文件;设计文件;施工规范;有关的法律、法规;企业内部定额及有参考价值的政府消耗量定额;企业人工、材料、机械价格系统资料;可以询价的网站及其他信息来源;与报价有关的财务报表及企业积累的数据资料;拟建工程所在地的地质资料及周围的环境情况;投标对手的情况及对手常用的投标策略;招标人的情况及资金情况等。所有这些都是确定投标策略的依据,只有全面地掌握第一手资料,才能快速准确地确定投标策略。

投标人在报价之前需要准备的资料可分为两类:一类是公用的,任何工程都可以用,投标人可以在平时日常积累,如规范、法律、法规、企业内部定额及价格系统等;另一类是专用资料,只能针对具体投标工程,这些必须是在得到招标文件后才能收集整理,如设计文件、地质、环境、竞争对手的资料等。确定投标策略的资料主要是专用资料,因此投标人对这部分资料要格外重视。

投标人要在投标时显示出核心竞争力,就必须有一定的策略,有不同于别的投标竞争对手的优势。因此,应主要从以下几个方面考虑:

(1)全面掌握设计文件

招标人提供给投标人的工程量清单是按设计图纸及规范规则进行编制的,可能未进行图纸会审,在施工过程中不免会出现这样那样的问题,这就是我们说的设计变更,所以投标人在投标之前就要对施工图纸结合工程实际进行分析,了解清单项目在施工过程中发生变化的可能性,对于不变的报价要适中,对于有可能增加工程量的报价可适当偏高,有可能降低工程量的报价可适当偏低等,只有这样才能降低风险,获得最大的利润。

(2)实地勘察施工现场

投标人应该在编制施工方案之前对施工现场进行勘察,对现场和周围环境,及与此工程有关的可用资料进行了解和勘察。实地勘察施工现场主要从以下几方面进行:现场的形状和性质,其中包括地表以下的条件;水文和气候条件;为工程施工和竣工,以及修补其任何缺陷所需的工作和材料的范围和性质;进入现场的手段,以及投标人需要的住宿条件,等等。

(3)调查与拟建工程有关的环境

投标人不仅要勘察施工现场,在报价前还要详尽了解项目所在地的环境,包括政治形势、经济形势、法律法规和风俗习惯、自然条件、生产和生活条件等。对政治形势的调查,应着重工程所在地和投资方所在地的政治稳定性;对经济形势的调查,应着重了解工程所在地和投资方所在地的经济发展情况,工程所在地金融方面的换汇限制、官方和市场汇率、主要银行及其存款和信贷利率、管理制度等;对自然条件的调查,应着重工程所在地的水文地质情况、交通运输条件、是否多发自然灾害、气候状况如何等;对法律法规和风俗习惯的调查,应着重工程所在地政府对施工的安全、环保、时间限制等各项管理规定,宗教信仰和节假日等;对生产和生活条件的调查,应着重施工现场周围情况,如道路、供电、给排水、通讯是否便利,工程所在地的劳务和材料资源是否丰富,生活物资的供应是否充足等。

(4)调查招标人与竞争对手

对招标人的调查应着重从以下几个方面进行:一是资金来源是否可靠,避免承担过多的资金风险;二是项目开工手续是否齐全,提防有些发包人以招标为名,让投标人免费为其估价;三是是否有明显的授标倾向,招标是否仅仅是出于政府的压力而不得不采取的形式。

对竞争对手的调查应着重从以下几方面进行:首先,了解参加投标的竞争对手有几个,其中有威胁性的都是哪些,特别是工程所在地的承包人,可能会有评标优惠;其次,根据上述分析,筛选出主要竞争对手,分析其以往同类工程投标方法,惯用的投标策略,开标会上提出的问题等。

总之,投标人投标时必须知己知彼才能制定切实可行的投标策略,提高中标的可能性。

9.4.3 工程量清单下投标报价的编制

投标报价的编制是投标人进行投标的实质性工作,通常由投标人组织的专门机构来完成。投标报价的编制工作主要包括:审核工程量清单、编制施工组织设计、材料询价、计算工程单价、报价分析决策及编制投标文件等。

1. 审核工程量清单并计算施工工程量

一般情况下,投标人必须按招标人提供的工程量清单进行组价,并按综合单价的形式进行报价。但投标人在按招标人提供的工程量清单进行组价时,必须把施工方案及施工工艺造成的工程增量以价格的形式包括在综合单价内。通常有经验的投标人在计算施工工程量时,就对清单工程量进行审核,这样就可以知道招标人提供的工程量的准确度,为不平衡报价及结算索赔埋下伏笔。

在实行工程量清单模式计价后,建设工程项目一般分为三部分进行计价:分部分项工程项目计价、措施项目计价及其它项目计价。招标人提供的工程量清单是分部分项工程项目清单中的工程量,但措施项目中的工程量及施工方案工程量招标人不提供,必须由投标人在投标时按设计文件及施工组织设计、施工方案进行二次计算。因此这部分用价格的形式分摊到报价内的量必须要认真计算,要全面考虑。此外由于清单计价模式下报价最低是占优,所以对于投标人由于没有考虑全面而造成低价中标亏损,招标人会不予承担。

2. 编制施工组织设计及施工方案

施工组织设计及施工方案是招标人评标时考虑的主要因素之一,也是投标人为确定施工工程量的主要依据。它的科学性与合理性直接影响到报价及评标,是投标过程中一项主要的工作,同时也是技术性比较强、专业要求比较高的工作。其内容主要包括:项目概况、项目组织机构、项目保证措施、前期准备方案、施工现场平面布置、总进度计划和分部分项工程进度计划、分部分项的施工工艺及施工技术组织措施、主要施工机械配置、劳动力配置、主要材料保证措施、施工质量保证措施、安全文明措施、保证工期措施等。

施工组织设计主要应考虑施工方法、施工机械设备及劳动力的配置、施工进度、质量保证措施、安全文明措施及工期保证措施等,因此施工组织设计不仅关系到工期,而且对工程成本和报价也有密切关系。好的施工组织设计,应能紧紧抓住工程特点,采用先进科学的施工方法,降低成本。既要采用先进的施工方法,安排合理的工期,又要充分有效地利用机械设备和劳动力,尽可能减少临时设施和资金的占用。如果同时能向招标人提出合理化建议,在不影响使用功能的前提下为招标人节约工程造价,那么会大大提高投标人的低价的合理性,增加中标的可能性。另外,还应在施工组织设计中进行风险管理规划,以防范风险。

3.建立完善的询价系统

实行工程量清单计价模式后,投标人自由组价,所有与价格有关的全部放开,政府不再进行任何干预。用什么方式询价,具体询什么价,这是投标人面临的新形势下的新问题。投标人在日常的工作中必须建立价格体系,积累一部分人工、材料、机械台班的价格。除此之外在编制投标报价时应进行多方询价。询价的内容主要包括:材料市场价、人工当地的行情价、机械设备的租赁价、分部分项工程的分包价等。

(1)材料市场价

材料和设备在工程造价中常常占总造价的 60% 左右,对报价影响很大,因而在报价阶段对材料和设备市场价的了解要十分认真。对于一项建筑工程,材料品种、规格有上百种甚至上千种,要对每一种材料在有限的投标时间内都进行询价有点不现实,因此必须对材料进行分类,分为主要材料和次要材料,分别进行询价。

主要材料是指对工程造价影响比较大的材料。主要材料询价必须进行多方询价并进行对比分析,选择合理的价格。询价的方式有:到厂家或供应商处上门询价、已施工工程材料的购买价、厂家或供应商的挂牌价、政府定期或不定期发布的信息价、各种信息网站上发布的材料信息价等。在清单模式下计价,由于材料价格随着时间的推移变化特别大,不能只看当时的建筑材料价格,必须做到对不同渠道询到的价格进行有机的综合,并能分析今后材料价格的变化趋势,用综合方法预测价格变化,把风险变为具体数值加到价格上。可以说投标报价引起的损失有一大部分就是预测风险失误造成的。

对于次要材料,投标人应建立材料价格信息库,按库内的材料价格分析市场行情及对未来进行预测,用系数的形式进行整体调整,不需临时询价。

(2)人工综合单价

人工是建筑行业唯一能创造利润,反映企业管理水平的指标。人工综合单价的高低,直接影响到投标人个别成本的真实性和竞争性。人工单价应是企业内部人员水平及工资标准的综合。从表面上没有必要询价,但必须用社会的平均水平和当地的人工工资标准,来判断企业内部管理水平,并确定一个适中的价格,既要保证风险最低,又要具有一定的竞争力。

(3)机械设备的租赁价

机械设备是以折旧摊销的方式进入报价的,进入报价的多少主要体现在机械设备的利用率及机械设备的完好率上。机械设备除与工程数量有关外,还与施工工期及施工方案有关。进行机械设备租赁价的询价分析,可以判定是购买机械还是租赁机械,确保投标人资金的利用率最高。

(4)分包询价

总承包的投标人一般都用自身的管理优势总包大中型工程,包括此工程的设计、施工及试车等。投标人自己组织结构工程的设计及施工，但通常会把专业性强的分部分项工程如：钢结构的制作安装、玻璃幕墙的制作和安装、电梯的安装、特殊装饰等，分包给专业分包人去完成。分包价款的高低不仅会影响投标人的报价，而且与投标人的施工方案及技术措施有直接关系。因此必须在投标报价前对施工方案及施工工艺进行分析，确定分包范围，确定分包价。所以，有些投标人为了能够准确确定分包价，往往采用先分包，后报价的策略，以避免造成报价高了中不了标，报价低了，按中标价又分包不出去的现象。

4. 投标报价的计算

(1)工程量清单下投标报价计价特点

报价是投标的核心。它不仅是能否中标的关键，而且对中标后能否盈利，盈利多少也是主要的决定因素之一。我国为了推动工程造价管理体制改革，与国际惯例接轨，由定额模式计价向清单模式计价过渡，用规范的形式规范了清单计价的强制性、实用性、竞争性和通用性。工程量清单下投标报价的计价特点主要表现在以下几个方面：

1)量价分离，自主计价

招标人提供清单工程量，投标人除要审核清单工程量外还要计算施工工程量，并要按每一个工程量清单自主计价，计价依据由定额模式的固定化变为多样化。定额由政府法定性变为企业自主维护管理的企业定额及有参考价值的政府消耗量定额；价格由政府指导预算基价及调价系数变为企业自主确定的价格体系，除对外能多方询价外，还要在内建立一整套价格维护系统。

2)价格来源多样化，政府不再作任何参与，由企业自主确定

国家采用的是"全部放开、自由询价、预测风险、宏观管理"。"全部放开"就是凡与计价有关的价格全部放开，政府不进行任何限制；"自由询价"是指企业在计价过程中采用什么方式得到的价格都有效，价格来源的途径不作任何限制；"预测风险"是指企业确定的价格必须是完成该清单项的完全价格，由于社会、环境、内部、外部原因造成的风险必须在投标前就预测到，包括在报价内。由于预测不准而造成的风险损失由投标人承担；"宏观管理"是因为建筑业在国民经济中占的比例特别大，国家从总体上还得宏观调控，政府造价管理部门定期或不定期发布价格信息，还得编制反映社会平均水平的消耗量定额，用于指导企业快速计价，并作为确定企业自身技术水平的依据。

3)提高企业竞争力，增强风险意识

清单模式下的招投标特点，就是综合评价最优，在保证质量、工期的前提下，合理低价中标。最低价中标，体现的是个别成本，企业必须通过合理的市场竞争，提升施工工艺水平，把利润逐步提高。企业不同于其他竞争对手的核心优势除企业本身的因素外，报价是主要的竞争优势。企业要体现自己的竞争优势就得有灵活全面的信息、强大的成本管理能力、先进的施工工艺水平、高效率的软件工具。除此之外企业需要有反映自己施工工艺水平的企业定额作为计价依据，有自己的材料价格系统、施工方案和数据积累体系，并且这些优势都要体现到投标报价中。

实行工程量清单就是风险共担，工程量清单计价无论对招标人还是投标人在工程量变更时都必须承担一定风险，有些风险不是承包人本身造成的，就得由招标人承担。工程量清单计价规范明确规定了工程量的风险由招标人承担，综合单价的风险由投标人承担。投标报价有风险，但是不应怕风险，而是要采取措施降低风险，避免风险，转移风险。因此，投标人必须采用多种方式规避风险，不平衡报价是最基本的方式，如在保证总价不变的情况下，资金回收早

的单价适当提高,回收迟的单价适当降低;估计此项设计需要变更的,工程量增加的单价适当提高,工程量减少的单价适当降低等。在清单模式下索赔已是结算中必不可少的,也是大家会经常提到并要应用自如的工具。

国家推行工程量清单计价后,企业必须要适应工程量清单模式的计价。对每个工程项目在计价之前都不能临时寻找投标资料,而需要企业应拥有企业定额(或确定适合企业的现行消耗量定额)、价格库、价格来源系统、历史数据的积累、快速计价及费用分摊的投标软件,只有这样才能体现投标人在清单计价模式下的核心竞争力。

(2)《建设工程工程量清单计价规范》对投标报价的具体现定

《建设工程工程量清单计价规范》中"工程量清单计价"部分共10条,对工程量清单计价的工作范围、工程量清单计价价款构成、工程量清单计价单价和标底、报价的编制、工程量调整及其相应单价的确定等各个主要环节都作了较详细规定,招投标双方都应严格遵守。现将有关规定摘录如下:

1)为了避免或减少经济纠纷,合理确定工程造价,"计价规范"规定工程量清单计价价款,应包括完成招标文件规定的工程量清单项目所需的全部费用。其内涵:①包括分部分项工程费、措施项目费、其他项目费、规费和税金;②包括完成每分项工程所含全部工程内容的费用;③包括完成每项工程内容所需的全部费用(规费、税金除外);④工程量清单项目中没有体现的,施工中又必须发生的工程内容所需的费用;⑤考虑风险因素而增加的费用。

2)为了简化计价程序,实现与国际接轨,工程量清单计价采用综合单价计价。综合单价计价是有别于现行定额工料单价计价的另一种单价计价方式,它应包括完成规定计量单位、合格产品所需的全部费用,考虑我国的现实情况,综合单价包括除规费、税金以外的全部费用。综合单价不但适用于分部分项工程量清单,也适用于措施项目清单、其他项目清单等。各省、直辖市、自治区工程造价管理机构,制定具体办法,统一综合单价的计算和编制。

3)同一个分项工程,由于受各种因素的影响可能设计不同,因此所含工程内容也有差异。附录中"工程内容"栏所列的工程内容,没有区别不同设计逐一列出,就某一个具体工程项目而言,确定综合单价时,附录中的工程内容仅供参考。

分部分项工程量清单的综合单价,不得包括招标人自行采购材料的价款。

4)措施项目清单中所列的措施项目均以"一项"提出,所以计价时,首先应详细分析其所含工程内容,然后确定其综合单价。措施项目不同,其综合单价组成内容可能有差异,因此本规范强调,在确定措施项目综合单价时,综合单价组成仅供参考。

招标人提出的措施项目清单是根据一般情况确定的,没有考虑不同投标人的"个性",因此投标人在报价时,可以根据本企业的实际情况,增加措施项目内容,并报价。

5)其他项目清单中的预留金、材料购置费和零星工作项目费,均为估算、预测数量,虽在投标时计入投标人的报价中,不应视为投标人所有。竣工结算时,应按承包人实际完成的工作内容结算,剩余部分仍归招标人所有。

6)工程造价应在政府宏观调控下,由市场竞争形成。在这一原则指导下,投标人的报价应在满足招标文件要求的前提下实行人工、材料、机械消耗量自定,价格及费用自定,全面竞争,自主报价。

7)为了合理减少工程投标人的风险,并遵照谁引起的风险,谁承担责任的原则,本规范对工程量的变更及其综合单价的确定作了规定。执行中应注意:①不论由于工程量清单有误或漏项,还是由于设计变更引起新的工程量清单项目或清单项目工程数量的增减,均应按实调整。②工程量变更后综合单价的确定应按本规范的规定执行。③本条仅适用于分部分项工程量清单。

8)合同履行过程中,引起索赔的原因很多,规范不否认其他原因发生的索赔或工程发包人可能提出的索赔。

(3)计算投标报价

工程量清单计价规范规定,实行工程量清单计价必须采用综合单价法计价,并对综合单价包括的范围进行了明确规定。因此造价人员在计价时必须按工程量清单计价规范的规定进行计价。

所谓"综合单价法"就是分部分项工程量清单费用及措施项目费用的单价综合了完成单位工程量或完成具体措施项目的人工费、材料费、机械使用费、管理费和利润,并考虑一定的风险因素;而将规费、税金等费用作为投标总价的一部分,单列在其他表中的一种计价方法。

投标报价,按照企业定额或政府消耗量定额标准及预算价格确定人工费、材料费、机械费,并以此为基础确定管理费、利润,并由此计算出分部分项的综合单价;措施项目费,根据现场因素及工程量清单规定措施项目费以实物量或以分部分项工程费为基数按费率的方法确定;其他项目费,按工程量清单规定的人工、材料、机械台班的预算价为依据确定;规费按政府的有关规定执行;税金按税法的规定执行。分部分项工程费、措施项目费、其他项目费、规费、税金等合计汇总得到初步的投标报价。根据分析、判断、调整得到投标报价。

5. 投标报价的分析与决策

投标决策是投标人经营决策的组成部分,指导投标全过程。影响投标决策的因素十分复杂,加之投标决策与投标人的经济效益紧密相关,所以必须做到及时、迅速、果断。投标决策主要从投标的全过程分为项目分析决策、投标报价策略及投标报价分析决策。

(1)项目分析决策

投标人要决定是否参加某项目工程的投标,首先要考虑当前经营状况和长远经营目标,其次要明确参加投标的目的,然后分析中标可能性的影响因素。

建筑市场是买方市场,投标报价的竞争异常激烈,投标人选择投标与否的余地非常小,一般情况下,只要接到招标人的投标邀请,承包人都积极响应参加投标。这主要是基于以下考虑:首先,参加投标项目多,中标机会也多;其次,经常参加投标,在公众面前出现的机会也多,能起到广告宣传的作用;第三,通过参加投标,可积累经验,掌握市场行情,收集信息,了解竞争对手的惯用策略;第四,投标人拒绝招标人的投标邀请,可能会破坏自身的信誉,从而失去以后收到投标邀请的机会。

当然,也有一种理论认为有实力的投标人应该从投标邀请中,选择那些中标概率高、风险小的项目投标,即争取"投一个、中一个、顺利履约一个"。这是一种比较理想的投标策略,在激烈的市场竞争中一般很难实现。

投标人在收到招标人的投标邀请后,一般不应采取拒绝投标的态度。但有时投标人同时收到多个投标邀请,而投标报价资源有限,若不分轻重缓急地把投标资源平均分布,则会降低每一个项目中标的概率。这时承包人应针对各个项目的特点进行分析,合理分配投标资源、投标资源一般可以理解为投标编制人员和计算机等工具,以及其他资源。不同的项目需要的资源投入量不同,同样的资源在不同的时期不同的项目中价值也不同,例如同一个投标人在公路工程中的投标中标价值较高,但在铁路工程的投标中标价值就可能较低,这是由投标人的施工能力及造价人员的业务专长和投标经验等因素所决定。投标人必须积累大量的经验资料,通过归纳总结和动态分析,才能判断不同工程的最小最优投标资源投入量。通过最小最优投标资源投入量的分析,可以取舍投标项目,对于投入大量的资源,中标概率仍极低的项目,应果断地放弃,以免投标资源的浪费。

(2)投标报价策略

投标时,根据投标人的经营状况和经营目标.既要考虑自身的优势和劣势,也要考虑竞争的激烈程度,还要分析投标项目的整体特点,按照工程的类别、施工条件等确定报价策略。

1)生存型报价策略

如投标报价以克服生存危机为目标而争取中标时,可以不考虑其他因素。由于社会、政治、经济、环境的变化和投标人自身经营管理不善,都可能造成投标人的生存危机。这种危机首先表现在由于经济原因,投标项目减少;其次,政府调整基建投资方向,使某些投标人擅长的工程项目减少,这种危机常常是危害到营业范围单一的专业工程投标人;第三,如果投标人经营管理不善,会存在投标邀请越来越少的危机,这时投标人应以生存为重,采取不盈利甚至赔本也要夺标的态度,只要能暂时维持生存渡过难关,就会有东山再起的希望。

2)竞争型报价策略

投标报价以竞争为手段,以开拓市场,低盈利为目标,在精确计算成本的基础上,充分估计各竞争对手的报价目标,用有竞争力的报价达到中标的目的。投标人处在以下几种情况下,应采取竞争型报价策略:经营状况不景气,近期接受到的投标邀请较少;竞争对手有较大的威胁性;试图打入新的地区;开拓新的工程施工类型;投标项目风险小,施工工艺简单、工程量大、社会效益好的项目;附近有本企业其他正在施工的项目。

3)盈利型报价策略

这种策略是投标报价充分发挥自身优势,以实现最佳盈利为目标,对效益较小的项目热情不高,对盈利大的项目充满自信。下面几种情况可以采用盈利型报价策略,如投标人在该地区已经打开局面、施工能力饱和、信誉度高、竞争对手少、具有技术优势并对招标人有较强的名牌效应、投标人目标主要是扩大影响,或者施工条件差、难度高、资金支付条件不好、工期与质量等要求苛刻,为联合伙伴陪标的项目等。

(3)投标报价分析决策

初步报价提出后,应当对该报价进行多方面分析。分析的目的是探讨该报价的合理性、竞争性、盈利及风险,从而做出最终报价的决策。分析的方法可以从静态分析和动态分析两方面进行。

1)报价的静态分析

先假定初步报价是合理的,分析报价的各项组成及其合理性。

① 分析组价计算书中的汇总数字,并计算其比例指标。如统计总建筑面积和各单项建筑面积;统计材料费用价及各主要材料数量和分类总价,计算单位面积的总材料费用指标和各主要材料消耗指标和费用指标,计算材料费占报价的比重;统计人工费总价及主要工人、辅助工人和管理人员的数量,按报价、工期、建筑面积及统计的工日总数算出单位面积的用工数,单位面积的人工费,并计算出按规定工期完成工程时,生产工人和全员的平均人月产值和人年产值。计算出人工费占总报价的比重;统计临时工程费,机械设备使用费、模板、脚手架和工具等费用,计算它们占总报价的比重,以及分别占购置费的比例,即以摊销形式摊入本工程的费用和工程结束后的残值;统计各类管理费总数,计算它们占总报价的比重,计算利润、贷款利息的总数和所占比例;如果报价人有意地分别增加了某些风险系数,可以列为潜在利润或隐匿利

润提出,以便研究;统计分包工程的总价及各分包商的分包价,计算其占总报价和投标人自己施工的直接费用的比例,并计算各分包人分别占分包总价的比例,分析各分包价的直接费、间接费和利润。

② 从宏观方面分析报价结构的合理性。例如分析总的人工费、材料费、机械台班费的合计数与总管理费用比例关系,人工费与材料费的比例关系,临时设施费及机械台班费与总人工费、材料费、机械费合计数的比例关系,利润与总报价的比例关系,判断报价的构成是否基本合理。如果发现有不合理的部分,应当初步探明原因。首先是研究本工程与其他类似工程是否存在某些不可比因素;如果扣掉不可比因素的影响后,仍然存在报价结构不合理的情况时,就应当深入探索其原因,并考虑适当调整某些人工、材料、机械台班单价、定额含量及分摊系统。

③ 探讨工期与报价的关系。根据进度计划与报价,计算出月产值、年产值。如果从投标人的实践经验角度判断这一指标过高或者过低,就应当考虑工期的合理性。

④ 分析单位面积价格和用工量,用料量的合理性。参照实际施工同类工程的经验,如果本工程与同类工程有某些不可比因素,可以扣除不可比因素后进行分析比较。还可以收集当地类似工程的资料,排除某些不可比因素后进行分析对比,并探索本报价的合理性。

⑤ 对明显不合理的报价构成部分进行微观方面的分析检查。重点是从提高工效、改变施工方案、调整工期、压低供货人和分包人的价格、节约管理费用等方面提出可行措施,并修正初步报价,测算出另一个低报价方案。根据定量分析方法可以测算出基础最优报价。

⑥ 将原初步报价方案、低报价方案、基础最优报价方案整理成对比分析资料,提交内部的报价决策人或决策小组研讨。

2)报价的动态分析

通过假定某些因素的变化,测算报价的变化幅度,特别是这些变化对报价的影响。对工程中风险较大的工作内容,采用扩大单价,增加风险费用的方法来减少风险。

通常有多种风险都可能导致工期延误。如管理不善、材料设备交货延误、质量返工、监理工程师的"刁难"、其他投标人的干扰等而造成工期延误,不但不能索赔,还可能遭到罚款。由于工期延长可能使占用的流动资金及利息增加,管理费相应增大,工资开支也增多,机具设备使用费用增大。这种增加的开支部分只能用减小利润来弥补,因此,通过多次测算,可以得知工期拖延多久利润将全部丧失。

3)报价决策

① 报价决策的依据

作为报价决策的主要资料依据,应当是投标人自己造价人员的计算书及分析指标。至于其他途径获得的所谓招标人的"标底价"或者用情报的形式获得的竞争对手"报价"等等,只能作为一般参考。在工程投标竞争中,经常会出现泄漏标底价和刺探对手情报等情况,但是,上当受骗者也很多。没有经验的报价决策人往往过于相信来自各种渠道的情报,并用它作为决策报价的主要依据。有些经纪人掌握的"标底",可能只是招标人多年前编制的预算,或者只是从"可行性研究报告"上摘录下来的估算资料,与工程最后设计文件内容差别极大,毫无利用价值。有时,某些招标人故意利用中间商散布所谓"标底价",引诱投标人以更低的价格参加竞争,而实际工程成本都比这个"标底价"要高得多。还有的投标竞争对手也散布一个"报价",实际上,他的真实投标价格却比这个"报价"低得多,如果投标人一不小心落入圈套就会被竞争对手甩在后面。

参加投标的投标人当然希望自己中标。但是,更为重要的是中标价格应当基本合理,不应导致亏损。以自己的报价资料为依据进行科学分析,而后做出恰当的投标报价决策,至少不会盲目地落入市场竞争的陷阱。

② 报价差异的原因

虽然实行工程量清单计价,是由投标人自由组价。但一般来说,投标人对投标报价的计算方法是大同小异,造价工程师的基础价格资料也是相似的。因此,从理论上分析,各投标人的投标报价同招标人的标底价都应当相差不远。为什么在实际投标中却出现许多差异呢?除了那些明显的计算失误,如漏算、误解招标文件、有意放弃竞争而报高价者外,出现投标价格差异的基本原因一般有以下几方面:

一是追求利润的高低不一。有的投标人急于中标以维持生存局面,不得不降低利润率,甚至不计取利润;也有的投标人机遇较好,并不急切求得中标,因而追求的利润较高。

二是各自拥有不同的优势。有的投标人拥有闲置的机具和材料;有的投标人拥有雄厚的资金;有的投标人拥有众多的优秀管理人才等。

三是选择的施工方案不同。对于大中型项目和一些特殊的工程项目,施工方案的选择对成本的影响较大。优良的施工方案,包括工程进度的合理安排、机械化程度的正确选择、工程管理的优化等,都可以明显降低施工成本,因而降低报价。

四是管理费用的差别。国有企业和集体企业、老企业和新企业、项目所在地企业和外地企业、大型企业和中小型企业之间的管理费用的差别是比较大的。由于在清单计价模式下会显示投标人的个别成本,这种差别会使个别成本的差异显得更加明显。

③ 在利润和风险之间做出决策

由于投标情况纷繁复杂,计价中碰到的情况并不相同,很难事先预料。一般说来,报价决策并不是干预造价工程师的具体计算,而是应当由决策人与造价工程师一起,对各种影响报价的因素进行恰当的分析,并做出果断的决策。为了对计价时提出的各种方案、价格、费用、分摊系数等予以审定和进行必要的修正,决策人要全面考虑期望的利润和承担风险的能力。风险和利润并存于工程中,问题是投标人应当尽可能避免较大的风险,采取措施转移、防范风险并获得一定的利润。降低投标报价有利于中标,但同时也会降低预期利润、增大风险。决策者应当在风险和利润之间进行权衡并做出选择。

④ 根据工程量清单做出决策

实际上,招标人在招标文件中提供的工程量清单,是按施工前未进行图纸会审的图纸及规范编制的,投标人中标后随工程的进展常常会发生设计变更,相应地也就会发生价的变更。有时投标人在核对工程量清单时,会发现工程量有漏项和错算的现象,为投标人计算综合单价带来不便,增大投标报价的风险。但是,在投标时,投标人必须严格按照招标人的要求进行。如果投标人擅自变更、减少了招标人的条件,那么招标人将拒绝接受该投标人的投标书。因此,有经验的投标人即使确认招标人的工程量清单有错项、漏项、施工过程中肯定会发生变更及招标条件隐藏着的巨大的风险,也不会正面变更或减少条件,而是利用招标人的错误进行不平衡报价等技巧,为中标后的索赔埋下伏笔。或者利用详细说明、附加解释等十分谨慎地附加某些条件提示招标人注意,降低投标人的投标风险。

⑤ 低报价中标的决策

低报价中标是实行清单计价后的重要因素,但低价必须"合理"。并不是越低越好,不能低于投标人的个别成本,不能由于低价中标而造成亏损,这样中标的工程越多亏损就越多。决策者必须是在保证质量、工期,保证预期利润及考虑一定风险的基础上确定最低成本价。因此决策者在决定最终报价时要慎之又慎。低价虽然重要,但不是报价唯一因素,除了低报价之外,决策者可以采取相应策略或投标技巧战胜对手。如投标人可以提出能够让招标人降低投资的合理化建议或对招标人有利的一些优惠条件,来弥补报高价的不足。

6.投标技巧

投标技巧是指在投标报价中采用的投标手段让招标人可以接受,中标后能获得更多的利润。投标人在工程投标时,主要应该在先进合理的技术方案和较低的投标价格上下功夫,以争取中标,但是还有其他一些手段对中标有辅助性的作用,主要表现在以下几个方面:

(1)不平衡报价法

不平衡报价法是指一个工程项目的投标报价,在总价基本确定后,如何调整内部各个项目的报价,以期既不提高总价,不影响中标,又能在结算时得到更理想的经济效益。常见的不平衡报价法有:

① 能够早日结算的项目,如前期措施费、基础工程、土石方工程等可以报得较高,以利资金周转。后期工程项目如设备安装、装饰工程等的报价可适当降低。

② 经过工程量核算,预计今后工程虽会增加的项目,单价适当提高,这样在最终结算时可多赚钱,而将来工程量有可能减少的项目单价降低,工程结算时损失不大。

但是,上述两种情况要统筹考虑,即对于清单工程量有错误的早期工程,如果工程量不可能完成而有可能降低的项目,则不能盲目抬高单价,要具体分析后再定。

③ 设计图纸不明确,估计修改后工程量要增加的,可以提高单价,而工程内容说不清楚的,则可以降低一些单价。

④ 暂定项目又叫任意项目或选择项目,对这类项目要作具体分析。因为这一类项目要开工后由发包人研究决定是否实施,由哪一家投标人实施。如果工程不分包,只由一家投标人施工,则其中肯定要施工的单价可高些,不一定要施工的则应该低些。如果工程分包,该暂定项目也可能由其他投标人施工时,则不宜报高价,以免抬高总报价。

⑤ 单价包干的合同中,招标人要求有些项目采用包干报价时,宜报高价。一则这类项目多半有风险,二则这类项目在完成后可全部按报价结算,即可以全部结算回来。其余项目则可适当降低。

⑥ 有时招标文件要求投标人对工程量大的项目报"清单项目报价分析表",则投标时可将单价分析表中的人工费及机械设备费报得高些,而材料费报较低些。这主要是为了在今后补充项目报价时,可以参考选用"清单项目报价分析表"中较高的人工费和机械费,而材料则往往采用市场价,因而可获得较高的收益。

⑦ 在议标时,投标人一般都要压低标价。这时应该首先压低那些工程量少的单价,这样即使压低了很多单价,总的标价也不会降低很多,而给发包人的感觉却是工程量清单上的单价大幅度下降,投标人很有让利的诚意。

⑧ 在其他项目费中要报的工日单价和机械台班单价,可以高些,以便在日后招标人用工或使用机械时可多盈利。对于其他项目中的工程量要具体分析,是否报高价,高多少应有一个限度,不然会抬高总报价。

虽然不平衡报价对投标人可以降低一定的风险,但报价必须要建立在对工程量清单表中的工程量风险仔细核对的基础上,特别是对于降低单价的项目,如工程量一旦增多,将造成投标人的重大损失,同时一定要控制在合理幅度内,一般控制在10%以内,以免引起招标人反感,甚至导致因个别清单项报价不合理而废标。如果不注意这一点,有时招标人会挑选出报价过高的项目,要求投标人进行单价分析,而围绕单价分析中过高的内容压价,以致投标人得不偿失。

(2)多方案报价法

有时招标文件中规定,可以提一个建议方案。如果发现有些招标文件中工程范围不很明确,条款不清楚或很不公正,技术规范要求过于苛刻时,则要在充分估计风险的基础上,按多方案报价法处理。即是按原招标文件报一个价,然后再提出如果某条款作某些变动,报价可降低的额度。这样可以降低总造价,吸引招标人。

投标人这时应组织一批有经验的设计和施工工程师,对原招标文件的设计方案仔细研究,提出更合理的方案以吸引招标人,促成自己的方案中标。这种新的建议可以降低总造价或提前竣工。但要注意的是对原招标方案一定也要报价,以供招标人比较。

增加建议方案时,不要将方案写得太具体,保留方案的技术关键,防止招标人将此方案交给其他投标人,同时要强调的是,建议方案一定要比较成熟,或过去有这方面的实践经验。因为投标时间往往较短,如果仅为中标而匆忙提出一些没有把握的建议方案,可能引起很多不良后果。

(3)突然降价法

报价是一件保密的工作,但是对手往往会通过各种渠道、手段来刺探情报,因之用此方法可以在报价时迷惑竞争对手。即先按一般情况报价或表现出自己对该工程兴趣不大,到快要投标截止时,才突然降价。采用这种方法时,一定要在准备投标报价的过程中考虑好降价的幅度,在临近投标截止日期前,根据信息情况与分析判断,再做最后决策。采用突然降价法往往降低的是总价,而要把降低的部分分摊到各清单项内,可采用不平衡报价进行,以期取得更高的效益。

(4)先亏后盈法

对于大型分期建设的工程,在第一期工程投标时,可以将部分间接费分摊到第二期工程中去,并减少利润以争取中标。这样在第二期工程投标时,凭借第一期工程的经验,临时设施以及创立的信誉,比较容易拿到第二期工程。如第二期工程遥遥无期时,则不可以这样考虑。

(5)开标升级法

在投标报价时把工程中某些造价高的特殊工作内容从报价中减掉,使报价成为竞争对手无法相比的低价。利用这种"低价"来吸引招标人,从而取得与招标人进一步商谈的机会,在商谈过程中逐步提高价格。当招标人明白过来当初的"低价"实际上是个钓饵时,往往已经在时间上招标人处于谈判弱势,丧失了与其他投标人谈判的机会。利用这种方法时,要特别注意在最初的报价中说明某项工作的缺项,否则可能会弄巧成拙,真的以"低价"中标。

(6)许诺优惠条件

投标报价附带优惠条件是行之有效的一种手段。招标人评标时,除了主要考虑报价和技术方案外,还要分析别的条件,如工期、支付条件等。所以在投标时主动提出提前竣工、低息贷款、赠给施工设备、免费转让新技术或某种技术专利、免费技术协作、代为培训人员等,均是吸引招标人、利于中标的辅助手段。

(7)争取评标奖励

有时招标文件规定,对某些技术指标的评标,若投标人提供的指标优于规定指标值时,给予适当的评标奖励。因此,投标人应该使招标人比较注重的指标适当地优于规定标准,以获得适当的评标奖励,有利于在竞争中取胜。但也要注意,技术性能优于招标规定,将导致报价相应上涨,如果投标报价过高、即使获得评标奖励,也难以与报价上涨的部分相抵,这样评标奖励也就失去了意义。

9.4.4 工程量清单投标报价应用举例

某多层砖混结构住宅条基土方工程,土壤类别:三类土,基础:砖大放脚带型基础,垫层为三七灰土,宽度为 810 mm,厚度为 500 mm,挖土深度为 3 m,弃土运距 4 km,基础总长度100 m。

招标人根据基础施工图,按清单工程量计算规则,计算提出的工程量清单见表 9-25、表 9-26、表 9-27、表 9-28、表 9-29。

某多层砖混结构住宅基础工程

工程量清单

招　标　人：___×××公司___（单位签字盖章）

法定代表人：_____×××_____（签字盖章）

中　介　机　构

法定代表人：_____×××_____（签字盖章）

造价工程师

及注册证号：_____×××_____（签字盖执业专用章）

编　制　时　间：_2006 年×月×日_

填 表 须 知

1. 工程量清单及其计价格式中所有要求签字、盖章的地方,必须由规定的单位和人员签字、盖章。

2. 工程量清单及其计价格式中的任何内容不得随意删除或涂改。

3. 工程量清单计价格式中列明的所有需要填报的单价和合价,投标人均应填报,未填报的单价和合价,视为此项费用已包含在工程量清单的其他单价和合价中。

4. 金额(价格)均应以__人民__币表示。

总 说 明

1. 工程概况:本工程建筑面积为 1 000 m²,六层,采用条形基础,砖混结构。招标范围内的施工工期一个月。现场邻近公路,交通运输方便,在现场接近 1 km 的地方有钢材批发市场。

2. 招标范围:基础工程。

3. 清单编制依据:建设工程工程量清单计价规范、施工设计图文件、国家有关法律、法规及施工规范等。

4. 工程质量应达到优良标准。

5. 考虑施工中可能发生的设计变更或清单有误,预留金额 0.5 万元。

6. 投标人在投标时应按《建设工程工程量清单计价规范》规定的统一格式,提供"分部分项工程量清单综合单价分析表。

7. 随清单附有"主要材料价格表",投标人应按其规定内容填写。

表 9-25 分部分项工程量清单

工程名称:某多层砖混结构住宅基础工程   第 页 共 页

序 号	项目编码	项目名称	计量单位	工程数量
1	010101003001	挖基土方 土壤类别:三类土 基础类型:砖大放脚带型基础 垫层宽度:810 mm 挖土深度:3 m 弃土运距:4 km	m³	243
2	010301001001	砖基础 砖类型:MU10 机制红砖 砂浆类型:M5 水泥砂浆 基础类型:深度 2.5 m 的条型基础 垫层类型:三七灰土 垫层厚度:500 mm,40 m³	m³	90
...	...	...	...	...

表 9-26 措施项目一览表

工程名称:某多层砖混结构住宅基础工程   第 页 共 页

序号	项 目 名 称
1	环境保护
2	文明施工
3	安全施工
4	临时设施
5	施工排水、降水

表 9-27 其他项目一览表

工程名称:某多层砖混结构住宅基础工程   第 页 共 页

序号	项 目 名 称
1	招标人部分 预留金
2	投标人部分 零星工作项目费

表 9-28 零星工作项目表

工程名称:某多层砖混结构住宅基础工程   第 页 共 页

序号	名 称	计量单位	数 量
1	人工 (1)普工	工日	20
	小 计		
2	材料 (1)水泥等级强度 42.5	t	1
	小 计		
3	机械 (1)载重汽车 4 t	台班	10
	小 计		
	合 计		

表 9-29　主要材料价格表

工程名称：某多层砖混结构住宅基础工程　　　　　　　　　　　　　　　　第　页　共　页

序号	材料编码	材料名称	规格、等级强度等特殊要求	单位	单价(元)
1	C04	红砖	240×115×52	千块	
2	C05	水泥	42.5	t	

根据以上所给的资料，可参照以下步骤进行投标报价的编制：

1. 确定施工方案，计算工程量

投标人根据分部分项工程量清单、地质资料及施工方案，计算施工工程量如下：

(1)基础挖土截面

$$S=(a+2C+KH)H=(0.81+2×0.25+0.2×3)×3=5.73(\text{m}^2)$$

式中　a——基础垫层宽度；

C——工作面宽度；

K——放坡系数；

H——挖土深度。

注：本例中投标人的施工方案考虑工作面宽度各边 0.25 m，放坡系数为 0.2。

(2)土方挖方总量

$$V=S·L=5.73×100=573(\text{m}^3)$$

式中　S——挖土截面；

L——基础长度。

根据施工方案，采用人工挖土方，挖方总量为 573 m³；现场堆土 443 m³，用于回填；剩余 130 m³ 土方，采用装载机装自卸汽车运土，运距 4 km。

在计算综合单价时，先按施工方案的总工程量进行计算，再按招标人提供的清单工程量折算综合单价。

通过对工程量清单的审核，清单工程量按计算规则计算无误。

2. 认真阅读和分析填表须知及总说明

填表须知主要是明确了工程量清单的计算、填报格式的统一及规范，明确了签字盖章的重要性及工程量清单的支付条件及货币的币种。

投标人必须按招标文件要求填报格式填写。不然招标人会认为投标人没有响应招标文件，按废标处理。对招标人提供的总说明，投标人应进行细致地分析、研究，如对招标文件误解造成损失，全部由投标人承担。

3. 分部分项工程综合单价计算

(1)充分了解招标文件，明确报价范围

投标报价应采用综合单价形式，是指招标文件所确定的招标范围内的除规费、税金以外的全部工作内容，包括人工、材料、设备、施工机械、管理费、利润及一定的风险费用。在投标组价时依据招标人提供的招标文件、施工图纸、补充答疑纪要、工程技术规范、质量标准、工期要求、分包范围、工程量清单、工器具及设备清单等，按企业定额或参照省市有关消耗量定额、价格指数确定综合单价。对于投标报价中数字保留小数点的位数依据招标文件要求，招标文件没有规定应按常规执行。一般除合价及总价有可能取整外，其它保留两位，小数点后第三位四舍五入。

（2）计算前的数据准备

工程量清单由招标人提供后，还得计算施工工程量，并有条件时校核工程量清单中的工程量，这些工作应在接到招标文件后，投标的前期准备阶段完成，到分部分项工程综合单价计算时进行整理，归类、汇总。

（3）测算工程所需人工工日、材料及机械台班的数量。企业可以按反映企业水平的企业定额或参考政府消耗量定额确定人工、材料、机械台班的耗用量。为了能够反映企业的个别成本，企业得有自己的企业定额。按清单项内的工程内容对应企业定额项目划分确定定额子目，再对应清单项进行分析、汇总。

（4）市场调查和询价

此工程为条形基础，不要求特殊工种的人员上岗，市场劳务来源比较充沛，且价格平稳，采用市场劳务价作为参考，按前三个月投标人使用人员的平均工资标准确定。

因工程所在地为大城市，工程所用材料供应充足，价格平稳，考虑到工期又较短，一般材料都可在当地采购，因此以工程所在地建材市场前三个月的平均价格水平为依据，不考虑涨价系数。

此工程使用的施工机械为常用机械、投标人都可自行配备，机械台班按全国统一机械台班定额计算出台班单价，不再额外考虑调整施工机械费。

经上述市场调查和询价，即可得到对应此工程的综合工日单价、材料单价及机械台班单价。

（5）计算清单项内的定额基价

按确定的定额含量及询到的人工、材料、机械台班的单价，对应计算出定额子目单位数量的人工费、材料费和机械费。计算公式如下：

$$人工费 = \sum（人工工日数 \times 对应人工单价）$$
$$材料费 = \sum（材料定额含量 \times 对应材料综合材料预算单价）$$
$$机械费 = \sum（机械台班定额含量 \times 对应机械的台班单价）$$

（6）计算综合单价

计价规范规定综合单位必须包括清单项内的全部费用，但招标人提供的工程量是不能变动的。施工方案、施工技术的增量应全部包含在报价内。对应于清单工程特征内的工程内容费用也要包括在报价内，这就存在一个分摊的问题，就是把完成此清单项全部内容的价格计算出来后折算到招标人所提供工程量的综合单价中。管理费包括现场管理费及企业管理费，本例按人工费、材料费、机械费的合计数的 10% 计取；利润，本例按人工费、材料费、机械费的合计数的 5% 计取，不考虑风险。分部分项工程量清单综合单价计算表，见表 9-36、表 9-37。

计价规范规定工程量清单计价表必须按规定的格式填写，计算完成后，按规范要求的格式填报《分部分项工程量清单计价表》、《分部分项工程量清单综合单价分析表》、《主要材料价格表》。在这三个表内工程量清单的名称、单位、数量及主要材料规格、数量必须按工程量清单填写，不能做任何变动。

《分部分项工程量清单综合单价分析表》，就是把如何按定额组价的每一个定额子目折算成每个清单工程量的综合单价的汇总表，分部分项工程量清单综合单价分析表见表 9-35。

《分部分项工程量清单综合单价分析表》，不是投标人的必报表格，是按招标文件的要求进行报备的，分析多少清单项目也要按招标人在工程量清单中的具体要求执行。填报时必须注意以下几点：第一、格式必须按规范中的规定的格式填写；第二、清单的具体项目按工程量清单的要求执行；第三、工程内容为组价时按规范要求的内容对应定额的子目名称。综合单价组成栏内的数值一律为单价。所有单价的计算公式如下：人工费、材料费、机械费的单价等于对应定额基价中人工费、材料费、机械费乘以计算工程量后，除以清单项目工程量；管理费及利润按规定的系数进行计算。分部分项工程量清单综合单价分析表见表 9-35，在本例中，管理费按人工费、材料费、机械费的合计数的 10％计取；利润按人工费、材料费、机械费的合计数的 5％计取。

《主要材料价格表》的格式按规范的要求执行，只对招标人工程量清单内要求的材料价格进行填报。但所填报的价格必须与分部分项工程组价时的材料预算价相一致，见表 9-38。

4.措施项目费计算

措施项目清单中所列的措施项目均以"一项"提出，在计价时，首先应详细分析其所包含的全部工程内容，然后确定其综合单价。措施项目不同，其综合单价组成内容可能有差异，综合单价的组成包括完成该措施项目的人工费、材料费、机械费、管理费、利润及一定的风险费。

措施项目综合单价的计算方法有以下几种：

（1）定额法计价：这种方法与分部分项工程综合单价的计算方法一样，主要是指一些与实体有紧密联系的项目，如模板、脚手架、垂直运输等。

（2）实物量法计价：这种方法是最基本，也是最能反映投标人个别成本的计价方法，是按投标人现在的水平，预测将要发生的每一项费用的合计数，并考虑一定的涨浮因素及其他社会环境影响因素，如安全、文明措施费等。

（3）公式参数法计价：定额模式下几乎所有的措施费用都采用这种办法，有些地区以费用定额的形式体现，就是按一定的基数乘系数的方法或自定义公式进行计算。这种方法简单、明了，但最大的难点是公式的科学性、准确性难以把握，尤其是系数的测算是一个长期、规范的问题。系数的高低直接反映投标人的施工水平。这种方法主要适用于施工过程中必须发生，但在投标时很难具体分项预测，又无法单独列出项目内容的措施项目，如夜间施工、二次搬运费等，可按此办法计价。

（4）分包法计价：是指在分包价格的基础上增加投标人的管理费及风险费进行计价的方法，这种方法适合可以分包的独立项目。如大型机械设备进出场及安拆、室内空气污染测试等。

措施项目计价方法的多样化正体现了工程量清单价投标人自由组价的特点，事实上面提到的这些方法对分部分项工程、其他项目的组价也都是有用的。但在用上述办法组价时要注意：

首先，工程量清单计价规范规定，在确定措施项目综合单价时，规范规定的综合单价组成仅供参考，也就是说措施项目内的人工费、材料费、机械费、管理费、利润等不一定全部发生，不要求每个措施项目内人工费、材料费、机械费、管理费、利润都必须有；

其次，在报价时，有时对措施项目招标人要求明细分析，这时用公式参数法组价、分包法组价都是先知道总数，这就要靠人为用系数或比例的办法分摊人工费、材料费、机械费、管理费及利润；

第三，招标人提出的措施项目清单是根据一般情况确定的，没有考虑不同投标人的"个性"，因此投标人在报价时，可以根据本企业的实际情况，增加措施项目内容，并报价。

根据招标文件要求及规范要求的格式，本例的措施项目清单计价表见表 9-32。

5.其他项目费的计算

由于工程建设标准有高有低、复杂程度有难有易、工期有长有短、工程的组成内容有繁有简，工程投资上百万上亿元，正由于工程的这种复杂性，在施工之前很难预料在施工过程中会发生什么变更。所以招标人按估算的方式将这部分费用以其他项目费的形式列出，由投标人按规定组价,包括在总报价内。前面所讲的分部分项工程综合单价、措施项目费都是投标人自由组价,可其他项目费不一定是投标人自由组价,原因是工程量清单计价规范提供了二部分四项作为列项的其他项目费,包括招标人部分和投标人部分。招标人部分是非竞争性项目,就是要求投标人按招标人提供的数量及金额进人报价,不允许投标人对价格进行调整。对于投标人部分而言则是竞争性费用,名称、数量由招标人提供,价格由投标人自由确定。计价规范中提到的四种其他项目费:预留金、材料购置费、总承包服务费和零星工作项目费,对于招标人来说只是参考,可以补充,但对于投标人来说则是不能补充的,必须按招标人提供的工程量清单执行。

某多层砖混结构住宅楼基础工程的其他项目清单计价表见表 9-33。预留金为投标人非竞争性费用,在工程量清单的总说明中有明确说明,按规定的金额计取。零星工作项目费按零星工作项目表的计算结果计取,零星工作项目计价表见表 9-34。

6.规费的计算

规费是指政府和有关部门规定必须缴纳的费用,包括工程排污费、工程定额测定费、养老保险统筹基金、待业保险费、医疗保险费等。规费的计算比较简单,在投标报价时,规费的计算一般按国家及有关部门规定的计算公式及费率标准计算。

本例中,规费费率按 5% 计取。

7.税金的计算

建筑安装工程税金由营业税、城市维护建设税及教育费附加构成,是国家税法规定的应计入工程造价内的税金。与分部分项工程费、措施项目费及其它项目费不同,税金具有法定性和强制性,工程造价包括按税法规定计算的税金,并由工程承包人按规定及时足额交纳给工程所在地的税务部门。

本例中,由于该工程在市区,故取税率为 3.41% 计取税金。

取费计算完后,可以按工程量清单计价规范及招标文件要求的格式分别填报“单位工程费汇总表”(如表 9-30 所示)、“单项工程费汇总表”(略)、“工程项目总价表”(略)。

某多层砖混结构住宅基础工程
工程量清单报价表

投 标 人:___×××工程公司___(单位签字盖章)

法定代表人:_____×××_____(签字盖章)

造价工程师

及注册证号:_____×××_____(签字盖执业专用章)

编 制 时 间:___2006 年×月×日___

投 标 总 价

建设单位:_____×××工程公司___

工程名称:___某多层砖混结构住宅基础工程___

投标总价（大写）:肆万叁仟柒百叁拾肆元

       （小写）:43 734 元

投 标 人:___×××工程公司___(单位签字盖章)

法人代表:_____×××_____(签字盖章)

编制时间:___2006 年×月×日___

表 9-30　单位工程费汇总表

工程名称：某多层砖混结构住宅基础工程　　　　　　　　　　　　　　　　　　　　第　页　共　页

序号	项目名称	金额（元）
1	分部分项工程量清单计价合计	23 267
2	措施项目清单计价合计	9 684
3	其他项目清单计价合计	7 390
4	规费	2 017
5	税金	1 376
	合计	43 734

表 9-31　分部分项工程量清单计价表

工程名称：某多层砖混结构住宅基础工程　　　　　　　　　　　　　　　　　　　　第　页　共　页

序号	项目编码	项目名称	计量单位	工程数量	综合单价	合价
1	010101003001	挖基土方 土壤类别：三类土 基础类型：砖大放脚带型基础 垫层宽度：810 mm 挖土深度：3 m 弃土运距：4 km	m³	243.00	36.60	8 894
2	010301001001	砖基础 砖类型：MU10 机制红砖 砂浆类型：M5 水泥砂浆 基础类型：深度 2.5 m 的条型基础 垫层类型：三七灰土 垫层厚度：500 mm，40 m³	m³	90.00	157.90	14 373
		本页小计				23 267
		合　计				23 267

（表头"金额（元）"跨"综合单价"、"合价"两列）

表 9-32　措施项目清单计价表

工程名称：某多层砖混结构住宅基础工程　　　　　　　　　　　　　　　　　　　　第　页　共　页

序号	项目名称	金额（元）
1	环境保护	227
2	文明施工	1 135
3	安全施工	6 142
4	临时设施	680
5	施工排水、降水	1 500
	合　计	9 684

表 9-33　其他项目清单计价表

工程名称：某多层砖混结构住宅基础工程　　　　　　　　　　　　　　　　　　　　第　页　共　页

序号	项目名称	金额（元）
1	招标人部分 　预留金	5 000
	小　计	5 000
2	投标人部分 　零星工作项目费	2 390
	小　计	2 390
	合　计	7 390

表 9-34 零星工作项目计价表

工程名称:某多层砖混结构住宅基础工程　　　　　　　　　　　　　　　　第 页 共 页

序号	名　称	计量单位	数量	综合单价	合价
1	人工 (1)普工	工日	20	40.00	800
	小　　计				800
2	材料 (1)水泥强度等级 42.5	t	1	340.00	340
	小　　计				340
3	机械 (1)载重汽车 4 t	台班	10	125.00	1 250
	小　　计				1 250
	合　　计				2 390

注: 金额(元)分为综合单价、合价两列。

表 9-35 分部分项工程量清单综合单价分析表

工程名称:某多层砖混结构住宅基础工程　　　　　　　　　　　　　　　　第 页 共 页

序号	项目编码	项目名称	工程内容	人工费	材料费	机械费	管理费	利润	小计	综合单价(元)
1	010101003001	挖基础土方	人工挖沟深 4 m 以内三类土地槽	13.96			1.40	0.70	16.06	36.60
			基础土方运输 5 km 以内	0.70		9.55	1.03	0.51	11.79	
			基础回填机械夯实	6.61		1.06	0.72	0.36	8.75	
2	010301001001	砖基础	M5 水泥砂浆砌砖基础	24.36	90.90	1.12	11.64	5.82	133.84	159.70
			三七灰土垫层,厚 50 cm	7.91	13.60	0.98	2.25	1.12	25.86	

注: 综合单价组成(元)分为人工费、材料费、机械费、管理费、利润、小计。

表 9-36 分部分项工程量清单综合单价计算表

工程名称:某多层砖混结构住宅基础工程　　　　　　计量单位:m³

项目编码:010101003001　　　　　　工程数量:243.00

项目名称:挖基础土方　　　　　　综合单价:36.60 元/m³

序号	定额编号	工程内容	单位	数量	人工费	材料费	机械费	管理费	利润	小计
1	1—4	人工挖沟深 4 m 以内,三类土地槽	m³	573	13.96			1.40	0.70	16.06
2	1—15	基础土方运输,运距 5 km 以内	m³	130	0.70		9.55	1.03	0.51	11.79
3	1—17	基础回填机械夯实	m³	443	6.16		1.06	0.72	0.36	8.75
		合计								36.60

注: 其中(元)分为人工费、材料费、机械费、管理费、利润、小计。

表 9-37　分部分项工程量清单综合单价计算表

工程名称:某多层砖混结构住宅基础工程　　　　　　　　计量单位:m³

项目编码:010301001001　　　　　　　　　　　　　　工程数量:90.00

项目名称:砖基础　　　　　　　　　　　　　　　　　综合单价:159.70 元/m³

序号	定额编号	工程内容	单位	数量	其中(元)					
					人工费	材料费	机械费	管理费	利润	小计
1	4—1	M5 水泥砂浆砌砖基础	m³	90	24.36	90.9	1.12	11.64	5.82	133.84
2	1—13	三七灰土垫层,厚度 50 cm 以内	m³	40	7.91	13.60	0.98	2.25	1.12	25.86
		合计								159.70

表 9-38　主要材料价格表

工程名称:某多层砖混结构住宅基础工程　　　　　　　　　　　　　第　页　共　页

序号	材料编码	材料名称	规格、强度等级等特殊要求	单位	单价(元)
1	C04	红砖	240×115×52	千块	130.00
2	C05	水泥	42.5	t	340.00

10 建设工程价款的支付与结算

工程项目施工中的各种款项,包括:工程预付款、工程进度款、工程变更价款、工程索赔款、质量保证金、工程价款价差、甲供料款、保险费用、工程竣工结算、工程决算以及工程保函等等。业主加强各种工程价款支付的管理以及承包商合情合理收取工程价款,是对工程造价实行动态控制的重点。

10.1 工程预付款

施工企业承包工程,一般都实行包工包料,这就需要一定数量的备料周转金。工程预付款是工程项目发包承包合同订立后,由业主根据合同的约定和有关规定,在正式开工前预先付给承包商的款项,是进行施工准备和为工程项目储备主要材料、结构件,搭设临时设施以及其他施工准备工作等所需流动资金的主要来源,习惯上又称预付备料款。随着工程预付款的支付,表明该工程已经实质性启动。

10.1.1 工程预付款的依据

1. 建设工程施工发包与承包计价管理办法

中华人民共和国建设部〔2001〕107 号令《建设工程施工发包与承包计价管理办法》中明确规定:"建筑工程的发、承包双方应当根据建设行政主管部门的规定,结合工程款、建设工期和包工包料情况在合同中约定预付工程款的具体事宜"。该条款明确了工程预付款作为一种制度必须坚持,对不按合同条款约定的时间和数额付款,则可按符合法律、行政法规约定的合同条款进行处理。

2. 建设工程价款结算暂行办法

财政部、建设部印发《建设工程价款结算暂行办法》的通知(财建〔2004〕369 号)规定:在具备施工条件的前提下,发包人应在双方签订合同后的一个月内或不迟于约定的开工日期前的7 天内预付工程款,发包人不按约定预付,承包人应在预付时间到期后 10 天内向发包人发出要求预付的通知,发包人收到通知后仍不按要求预付,承包人可在发出通知 14 天后停止施工,发包人应从约定应付之日起向承包人支付应付款的利息(利率按同期银行贷款利率计),并承担违约责任。

应说明的是,虽然《建设工程价款结算暂行办法》中明确了业主支付预付款的时间、违约责任等,但作为承包商应清楚:工程预付款仅用于承包方支付施工开始时与本工程有关的动员费用。如承包方滥用此款,发包方有权立即收回。在承包方向发包方提交金额等于预付款数额(发包方认可的银行开出)的银行保函后,发包方按规定的金额和规定的时间向承包方支付预付款,在发包方全部扣回预付款之前,该银行保函将一直有效。当预付款被发包方扣回时,银行保函金额相应递减。

3.《建设工程施工合同》示范文本

国家工商行政管理局和建设部联合制定的《建设工程施工合同》示范文本，其中第二部分通用条款专列了工程预付条款并作了如下规定："实行工程预付款的，双方应当在专用条款内约定业主向承包商开工日期前 7 天支付。"规定把工程预付款作为工程建设的必然条件列入了合同通用条款内，并同时明确了操作方法、违约应承担的责任。

应当指出的是，不能简单地把示范文本归同于格式条款，建设工程施工合同示范文本是合同法在建设经济活动中的具体体现。建设工程施工合同示范文本与合同法规定的格式条款有着本质的不同，它是按照一定的程序，由国家主管部门（例如国家工商行政管理局和建设部）制定、审查通过的，并提供了专用条款供合同双方协商，最后达成一致确定工程备料款。同时，合同示范文本在一般情况下部是通过招标程序来实现的，已纳入招标的过程。符合合同法平等自愿、公平、公正等基本原则。

4. FIDIC 合同条件支付动员费用的条款

FIDIC 设计建造与交钥匙合同条件对动员费用（动员预付款）作了"雇主应为承包商的动员和设计向其支付无息预付款"的规定。业主向承包商提供的无息动员预付款，主要用于工程的动员费用，即为工程准备所花费用，其数额为在投标附录中列明的合同一定比例的百分比。支付动员预付款的条件是已签署了合同协议书和提供了履约保证金以及等额的银行保函。动员预付款应在付款条件满足以后的 14 天内由监理工程师向业主和承包商签发。动员费用（动员预付款）是 FIDIC 合同条件中的通用性条款。

5. 合同约定

关于工程预付款，在多数情况下是通过承发包双方自愿协商一致来实现的。通常，业主作为投资人，通过投资来实现其投资目标，工程预付款是其投资的开始，应必然使之。在商洽时，作为承包商，应争取获得较多的预付款，从而保证施工有一个良好的开端得以正常进行。但是，因为预付款实际上是业主为承包商提供的一笔无息贷款，可使承包商减少自己垫付的周转资金，从而影响到作为投资人的资金运用，如不能有效控制，则加大筹资成本。因此，业主和承包商必然根据工程的特点、工期长短、市场行情、供求规律等因素，最终经协商确定预付款、从而保证各自目标的实现，达到共同完成建设任务的目的。

由合同约定工程预付款，符合建设工程规律、市场规律和价值规律，在工程项目发包与承包活动中将越来越多地加以采用，是工程预付款的主要依据。

10.1.2 工程预付款的额度

工程预付款的额度，每个国家和各地区、各部门的规定不完全相同，主要是保证施工准备和所需材料、构件的正常储备。数额太少，会引起备料和其他准备工作上的不足，可能造成生产停料待料等；数额太多，则会影响投资资金的有效使用。一般是根据前期准备工作、施工工期、建筑安装工作量、主要材料和构件费用占建筑安装工作量的比例以及材料储备周期等因素经测算来确定。

1. 国内承包工程预付款的额度

《建设工程价款结算暂行办法》规定，包工包料工程的预付款按合同约定拨付，原则上预付比例不低于合同金额的 10%，不高于合同金额的 30%，对重大工程项目，按年度工程计划逐年预付。计价执行《建设工程工程量清单计价规范》（GB 50500—2003）的工程，实体性消耗和非实体性消耗部分应在合同中分别约定预付款比例。

2. 国际承包工程的参照额度

根据 FIDIC 土木工程施工合同条件规定,动员费用(动员预付款)一般为合同总价的 10%～15%。由世界银行贷款的工程项目,预付款较高,但也不会超过 20%。近几年来,国际上减少工程预付款额度的做法有扩展的趋势,一些国家都在压低预付款的数额,将承包工程预付款的百分比从原来的 10%削减到 5%,但是不管如何,工程预付款仍是支付工程价款的一种方法。在国际上不支付预付款对承包商来说是十分危险的,通常的做法是:预付款支付在合同签署后,由承包商从自己的开户银行中出具与预付款相等的保函,并提交业主,以后就可以从业主的开户银行里领取该项付款。

3. 工程预付款的计算

工程预付款的数额计算,一般往往以年度承包计划工程总价中储备主要材料、结构件等需要占用的资金数额为主要依据进行计算。工程预付款的数额取决于主要材料、结构件等占年度承包工程总价的比重,材料储备定额天数和年度施工天数等因素,其计算公式如下:

$$工程预付款数额 = \frac{工程总价 \times 主要材料比重(\%)}{年度施工日历天数} \times 材料储备天数$$

$$工程预付款额度(\%) = \frac{预付款数额}{工程总价} \times 100\%$$

工程预付款额度一般建筑工程不应该超过当年建筑工作量(包括水、电、暖)的 30%;安装工程按年安装工作量的 10%;材料所占比重较大的安装工程按年计划产值的 15%左右拨付。

在实际工作中,备料款的数额,要根据各工程类型、合同工期、承包方式和供应体制等不同条件而定。例如,工业项目中钢结构和管道安装占比重较大的工程,其主要材料所占比重比一般安装工程要高,因而备料款数额也要相应提高;工期短的工程比工期长的要高;材料由施工单位自购的比由建设单位供应主要材料的要高。

对于清包工工程(不包材料费,一切材料由建设单位供给)的工程项目,则可以不预付备料款。

10.1.3 工程预付款的扣回

业主支付给承包商的工程预付款,其性质是预支。随着工程进度的推进,拨付的工程进度款数额不断增加,工程所需主要材料、构件逐渐减少,原已支付的预付款应以抵充工程款的方式予以陆续扣回。扣款的方法,是从未施工工程尚需的主要材料及构件的价值相当于备料款数额时起扣,从每次中间结算工程价款中,按材料及构件比重扣低工程价款,并在工程竣工前全部收回,为此,工程预付款的扣回应解决以下两个问题:

1. 工程预付款的起扣造价

工程预付款的起扣造价是指工程预付款起扣时的工程造价,也就是说工程进行到什么时候,就应该起扣工程预付款。一般是当未完工程所需的材料费,正好等于工程预付款时,开始起扣。即:

$$未完工程材料费 = 工程预付款$$

$$未完工程材料费 = 未完工程造价 \times 材料费占比重$$

$$未完工程造价 = 工程预付款/材料费占比重$$

$$工程预付款起扣造价 = 工程总造价 - 未完工程造价$$

2. 工程预付款的起扣时间

工程预付款的起扣时间是指预付款起扣时的工程进度。可按下式计算:

$$工程预付款的起扣进度 = \frac{工程预付款的起扣造价}{工程总造价} \times 100\%$$

在实际工作中,由于工程的情况比较复杂,工程形象进度的统计,主、次材料采购和使用不可能很精确,因此,工程预付款的扣回方法,可由业主和承包商通过洽商用合同的形式予以确定,还可针对工程实际情况,如有些工程工期较短、造价较低,就无需分期扣还;有些工期较长,如跨年度工程,其预付款的占用时间很长,根据需要可以少扣或不扣,应按具体情况具体处理。在国际工程承包中,预付款的扣回方法有多种,但均通过合同加以约定。其中比较简单的一种方法,就是从每月支付给承包商的工程款内按预付款占合同总价的同一百分比将预付款扣除。

10.2　工程进度款

工程进度款是指在施工过程中,按逐月(或形象进度、或控制界面等)完成的工程数量计算的各项费用总和。为了保证工程施工的正常进行,业主应根据合同的约定和工程的形象进度按时支付工程款。

10.2.1　工程进度款结算与支付的有关规定

1.《建设工程价款结算暂行办法》的规定

关于工程进度款结算与支付,《建设工程价款结算暂行办法》从以下几个方面作了具体规定:

(1)工程进度款结算方式的规定

《建设工程价款结算暂行办法》规定的工程进度款的结算方式有两种。

1)按月结算与支付。即实行按月支付进度款,竣工后清算的办法。合同工期在两个年度以上的工程,在年终进行工程盘点,办理年度结算。

2)分段结算与支付。即当年开工、当年不能竣工的工程按照工程形象进度,划分不同阶段支付工程进度款。具体划分在合同中明确。

(2)工程量计算的规定

1)承包人应当按照合同约定的方法和时间,向发包人提交已完工程量的报告。发包人接到报告后14天内核实已完工程量,并在核实前1天通知承包人,承包人应提供条件并派人参加核实,承包人收到通知后不参加核实,以发包人核实的工程量作为工程价款支付的依据。发包人不按约定时间通知承包人,致使承包人未能参加核实,核实结果无效。

2)发包人收到承包人报告后14天内未核实完工程量,从第15天起,承包人报告的工程量即视为被确认,作为工程价款支付的依据,双方合同另有约定的,按合同执行。

3)对承包人超出设计图纸(含设计变更)范围和因承包人原因造成返工的工程量,发包人不予计量。

(3)工程进度款支付的规定

1)根据确定的工程计量结果,承包人向发包人提出支付工程进度款申请,14天内,发包人应按不低于工程价款的60%,不高于工程价款的90%向承包人支付工程进度款。按约定时间发包人应扣回的预付款,与工程进度款同期结算抵扣。

2)发包人超过约定的支付时间不支付工程进度款,承包人应及时向发包人发出要求付款的通知,发包人收到承包人通知后仍不能按要求付款,可与承包人协商签订延期付款协议,经承包人同意后可延期支付,协议应明确延期支付的时间和从工程计量结果确认后第15天起计算应付款的利息(利率按同期银行贷款利率计)。

3)发包人不按合同约定支付工程进度款,双方又未达成延期付款协议,导致施工无法进行,承包人可停止施工,由发包人承担违约责任。

2.《建设工程施工发包与承包计价管理办法》的规定

关于支付工程进度款,《建设工程施工发包与承包计价管理办法》规定:"建筑工程发承包双方应当按照合同约定定期或者按照工程进度分段进行工程款结算"。

3.《建设工程施工合同》示范文本的规定

关于支付工程进度款,《建设工程施工合同示范文本》规定:

(1)在确认计量结果后14天内,业主应向承包商支付工程款(进度款)。按约定时间业主应扣回的预付款,与工程款(进度款)同期结算。

(2)业主超过约定的支付时间不支付工程款(进度款)、承包商可向业主发出要求付款的通知,业主可与承包商协商签订延期付款协议,经承包商同意后可延期支付。协议应明确延期支付的时间和从计量结果确认后第15天起计算应付款的贷款利息。

(3)业主不按合同约定支付工程款(进度款),双方又未达成延期付款协议,导致施工无法进行,业主应对不支付工程进度款或拖延支付承担违约责任。

10.2.2 工程进度款的确定与计算

工程进度款的确定与计算,主要涉及两个方面,一是工程量的核实确认,二是单价计算方法。工程量的确认,应由承包商按协议条款约定的时间,向工程师提交已完工程量清单或报告,工程师接到工程量清单或报告后一般在7天内按设计图纸核实工程数量,并在计量前24小时通知承包商,承包商为计量提供便利条件并派人参加,经确认的计量结果,作为工程价款的依据。工程进度款单价的计算方法,主要根据由业主和承包商事先约定的工程价格和计价方法决定。

关于工程进度款的计算方法,因为是为了保证建设工程的顺利进行,所以在计算中可以采用工料单价法和综合单价法两种方法,同时用这两种方法在计算时还可以采取固定价格方法(即工程价格在实施期间不因市场变化而调整)或可调价格的方法(即工程价格在实施期间按市场价格的变化而调整)。

1. 工程进度款的计算方法

可调工料单价法和固定综合单价法在项目编号、项目名称、计量单位、工程量计算方面是相通的,都是按照国家建设工程工程量计算规则的单位工程分部分项进行划分、排列,包含了统一的工作内容,使用统一的计量单位和工程量计算规则。所不同的是,可调工料单价法将工、料、机再配上定价的价格作为直接成本单价,其他成本,如间接成本、利润、税金分别单独计算,同时因为价格是可调的,其材料费等费用在竣工结算时按工程造价管理机构或其他部门公布的调价系数或按主材计算差价进行调整;固定综合单价法将直接成本、间接成本、利润、风险费用、税金等一切费用合并在一起,是全费用单价。由于两种不同的计价方法,因此工程进度款的计算方法也不同。

2. 工程进度款的计算步骤

(1)可调工料单价计算法计算的工程进度款

在按工程量清单计算规则确定完成的工程量之后,可按以下步骤计算工程进度款:

1)根据所完成的工程量的项目名称,其包含的工作内容,人工和消耗料的含量和单价,计算出本项目合价;

2)把本期所完成的全部项目合价相加,可得出分部分项工程量清单计价合计及发生的措施项目清单计价合计、其他项目清单计价合计;

3)按规定计算规费,税金;

4)叠加合成本期应收工程进度款。

(2)固定综合单价法计算的工程进度款

用固定综合单价法计算进度款比用可调工料单价更方便、省事,工程量得到确认后,只要将工程量与综合单价相乘得出合价,再叠加即可完成本月工程进度款的计算工作。

10.2.3 工程进度款的支付

工程进度款的支付,是工程施工过程中的经常性工作,其具体的支付时间、方式都应在合同中作出具体规定,一般都实行同期支付的办法,即随着工程进度的变化,工程进度额的支付也同步进行。对于没有具体规定的,通常可参照以下原则进行:

1. 时间规定和总额控制,原则是完成多少付多少

建筑安装工程进度款的支付,多数为按月支付的方法,即月末按当月实际完成工作量的支付数进行结算,工程竣工后办理竣工结算的办法。在工程竣工前,承包商收取的备料款和工程款的总额,一般不得超过合同(包括工程合同签定后经业主签证认可的增减工程价值)的95%、其余5%尾款,在工程竣工结算时除保修金外一并清算。承包商向业主出具履约保函或其他保证的,可以不留尾款。

2. 关于总包和分包付款

通常情况下,业主只办理总包的付款事项,分包根据总分包合同规定向总包提出分包付款额,由总包审查后列入"工程价款结算账单"统一向业主办理付款手续,然后结转给分包单位。由业主直接指定的分包,可以由业主指定总包代理其付款,也可以由业主单独办理付款,但需在合同中约定清楚,事先征得总包单位的同意。

3. 涉外工程付款惯例简介

在涉外工程或国际工程承包合同中,对支付工程款也有相应的规定。如:中期付款应按每月完成的工作量,根据工程师检验并签署的索款单支付。在付款时,业主按合同约定扣除一定比例的预付款,还要扣除一定比例的保留金,一般为付款金额的10%,但应约定保留金的限额,一般为合同总价的5%,当所扣保留金达到此限额时,即不再扣。有关材料和设备的款项支付办法除一部分在预付款中考虑外,其余的通常在"特殊条件"中规定,运到现场的材料和机电设备,经检验认可后,按发票付给一定的百分比数额。另一种是划分阶段,如根据订货时的付款单据、装船单、港口到货验收单、安装合格证明等各阶段按一定比例支付,这些付款,在以后每月完成的工程量付款部分先予扣除。

10.3 工程变更价款

工程变更价款一般主要由工程的设计变更而发生,由于进度计划变更、施工条件变更等也会引起工程价款的变更。所谓工程设计变更,是指施工图设计完以后,由于建筑物功能未能完全满足使用上的要求,或未达到符合设计规范,或设计中存在其他某种缺陷,经过业主、设计单

位、承包商同意,对原设计进行的局部修改。可引起工程变更的原因很多。这些变更必然会引起建设工程承发包价格的变化,因此,如何处理工程变更价款,是工程造价管理的任务之一。

10.3.1 工程变更的内容

工程变更,一般包括以下几个方面:

(1)建筑物功能未满足使用上的要求引起工程变更。

(2)设计规范修改引起的工程变更。一般来讲,设计规范相对成熟,但在某些特殊情况下,需作某种调整或禁止使用,原设计图不得不进行更改。

(3)采用复用图或标准图的工程变更。这些复用图或标准图在过去使用时,已作过某些设计变更,或虽未作变更,也仅适用原来建设实施项目所在地的地质条件和周边环境,并不完全适用现时的项目。由于不加分析全部套用,在施工时不得不进行设计修改,从而引起工程变更。

(4)技术交底会上的工程变更。在业主组织的技术交底会上,经承包商或业主单位技术人员审查的施工图,发现的诸如轴线,标高,节点处理,建筑图与结构图互相矛盾等,提出的意见而产生的设计变更。

(5)施工中遇到需要处理的问题引起的工程变更。承包商在施工过程中,遇到一些原设计未考虑到的具体情况,需进行处理,因而发生的工程变更。

(6)业主提出的工程变更。工程开工后、业主由于某种需要,提出要求改变某种施工方法而引起的变更。

(7)承包商提出的工程变更。这是指施工中由于进度或施工方面的原因,因而引起的设计变更。

10.3.2 工程变更的概念、产生的原因及确认

1. 工程变更的概念

工程变更包括设计变更、进度计划变更、施工条件变更以及原招标文件和工程量清单中未包括的"新增工程"。

2. 工程变更的产生原因

在工程项目的实施过程中,经常碰到来自业主方对项目要求的修改,设计方由于业主要求的变化或现场施工环境、施工技术的要求而产生设计变更,也有可能出现由于承包商原因而导致的工程变更。由于这些多方面变更,也经常会随之出现工程量变化、施工进度变化、业主与承包商在执行合同时发生争执等诸多问题。这些问题的产生,一方面是由于主观原因,如勘察设计工作粗糙,以致于在施工过程中发现许多招标文件中没有考虑或估算不准确的工程量,因而不得不改变施工项目或增减工程量;另一方面是由于客观原因,如发生不可预见的事件,或由于自然或社会原因引起停工和工期拖延等,致使工程变更不可避免。

3. 工程变更的确认

由于工程变更会带来工程造价和工期的变化,为了有效地控制造价,无论哪一方提出工程变更,均须由工程师确认并签发工程变更指令。当工程变更发生时,要求工程师及时处理并确认变更的合理性。一般过程是:提出工程变更→分析提出的工程变更对项目目标的影响→分析有关的合同条款和会议、通信记录→初步确定处理变更所需的费用、时间范围和质量要求(向业主提交变更详细报告)→确认工程变更。

10.3.3 工程变更价款的处理

1. 工程变更的处理程序

(1)认真处理好工程变更的意义

工程变更常发生于工程项目实施过程中,一旦处理不好将会引起纠纷,损害业主或承包商利益,对项目目标控制很不利。

首先是投资容易失控,这是因为承包商为了适应日益竞争的建设市场,通常在合同谈判时让步而在工程实施过程中通过索赔获取补偿;由于工程变更所引起的工程量的变化、承包商的索赔等,都有可能使最终投资超出原来的预计投资,所以工程师应密切注意对工程变更价款的处理。

其次,工程变更容易引起停工、返工现象,会延迟项目的完工时间,对进度不利。

第三,变更的频繁还会增加工程师(业主方的项目管理)的组织协调工作量(如协调会议、联席会的增多);另外,变更频繁对合同管理与质量控制也不利。

因此,对工程变更进行有效控制和管理具有十分重要的意义。

(2)工程变更的处理程序

从合同的角度来看,无论什么原因导致的设计变更,必须首先由一方提出,因此可以分为发包人对原设计进行变更和承包人原因对原设计进行变更两种情况。

1)发包人对原设计进行变更。施工中发包人如果需要对原工程设计进行变更,应不迟于变更前14天以书面形式向承包人发出变更通知。承包人对于发包人的变更通知没有拒绝的权利,这是合同赋予发包人的一项权利。因为发包人是工程的出资人、所有人和管理者,对将来工程的运行承担主要的责任,只有赋予发包人这样的权利才能减少更大的损失。但是,变更超过原设计标准或者批准的建设规模时,须原规划管理部门和其他有关部门审查批准,并由原设计单位提供变更的相应的图纸和说明。

2)承包人原因对原设计进行变更。承包人应当严格按照图纸施工,不得随意变更设计。施工中承包人提出的合理化建议涉及到对设计图纸或者施工组织设计的更改及对材料、设备的更换,须经工程师同意。工程师同意变更后,也须经原规划管理部门和其他有关部门审查批准,并由原设计单位提供变更的相应的图纸和说明。承包人未经工程师同意擅自更改或换用,由承包人承担由此发生的费用,赔偿发包人的有关损失,延误的工期不予顺延。

工程变更中除了对原工程设计进行变更、工程进度计划变更之外,施工条件的变更往往较复杂,需要特别重视,否则会由此而引起索赔的发生。对于施工条件的变更,往往是指未能预见的现场条件或不利的自然条件,即在施工中实际遇到的现场条件同招标文件中描述的现场条件有较大的差异,使承包商向业主提出施工单价和施工时间的变更要求。在土建工程中,现场条件的变更一般出现在基础地质方面,如桥梁基础下发现溶洞、隧洞开挖中发现新的断层破碎等、水坝基础岩石开挖中出现对坝体安全不利的岩层走向等。

在施工实践中,控制由于施工条件变化所引起的合同价款变化,主要是把握施工单价和施工工期的科学性、合理性。因为,在施工合同条款的理解方面,对施工条件的变更没有十分严格的定义,往往会造成合同双方各执一词。所以,应充分做好现场记录资料和试验数据的收集整理工作,使以后在合同价款的处理方面,具有科学性和说服力。

2. 工程变更价款的处理

(1)工程变更价款的处理程序

工程变更发生后,承包人应在工程变更确认后 14 天内提出变更工程价款的报告,经工程师确认后调整工程价款。工程变更确认后 14 天内,如承包人未提出适当的变更价格,则发包人可根据所掌握的资料决定是否调整工程价款和调整的具体金额。重大工程变更涉及工程款变更报告和确认的时限,由发、承包双方协商确定。收到变更价款报告的一方,应在收到之日起 14 天内予以确认或提出协商意见,自变更工程价款报告送达之日起 14 天内,对方未确认或提出协商意见时,视为变更价款报告已被确认。

(2)工程变更价款的处理原则

在工程变更确认后 14 天内,工程变更涉及工程价款调整的,由承包人向发包人提出,经发包人审核同意后调整工程价款。变更工程价款通常按照下列方法进行:

1)合同中已有适用于变更工程的价格,按合同已有的价格变更合同价款;

2)合同中只有类似于变更工程的价格,可以参照类似价格确定变更合同价款;

3)合同中没有适用或类似于变更工程的价格,由承包人或发包人提出适当的变更价格,经对方确认后执行。如双方不能达成一致的,双方可提请工程所在地工程造价管理机构进行咨询或按合同约定的争议或纠纷解决程序办理。

因此,在变更后合同价款的确定上,首先应当考虑适用合同中已有的、能够适用或者能够参照适用的,其原因在于在合同中已经订立的价格(一般是通过招标投标)是较为公平合理的,因此应当尽量采用。

确认增(减)的工程变更价款作为追加(减)合同价款与工程进度款同期支付。

10.3.4　工程变更的控制

由于工程变更会增加或减少某些工程项目或工程量,引起工程价格的变化,影响工期,甚至影响质量,又会增加无效的重复劳动,造成不必要的损失,因而设计人员、业主、承包商都有责任严格控制工程变更,尽量减少变更,为此、应从多方面进行控制。

1. 不提高建设标准

主要是指不改变主要设备和建筑结构,不扩大建筑面积,不提高建筑标准,不增加不必要的工程内容,更应该防止追求豪华奢侈的行为。如确属必要,应严格按照审查程序,经原批准机关同意,方可办理。

2. 不影响建设工期

有些工程变更,由于提出的时间较晚,又缺乏必要的准备,可能影响工期,应该加以避免。至于在施工过程中所遇到的困难,提出工程变更,一般也不应影响工程的交工日期,增加费用。

3. 不扩大范围

工程设计变更应该有一个控制范围,不属于工程设计变更的内容,不应列入设计变更。即使由于某些原因,不能满足施工需要,也可由承包商在技术交底会上提出建议,由业主或设计人员作为一般性的签证,适当微调,而不必作为设计变更,从而引起大的价格变化。

4. 建立工程变更的相关制度

工程发生变化,除了某些不可预测无法事先考虑到的因素之外,其主要原因是规划欠妥、勘察不明,设计不周,工作疏忽等主观原因引起,要避免因客观原因造成的工程变更,就要提高工程的科学预测,建立工程变更的相关制度。只有建立完善的工程变更相关制度,才能有效地把工程变更控制在合理的范围之内。

5. 要有严格的程序

工程设计变更,特别是超过原设计标准和规模时,须经原设计审查部门批准取得相应追加投资额。对于其他工程变更,要有规范的文件形式和流转程序。设计变更的文件形式,可以是设计人员作出的设计变更单,其他工程变更应是根据洽商结果写成的洽商记录。

6. 明确合同责任

合同责任主要是民事经济责任,责任方应向对方承担民事经济责任,因工程勘察、设计、监理、施工等原因造成的工程变更从而导致非正常的经济支出和损失时,按其所应承担的责任进行经济赔偿或补偿。

10.3.5 FIDIC 条件下工程变更的控制与估价

FIDIC 合同条件授予工程师很大的工程变更权力。工程师如认为有必要,便可对工程或其中某些部分作出变更指令。同时规定没有工程师的指示,承包商不得作任何变更,除非是工程量表上的简单增加或减少。

1. 工程变更的控制程序和要求

FIDIC 合同条件下,工程变更的一般程序是:

(1)提出变更要求

工程变更可能由承包商提出,也可能由业主或工程师提出。承包商提出的变更多数是从方便承包商施工出发,提出变更要求的同时,还应提供变更后的设计图纸和费用计算;业主提出设计变更大多是由于当地政府的要求,或者工程性质改变;工程师提出的工程变更大多是发现设计错误或不足。工程师提出变更的设计图纸可以由工程师承担,也可以指定承包商完成。

(2)工程师审查变更

无论是哪一方提出的工程变更,均需由工程师审查批准。工程师审批工程变更时应与业主和承包商进行适当的协商。尤其是一些费用增加较多的工程变更项目,更要与业主进行充分的协商,征得业主同意后才能批准。

(3)编制工程变更文件

工程变更文件包括:

1)工程变更令。主要说明变更的理由、工程变更的概况、工程变更估价及对合同价的估价。

2)工程量清单。工程变更的工程量清单与合同中的工程量清单相同,并需附工程量的计算记录及有关确定单价的资料。

3)设计图纸(包括技术规范)。

4)发出变更指示。工程师的变更指示应以书面形式发出。如果工程师认为有必要以口头形式发出指示,指示发出后应尽快加以书面确认。

2. 工程变更价款的估价步骤与方法

(1)工程变更价款的估价步骤

工程变更一般要影响费用的增减,所以工程师应把全部情况告知业主。对变更费用的批准、一般应遵循以下步骤:

1)工程师准备一份授权申请,提出对规范和合同工程量所要进行的变更以及费用估算和变更的依据和理由。

2)在业主批准了授权的申请后,工程师同承包商协商确定变更的价格。如果价格等于或少于业主批准的总额,则工程师有权向承包商发布必要的变更指示,如果价格超过批准的总额,工程师应请求业主进一步给予授权。

3)尽管已有上述程序,但为了避免耽误工作,工程师和承包商就变更价格达成一致意见之前,有必要发布变更指示。此时,应发布一个包括两部分的变更指示,第一部分是在没有规定价格的费率时,指示承包商继续工作;在通过进一步的协商之后,发布第二部分,确定适用的费率和价格。此程序中所述任何步骤均不应影响工程师决定任何费率或价格的权力(在工程师和承包商之间对费率和价格不能达成一致意见时)。

4)在紧急情况下,不应限制工程师向承包商发布他认为必要的此类指示。如果在上述紧急情况下采取行动,他应就此情况尽快通知业主。

(2)工程变更估价方法

1)如工程师认为适当,应以合同中规定的费率及价格进行估价。如合同中未包括适用于该变更工作的费率和价格,则应在合理的范围内使用合同中的费率和价格作为估价的基础。若合同清单中,既没有与变更项目相同,也没有相似项目时,在工程师与业主和承包商适当协商后,由工程师和承包商商定一个合适的费率或价格作为结算的依据。当双方意见不一致时,工程师有权单方面确定其认为合适的费率或价格。费率或价格确定得合适与否是导致承包商费用索赔的关键。为了支付的方便、在费率和价格未取得一致意见前,工程师应确定暂行费率或价格,以便有可能作为暂付款包含在期中付款证书中。

2)如果工程师在颁发整个工程的移交证书时,发现由于工程变更和工程量表上实际工程量的增加或减少(不包括暂定金额、计日工和价格调整),使合同价格的增加或减少合计超过有效合同价(指不包括暂定金额和计日工补贴的合同价格)的15%,在工程师与业主和承包商协商后,应在合同价格中加上或减去承包商和工程师议定的一笔款额;若双方未能取得一致意见,则由工程师在考虑了承包商的现场费用和上级公司管理费后确定此款额。该款额仅以超过或等于"有效合同价"15%的一部分为基础。

3)也可按计日工方法估价。工程师如认为必要和可取,可以签发指示,规定计日工方法进行工程变更估价。对这类工程变更,应按合同中包括的按计日工表中所定的项目和承包商在投标书中对此所确定的费率或价格向承包商付款。

10.4　工程索赔价款

在市场经济条件下,工程索赔在土木工程市场中是一种正常的现象。工程索赔在国际土木工程市场上是当事人保护自身正当权益,弥补工程损失、提高经济效益的重要的、有效的手段。

10.4.1　工程索赔的概念、特征和分类

1. 工程索赔的概念

索赔(Claim)一词具有较为广泛的含义,其一般的含义是对某事、某物权利的一种主张、要求、坚持等。

工程索赔通常是指在工程合同履行过程中,合同当事人一方因非自身责任或对方不履行或未能正确履行合同受到经济损失或权利损害时,通过一定的合法程序向对方提出经济或时间补偿的要求。

2. 索赔的特征

（1）索赔是双向的，不仅承包商可以向发包人索赔，发包人同样也可以向承包商索赔

（2）只有实际发生了经济损失，一方才能向对方索赔

（3）索赔是一种未经对方确认的单方行为，它与工程签证不同

在施工过程中，工程签证是承发包双方就额外费用补偿或工期延长等达成一致的书面证明材料和补充协议，它可以直接作为工程价款结算或最终增减工程造价的依据；而索赔则是单方面行为，对对方尚未形成约束力，这种索赔要求能否实现，必须要通过确认（如双方协商、谈判、调解或仲裁、诉讼）后才能实现。

3. 索赔的分类

工程索赔依据不同的标准可以进行不同的分类。

（1）按索赔的合同依据分类

按索赔的合同依据可以将工程索赔分为合同中明示的索赔和合同中默示的索赔。

1）合同中明示的索赔。合同中明示的索赔是指承包人所提出的索赔要求，在该工程项目的合同文件中有文字依据，承包人可以据此提出索赔要求，并取得经济补偿。这些在合同文件中有文字规定的合同条款，称为明示条款。

2）合同中默示的索赔。合同中默示的索赔，即承包人的该项索赔要求，虽然在工程项目的合同条款中没有专门的文字叙述，但可以根据该合同的某些条款的含义，推论出承包人有索赔权。这种索赔要求，同样有法律效力，有权得到相应的经济补偿。这种有经济补偿含义的条款，在合同管理工作中被称为"默示条款"或称为"隐含条款"。默示条款是一个广泛的合同概念，它包含合同明示条款中没有写入、但符合双方签订合同时没想的愿望和当时环境条件的一切条款。这些默示条款，或者从明示条款所表述的设想愿望中引伸出来，或者从合同双方在法律上的合同关系引伸出来，经合同双方协商一致，或被法律和法规所指明，都成为合同文件的有效条款，要求合同双方遵照执行。

（2）按索赔目的分类

按索赔目的可以将工程索赔分为工期索赔和费用索赔。

1）工期索赔。由于非承包人责任的原因而导致施工进程延误，要求批准顺延合同工期的索赔，称之为工期索赔。工期索赔形式上是对权利的要求，以避免在原定合同竣工日不能完工时，被发包人追究拖期违约责任。一旦获得批准合同工期顺延后，承包人不仅免除了承担拖期违约赔偿费的严重风险，而且可能提前工期得到奖励，最终仍反映在经济收益上。

2）费用索赔。费用索赔的目的是要求经济补偿。当施工的客观条件改变导致承包人增加开支，要求对超出计划成本的附加开支给予补偿，以挽回不应由他承担的经济损失。

（3）按索赔事件的性质分类

按索赔事件的性质可以将工程索赔分为工程延误索赔、工程变更索赔、合同被迫终止索赔、工程加速索赔、意外风险和不可预见因素索赔和其他索赔。

1）工程延误索赔。因发包人未按合同要求提供施工条件，如未及时交付设计图纸、施工现场、道路等，或因发包人指令工程暂停或不可抗力事件等原因造成工期拖延的，承包人对此提出索赔。这是工程中常见的一类索赔。

2）工程变更索赔。由于发包人或监理工程师指令增加或减少工程量或增加附加工程、修改设计、变更工程顺序等，造成工期延长和费用增加，承包人对此提出索赔。

3）合同被迫终止的索赔。由于发包人或承包人违约以及不可抗力事件等原因造成合同非正常终止，无责任的受害方因其蒙受经济损失而向对方提出索赔。

4)工程加速索赔。由于发包人或工程师指令承包人加快施工速度,缩短工期,引起承包人人力、财力、物力的额外开支而提出的索赔。

5)意外风险和不可预见因素索赔。在工程实施过程中,因人力不可抗拒的自然灾害、特殊风险以及一个有经验的承包人通常不能合理预见的不利施工条件或外界障碍,如地下水、地质断层、溶洞、地下障碍物等引起的索赔。

6)其他索赔。如因货币贬值、汇率变化、物价、工资上涨、政策法令变化等原因引起的索赔。

10.4.2 工程索赔产生的原因及索赔的依据

1. 索赔产生的原因

(1)当事人违约

当事人违约常常表现为没有按照合同约定履行自己的义务。发包人违约常常表现为没有为承包人提供合同约定的施工条件、未按照合同约定的期限和数额付款等。工程师未能按照合同约定完成工作,如未能及时发出图纸、指令等也视为发包人违约。承包人违约的情况则主要是没有按照合同约定的质量、期限完成施工,或者由于不当行为给发包人造成其他损害。

(2)不可抗力事件

不可抗力又可以分为自然事件和社会事件。自然事件主要是不利的自然条件和客观障碍,如在施工过程中遇到了经现场调查无法发现、业主提供的资料中也未提到的、无法预料的情况,如地下水、地质断层等。社会事件则包括国家政策、法律、法令的变更,战争、罢工等。

(3)合同缺陷

合同缺陷表现为合同文件规定不严谨甚至矛盾,合同中的遗漏或错误。在这种情况下工程师应当给予解释,如果这种解释将导致成本增加或工期延长,发包人应当给予补偿。

(4)合同变更

合同变更表现为设计变更、施工方法、追加或者取消某些工作、合同其他规定的变更等。

(5)工程师指令

工程师指令有时也会产生索赔,如工程师指令承包人加速施工、进行某项工作、更换某些材料、采取某些措施等。

(6)其他第三方原因

其他第三方原因常常表现为与工程有关的第三方的问题而引起的对本工程的不利影响。

2. 索赔的依据

(1)招标文件、施工合同文本及附件,其他各种签约(如备忘录、修正案等),经认可的工程实施计划、各种工程图纸、技术规范等。这些索赔的依据可在索赔报告中直接引用。

(2)双方的往来信件及各种会谈纪要。在合同履行过程中,业主、监理工程师和承包人定期或不定期的会谈所做出的决议或决定,是合同的补充,应作为合同的组成部分,但会谈纪要只有经过各方签署后才可作为索赔的依据。

(3)进度计划和具体的进度以及项目现场的有关文件。进度计划和具体的进度安排是和现场有关变更索赔的重要证据。

(4)气象资料、工程检查验收报告和各种技术鉴定报告,工程中送停电、送停水、道路开通和封闭的记录和证明。

(5)国家有关法律、法令、政策文件,官方的物价指数、工资指数、各种会计核算资料,材料的采购、订货、运输、进场、使用方面的凭据。

10.4.3 工程索赔的处理

1. 工程索赔的处理原则

(1)索赔必须以合同为依据

不论是风险事件的发生,还是当事人不完成合同工作,都必须在合同中找到相应的依据,当然,有些依据可能是合同中隐含的。工程师依据合同和事实对索赔进行处理是其公平性的重要体现。在不同的合同条件下,这些依据很可能是不同的。如因为不可抗力导致的索赔,在国内《建设工程施工合同文本》条件下,承包人机械设备损坏的损失,是由承包人承担的,不能向发包人索赔;但在 FIDIC 合同条件下,不可抗力事件一般都列为业主承担的风险,损失都应当由业主承担。如果到了具体的合同中,各个合同的协议条款不同,其依据的差别就更大了。

(2)及时、合理地处理索赔

索赔事件发生后,索赔的提出应当及时,索赔的处理也应当及时。索赔处理得不及时,如承包人的索赔长期得不到合理解决,索赔积累的结果会导致其资金困难,同时影响工程进度,对双方都会产生不利影响。处理索赔还必须坚持合理性原则,既考虑到国家的有关规定,也应当考虑到工程的实际情况。如:承包人提出索赔要求,机械停工按照机械台班单价计算损失显然是不合理的,因为机械停工不发生运行费用。

(3)加强主动控制,减少工程索赔

对于工程索赔应当加强主动控制,尽量减少索赔。这就要求在工程管理过程中,应当尽量将工作做在前面,减少索赔事件的发生。这样能够使工程更顺利地进行,降低工程投资,缩短施工工期。

2. 索赔程序

(1)《建设工程施工合同文本》规定的索赔程序

当合同当事人一方向另一方提出索赔时,要有正当的索赔理由,且有索赔事件发生时的有效证据。发包人未能按合同约定履行自己的各项义务或发生错误以及第三方原因,给承包人造成延期支付合同价款、延误工期或其他经济损失,包括不可抗力延误的工期,都属索赔理由。

1)承包人提出索赔申请。索赔事件发生 28 天内,向工程师发出索赔意向通知。合同实施过程中,凡不属于承包人责任导致项目拖期和成本增加事件发生后的 28 天内,必须以正式函件通知工程师,声明对此事项要求索赔,同时仍须遵照工程师的指令继续施工。逾期申报时,工程师有权拒绝承包人的索赔要求。

2)发出索赔意向通知后 28 天内,向工程师提出补偿经济损失和(或)延长工期的索赔报告及有关资料;正式提出索赔申请后,承包人应抓紧准备索赔的证据资料,包括事件的原因、对其权益影响的证据资料、索赔的依据,以及其他计算出的该事件影响所要求的索赔额和申请顺延工期天数,并在索赔申请发出的 28 天内报出。

3)工程师审核承包人的索赔申请。工程师在收到承包人送交的索赔报告和有关资料后,于 28 天内给予答复,或要求承包人进一步补充索赔理由和证据。接到承包人的索赔信件后,工程师应该立即研究承包人的索赔资料,在不确认责任属谁的情况下,依据自己的同期记录资料客观分析事故发生的原因,依据有关合同条款,研究承包人提出的索赔证据。必要时还可以要求承包人进一步提交补充资料,包括索赔的更详细说明材料或索赔计算的依据。工程师在28 天内未予答复或未对承包人作进一步要求,视为该项索赔已经认可。

4)当该索赔事件持续进行时,承包人应当阶段性向工程师发出索赔意向,在索赔事件终了后 28 天内,向工程师提供索赔的有关资料和最终索赔报告。

5)工程师与承包人谈判。双方各自依据对这一事件的处理方案进行友好协商,若能通过谈判达成一致意见,则该事件较容易解决。如果双方对该事件的责任、索赔款额或工期顺延天数分歧较大,通过谈判达不成共识的话,按照条款规定工程师有权确定一个他认为合理的单价或价格作为最终的处理意见报送业主并相应通知承包人。

6)发包人审批工程师的索赔处理证明。发包人首先根据事件发生的原因、责任范围、合同条款审核承包人的索赔申请和工程师的处理报告,再根据项目的目的、投资控制、竣工验收要求,以及针对承包人在实施合同过程中的缺陷或不符合合同要求的地方提出反索赔方面的考虑,决定是否批准工程师的索赔报告。

7)承包人是否接受最终的索赔决定。承包人同意了最终的索赔决定,这一索赔事件即告结束。若承包人不接受工程师的单方面决定或业主删减的索赔或工期顺延天数,就会导致合同纠纷。通过谈判和协商双方达成互让的解决方案是处理纠纷的理想方式。如果双方不能达成谅解就只能诉诸仲裁或者诉讼。

承包人未能按合同约定履行自己的各项义务和发生错误给发包人造成损失的,发包人也可按上述时限向承包人提出索赔。

(2)FIDIC 合同条件规定的索赔程序

FIDIC 合同条件只对承包商的索赔做出了规定。

1)承包商发出索赔通知。如果承包商认为有权得到竣工时间的任何延长期和(或)任何追加付款,承包商应当向工程师发出通知,说明索赔的事件或情况。该通知应当尽快在承包商察觉或者应当察觉该事件或情况后 28 天内发出。

2)承包商未及时发出索赔通知的后果。如果承包商未能在上述 28 天期限内发出索赔通知,则竣工时间不得延长,承包商无权获得追加付款,而业主应免除有关该索赔的全部责任。

3)承包商递交详细的索赔报告。在承包商察觉或者应当察觉该事件或情况后 42 天内,或在承包商可能建议并经工程师认可的其他期限内,承包商应当向工程师递交一份充分详细的索赔报告,包括索赔的依据、要求延长的时间和(或)追加付款的全部详细资料。

4)如果引起索赔的事件或者情况具有连续影响,则:①上述充分详细索赔报告应被视为中间的;②承包商应当按月递交进一步的中间索赔报告,说明累计索赔延误时间和(或)金额,以及所有可能的合理要求的详细资料;③承包商应当在索赔的事件或者情况产生影响结束后 28 天内,或在承包商可能建议并经工程师认可的其他期限内,递交一份最终索赔报告。

5)工程师的答复。工程师在收到索赔报告或对过去索赔的任何进一步证明资料后 42 天内,或在工程师可能建议并经承包商认可的其他期限内,做出回应,表示批准、或不批准、或不批准并附具体意见。工程师应当商定或者确定应给予竣工时间的延长期及承包商有权得到的追加付款。

10.4.4　工程索赔价款的计算

1. 可索赔的费用

可索赔的费用内容一般包括以下几个方面:

(1)人工费。包括增加工作内容的人工费、停工损失费和工作效率降低的损失费等,但不能简单地用计日工费计算。

（2）设备费。可采用机械台班费、机械折旧费、设备租赁费等几种形式。

（3）材料费。

（4）保函手续费。工程延期时，保函手续费相应增加；反之，取消部分工程且发包人与承包人达成提前竣工协议时，承包人的保函金额应相应折减，则计入合同价内的保函手续费也应相应折减。

（5）贷款利息。

（6）保险费。

（7）利润。

（8）管理费。此项费用可分为现场管理费和公司管理费两部分，二者的计算方法不同，在审核过程中应区别对待。

2. 工程费用索赔价款的计算

费用索赔计算方法有实际费用法、修正总费用法等。

（1）实际费用法

该方法是按照每项索赔事件所引起损失的费用项目，分别计算索赔值，然后将各项费用的索赔值汇总，即可得到总索赔费用值。

这种方法以承包商为某项索赔工作所支付的实际开支为依据，但仅限于由于索赔事件引起的、超过原计划的费用，故又称为额外成本法。在这种计算方法中，需要注意的是不要遗漏费用项目。

（2）修正总费用法

这种方法是对总费用法的改进，即在总费用法计算的原则上，去掉一些不确定的可能因素，对总费用法进行相应的修改和调整，使其更加合理。

10.4.5 索赔文件（报告）

1. 索赔文件的一般内容

在合同履行过程中，一旦出现索赔事件，承包商应该按照索赔文件的构成内容，及时地向业主提交索赔文件。索赔文件的一般格式如下：

（1）题目

索赔报告的标题应该能够简要、准确地概括索赔的中心内容，如"关于××事件的索赔"。

（2）事件

详细描述事件过程，主要包括事件发生的工程部位、发生的时间、原因和经过、影响的范围以及承包商当时采取的防止事件扩大的措施、事件持续时间、承包商已经向业主或工程师报告的次数及日期、最终结束影响的时间，事件处置过程中的有关主要人员办理的有关事项等。也包括双方信件往来、会谈、并指出对方如何违约、证据的编号等。

（3）理由

是指索赔的依据，主要是合同条款的规定和法律依据。

（4）结论

指出事件造成的损失或损害及其大小，主要包括要求补偿的金额及工期，这部分只需列举各项明细数字及汇总数据即可。

（5）详细计算书（包括损失估价和延期计算两部分）

为了证实索赔金额和工期的真实性，必须指明计算依据及计算资料的合理性，包括损失费用、工期延长的计算基础、计算方法、计算公式及详细的计算过程及计算结果。

(6)附件

包括索赔报告中所列举的事实、理由、影响等各种编过号的证明文件和证据、图表。

2. 索赔文件的编写要求

索赔文件的编写需要丰富的实际工作经验。索赔文件如果起草不当,会失去索赔方的有利地位和条件,使正当的索赔要求得不到合理的解决。对于重大索赔或一揽子索赔,最好能在律师或索赔专家的指导下进行。

(1)符合实际。

(2)说服力强。

1)索赔报告中责任分析应清晰、准确;

2)强调事件的不可预见性和突发性;

3)论述要有逻辑。

(3)计算准确。

(4)简明扼要。

10.5 建设工程竣工结算

竣工结算是指一个单位工程、单项工程或工程项目的施工已完成经业主及有关部门验收点交后,按照合同价格的基础上编制调整价格,由承包商提出,并经业主审核签认的,以表达该工程造价为主要内容,并作为结算工程价款依据的经济文件的行为。

建设工程竣工结算分为单位工程结算、单项工程结算和建设项目竣工总结算。

10.5.1 工程竣工结算的意义、原则和程序

1. 竣工结算的意义

一般来讲,任何一项工程、不管其投资主体、资金来源如何,只要是采取发包承包方式营建并实行按实物工程量结算的,当工程竣工验交后,承包商与业主都要办理竣工结算。从理想的环境条件讲,实行固定总价合同的工程以及招标发包的工程,不存在竣工结算问题。但从我国建设市场运作的实际情况和工程建设的一般规律来看,待项目上马以后,往往产生工程条件不成熟,工程规模、建设标准变化大,设计修改多,合同存有先天性缺陷或隐患,造成固定总价合同的包干不了,实行招投标的范围涵盖不了工程的全部情况。另一方面,工程建设是一项系统工程,受到很多方面的牵制,工程的初始阶段和结束阶段难免有些调整。因此,办理竣工结算是业主、承包商的重要工作之一。

办理竣工结算,实际上就是针对不同工程的定价方法,将工程实施过程中发生的工程预付款、工程进度款、工程变更价款、工程索赔款作最终的复核,以确定工程实际建筑安装价格。业主与承包商双方的财务部门,也要根据竣工结算书办理往来款的清账结算,如业主扣回承包商已支的预付款和进度款、应收的甲供材料款、设备款和水电费等其他代付费用。工程竣工结算文件,不仅是竣工决算的重要依据,而且是一种历史性资料。在实际工作中,有些竣工结算文件也是主管部门编制建筑安装技术经济指标和价格指数的重要来源,又是咨询代理机构、承包商编制标的、投标报价等重要的信息资源。

因此,工程价款结算是工程项目承包中一项十分重要的工作。其主要意义表现在以下几

个方面：

(1)工程施工过程中,工程价款结算的依据之一就是已完成的工程量。承包商完成的工程量越多,所应结算的工程价款就越多,根据累计已结算的工程价款占合同总价款的比例,能够近似地反映出工程的进度情况,有利于准确掌握工程进度。

(2)工程价款结算是加速资金周转的重要环节。承包商尽早地结算回工程价款、有利于偿还债务,也有利于资金的回笼、降低内部运营成本。

(3)工程价款结算是考核承包商经济效益的重要指标。对于承包商来说,只有当工程价款结算完毕,才意味着其收回了工程成本和获得了相应的利润,实现了既定的经济效益目标。

2. 竣工结算的原则

办理工程竣工结算,要求遵循以下基本原则：

(1)任何工程的竣工结算,必须在该工程完工、经点交验收并提出竣工验收报告以后方能进行。对于未完工程或质量不合格者,一律不得办理竣工结算。对于竣工验收过程中提出的问题,未经整改达到设计或合同要求,或已整改而未经重新验收认可者,也不得办理竣工结算。

(2)办理工程竣工结算,应遵守国家有关法律、法规、政策方针和各项规定,要依法办事。

如《建设工程价款结算暂行办法》对工程结算作了明确规定：①工程竣工结算分为单位工程竣工结算、单项工程竣工结算和建设项目竣工总结算。②单位工程竣工结算由承包人编制,发包人审查;实行总承包的工程,由具体承包人编制,在总包人审查的基础上,发包人审查;单项工程竣工结算或建设项目竣工总结算由总(承)包人编制,发包人可直接进行审查,也可以委托具有相应资质的工程造价咨询机构进行审查。政府投资项目,由同级财政部门审查。单项工程竣工结算或建设项目竣工总结算经发、承包人签字盖章后有效。承包人应在合同约定期限内完成项目竣工结算编制工作,未在规定期限内完成的并且提不出正当理由延期的,责任自负。③单项工程竣工后,承包人应在提交竣工验收报告的同时,向发包人递交竣工结算报告及完整的结算资料,发包人应按规定时限进行核对(审查)并提出审查意见。建设项目竣工总结算在最后一个单项工程竣工结算审查确认后15天内汇总,送发包人后30天内审查完成。④发包人收到承包人递交的竣工结算报告及完整的结算资料后,应按本办法规定的期限(合同约定有期限的,从其约定)进行核实,给予确认或者提出修改意见。发包人根据确认的竣工结算报告向承包人支付工程竣工结算价款,保留5%左右的质量保证(保修)金,待工程交付使用一年质保期到期后清算(合同另有约定的,从其约定),质保期内如有返修,发生费用应在质量保证(保修)金内扣除。⑤发包人要求承包人完成合同以外零星项目,承包人应在接受发包人要求的7天内就用工数量和单价、机械台班数量和单价、使用材料和金额等向发包人提出施工签证,发包人签证后施工,如发包人未签证,承包人施工后发生争议的,责任由承包人自负。

(3)要坚持实事求是。工程竣工结算,一般都会涉及许多具体复杂的问题,要针对具体情况、具体分析,从实际出发;对于具体疑难问题的处理要慎重,要有针对性,做到既合法,又合理,既坚持原则,又灵活对待,不得以任何借口和强调特殊原因,高估冒算和增加费用,也不得无理压价,以致损害对方的合法利益。

(4)应强调合同的严肃性。合同是工程结算最直接、最主要的依据,应全面履行工程合同条款,包括双方根据工程实际情况共同确认的补充条款。

(5)办理竣工结算,必须依据充分,基础资料齐全。包括设计图纸、设计修改手续、现场签证单、价格确认书、会议记录、验收报告和验收单,其他施工资料,原报价单,甲供料、设备清单等,保证竣工结算建立在事实基础上,防止走过场,或虚构事实的情况发生。

3. 竣工结算的程序

办理竣工结算，应按一定的程序进行。由于工程项目的施工周期大多比较长，跨年度的工程又多，且多数情况下作为一个项目的整体可能包括很多单位工程，涉及面广，各个单位工程的完工按计划有先有后，每个承包商不能等到整个工程项目全部竣工时统一来办理结算。因此在实际工作中，竣工结算一般以单位工程为基础，特殊的项目也可以分部分项工程为基础，完成一项，结算一项，直至项目全部完成为止。竣工结算的一般程序如下：

（1）对确定作为结算对象的工程项目内容作全面认真的清点，备齐结算依据和资料。

（2）以单位工程为基础，对招标文件、报价的内容，包括项目、工程量、单价及计算方面进行检查核对。为了尽可能做到竣工结算不漏项，可在工程项目即将竣工时，承包商召开单位内部有施工、技术、材料、生产计划、财务和预算人员等参加的办理竣工结算预备会议，必要时也可邀请业主、监理单位等有关部门参加会议，做好核对工作。内容包括：

1）核对开工前施工准备与"七通一平"，即：水、电、煤气、路、污水、通信、供热及场地平整；

2）核对土方工程挖、运数量，堆土处置的方法和数量；

3）核对基础处理工作，包括淤泥、流沙、河流、塌方等引起的基础加固有无漏算；

4）核对钢筋混凝土工程中的钢筋量是否按规定进行调整，包括为满足施工需要所增加的钢筋数量；

5）核对加工定货的规格、数量与现场实际施工数量是否相符；

6）核对特殊工程项目与特殊材料单价有无应调未调的；

7）核对室外工程设计要求与施工实际是否相符；

8）核对因设计修改引起工程变更记录与增减账是否相符；

9）核对分包工程结算书与单项工程结算书有关相同项目、单价和费用是否相符；

10）核对施工图要求与施工实际有否不符的项目；

11）核对单位工程结算书与单项工程结算书有关相同项目、单价和费用是否相符；

12）核对施工过程中有关索赔的费用是否有遗漏；

13）核对其他有关的事实、根据、单价和工程结算相关联的费用。

经检查核对，如发生多算、漏算或计算错误以及定额分部分项或单价错误，应及时进行调整，如有漏项应予补充，如有重复或多算应删减。

（3）对发包人要求扩大的施工范围和由于设计修改、工程变更、现场签证引起的增减账进行检查，对无误后、分别归入相应的单位工程结算书中。

（4）将各个专业的单位工程结算分别以单项工程为单位进行汇总，并提出单项工程综合结算书。

（5）将各个单项工程汇总成整个工程项目的竣工结算书。

（6）编写竣工结算编制说明，内容主要为结算书的工程范围，结算内容，存在的问题以及其他必须加以说明的事宜。

（7）复写、打印或复印竣工结算书，经相关部门批准后，送建设单位审查签认。

10.5.2　工程竣工结算的计算方法

竣工结算的计算方法，同编制工程量报价单或投标报价的方法在很多地方基本一样，可以相通，但也有所不同，有其特点，主要应从以下几个方面着手。

1. 注重检查原报价单和合同价

在编制竣工结算的工作中,应当注重检查原报价和合同价,熟悉所必备的基础资料,尤其是对报价的单价内容,即每个分项内容所包括的范围,哪些项目允许按设计和招标要求预以调整或换算,哪些项目不允许调整和换算都应予以充分的了解。另一方面,要特别注意项目所示的计量单位,如 $1 m^3$、$1 m^2$、$1 m$、t、个、座、只等,计算调整工程量所示的计量单位,一定要与原项目计量单位相符合;以合同价计价,主要是检查合同条款对合同价格是否可以调整的规定。

2. 熟悉竣工图纸,了解施工现场情况

工作人员在编制竣工结算前,必须充分熟悉竣工图,了解工程全貌,对竣工图中的矛盾、存在的问题及时提出。充分认识到竣工图是反映工程全貌和最终反映工程实际情况的图纸。如已按批准的施工方案实施的则可按施工方案办理,如没有详细明确的方式方案,或施工图方案调整的,则应向有关人员了解清楚。这样才能正确确定有关分部分项工程量和工程价、可避免竣工结算与现场脱节,影响结算质量,脱离实际的情况发生。

3. 计算和复核工程量

计算和复核工程量的工作在整个竣工结算过程中仍是重要的一道工序。尽管原作出的报价已经完成了大量的计算任务,但是由于设计修改,工程变更等原因引起工程量的增减或重叠,有些子目有时会有重大的变化甚至推倒重来,所以,不仅要对原计算进行复核,而且可能要重新计算,这样才能保证结算的质量和进度。

工程量的计算和复核应与原工程量计算口径相一致,对新增项目,可以直接按照国家工程量清单计算规则的规定办理。

4. 竣工工程量汇总

工程量计算复核完毕经仔细核对无误后,按分部分项工程的顺序逐项汇总,整理列项,列项可以分为增加栏目、减少栏目,为计算单价提供方便,也可以使业主在审核时方便对照。对于不同的设计修改、签证但内容相同的项目,应先进行同类合并,在备注栏内加以说明以免混淆或漏算。

5. 套用原价或确定新单价

汇总的工程结算工程量经核对无误就可以进行套用报价单价工作。选用的单价应与原报价的单价相同,对于新增的项目必须与竣工结算图纸要求的内容相适应。

6. 正确计算有关费用

单价套用结束核对无误后,应计算合价、并按分部分项计算分部分项的造价,再把各分部的造价相加得合计,然后把这些费用相加就得出该单位工程的结算总造价。

7. 编写竣工结算说明

编写竣工结算说明,应明确结算范围、依据和甲供料的基本内容、数量,对尚不明确的事实作出说明。

(1)竣工结算范围既包括工程项目的范围,也包括专业工程范围。工程项目范围可以是整个建设项目也可以是单项工程或单位工程,专业工程范围是指土建工程、安装工程、防水、耐酸等特殊工程。

(2)竣工结算依据主要应写明采用的竣工图纸及编号,采用的计价方法和依据,现行的计价规定,合同约定的条件,招标文件及其他有关资料。

(3)甲供料的基本内容通常为钢材、木材、水泥、设备和特殊材料,应列明规格、数量、供货方式,以便财务清账,做到一目了然。

(4)其他有关事宜。

8. 制作竣工结算书

完成以上几方面的工作以后,即可着手制作竣工结算书。竣工结算书是由承包商提出的项目的最终价格,反映了承包商对所完成的工程项目全部经济收入的要求。因此,竣工结算书应全面反映工程的基本概况,包括每一单位工程的原合同价格清单,所有的增减账单,并加以汇总,如是单项工程或建设项目,先分别制作单位工程结算草,再汇总在结算汇总表上,至此,竣工结算的计算工作已经完成,可进入审查和确认阶段。

10.5.3 建设工程竣工结算与竣工决算的关系

建设项目的竣工决算是以工程竣工结算为基础进行编制的。它是指所有建设项目竣工后,建设单位按照国家有关规定在新建、改建和扩建工程建设项目竣工验收阶段编制的竣工决算报告。竣工结算是以实物数量和货币指标为计量单位,综合反映竣工项目从筹建开始到项目竣工交付使用为止的全部建设费用、建设成果和财务情况的总结性文件,是竣工验收报告的重要组成部分,也是正确核定新增固定资产价值,考核分析投资效果,建立健全经济责任制的依据,是反映建设项目实际造价和投资效果的文件。

建设工程竣工结算与竣工决算的区别主要表现在以下几个方面:

1. 编制单位不同

建设工程结算是由施工单位编制,建设项目竣工决算是由建设单位编制。

2. 编制范围不同

建设工程结算是针对单位工程编制的,单位工程竣工后便可以进行编制,而竣工决算是针对建设项目编制的,必须在整个建设项目全部竣工后才可以进行编制。

3. 编制作用不同

建设工程结算是建设单位与施工单位结算工程价款的依据,是核定施工企业生产成果,考核工程成本的依据,是施工企业确定经营活动最终收入的依据,是建设单位编制建设项目竣工决算的依据。而竣工决算是建设单位考核基本建设投资效果的依据,是正确确定固定资产价值和正确计算固定资产折旧费的依据、同时,也是建设项目竣工验收委员会或验收小组对建设项目进行验收交付使用的依据。

10.6　几种特殊费用的处理

10.6.1　工程质量保证金

根据《建设工程质量保证金管理暂行办法》(建质〔2005〕7 号),建设工程质量保证金(保修金)是指发包人与承包人在建设工程承包合同中约定,从应付的工程款中扣留,用以保证承包人在缺陷责任期内对建设工程出现的缺陷进行维修的资金。

1. 缺陷和缺陷责任期

(1)缺陷

缺陷是指建设工程质量不符合工程建设强制性标准、设计文件、以及承包合同的约定。

(2)缺陷责任期

缺陷责任期一般为 6 个月、12 个月或 24 个月,具体可由发、承包双方在合同中约定。缺陷责任期从工程通过竣(交)工验收之日起,由于承包人的原因导致工程无法按规定期限进行竣(交)工验收的,缺陷责任期从实际工程通过竣(交)工验收之日起计。由于发包人的原因导致工程无法按规定期限进行竣（交）工验收的,在承包人提交竣（交）工验收报告 90 天后,工程自动进入缺陷责任期。

2. 质量保证金的预留和返还

（1）发、承包双方的约定

发包人应当在招标文件中明确质量保证金的预留、返还等内容,并与承包人在合同条款中对涉及质量保证金的下列事项进行约定:

1）保证金的预留、返还方式;

2）保证金预留比例、期限;

3）保证金是否计付利息,如计付利息,利息的计算方式;

4）缺陷责任期的期限及计算方式;

5）保证金预留、返还及工程维修质量、费用等争议的处理程序;

6）缺陷责任期内出现缺陷的索赔方式。

（2）保证金的预留

建设工程结算后,发包人应按照合同约定及时向承包人支付工程结算款并预留保证金。全部或者部分使用政府投资的建设项目,按工程价款结算总额 5% 左右的比例预留保证金。社会投资项目采用预留保证金方式的,预留保证金的比例可参照执行。

（3）保证金的返还

保证金的返还缺陷责任期内,承包人认真履行合同约定的责任,到期后,承包人向发包人申请返还保证金。发包人在接到承包人返还保证金的申请后,应于 14 日内会同承包人按照合同约定的内容进行核实。如无异议,发包人应当在核实后 14 日内将保证金返还给承包人,预期支付的,从逾期之日起,按照同期银行贷款利率计付利息,并承担违约责任。发包人在接到承包人返还保证金的申请后 14 日内不予答复,经催告后 14 日内仍不予答复,视同认可承包人返还保证金的申请。

3. 保证金的管理及缺陷修复

（1）保证金的管理

缺陷责任期内,实行国库集中支付的政府投资项目,保证金的管理应按国库集中支付的有关规定执行。其他的政府投资项目,保证金可以预留在财政部门或发包方。缺陷责任期内,若发包人被撤销,保证金随交付使用资产一并移交使用单位管理,由使用单位代行发包人职责。社会投资项目采用保证金方式的,发、承包双方可以约定将保证金交由金融机构托管;采用工程质量担保、工程质量保险等其他保证方式的,发包人不再预留保证金,并按照有关规定执行。

（2）缺陷责任期内缺陷责任的承担

缺陷责任期内,由承包人原因造成的缺陷,承包人应负责维修,并承担鉴定及维修费用。如承包人不维修也不承担费用,发包人可按合同约定扣除保证金,并由承包人承担违约责任。承包人维修并承担费用后,不免除对工程的一般损失赔偿责任。由他人原因造成的缺陷,发包人负责组织维修,承包人不承担费用,且发包人不得从保证金中扣除费用。

10.6.2　工程价款价差的调整

工程建设项目的周期一般较长,随着时间的推移,经常要受到物价浮动等多种因素的影响,其中主要是人工费、材料费、施工机械费、运费等价格波动的影响,工程结算应充分考虑生产要素价格变动,以维护发、承包双方的正当权益。但关于价差的调整,双方应在合同中予以明确。

工程价款价差调整的方法有工程造价指数调整法、实际价格调整法、调价文件计算法、调值公式法等。

1. 工程造价指数调整法

这种方法是发、承包双方采用当时的预算（或概算）定额单价计算出承包合同价，待竣工时，根据合理的工期及当地工程造价管理部门所公布的该月度（或季度）的工程造价指数，对原承包合同价予以调整，重点调整那些由于实际人工费、材料费、施工机械费等费用上涨及工程变更因素造成的价差，并对承包商给以询价补偿。

$$\text{工程价款价差调整额} = \text{工程合同价} \times \left(\frac{\text{竣工时工程造价指数}}{\text{签订合同时工程造价指数}} - 1 \right)$$

2. 实际价格调整法

在我国，由于建筑材料需要市场采购的范围越来越大，有些地区规定对钢材、木材、水泥等三大材的价格采取按实际价格结算的方法，工程承包商可凭发票按实报销。这种方法方便而正确。但由于是实报实销，因而承包商对降低成本不感兴趣，为了避免副作用，地方主管部门要定期发布最高限价，同时合同文件中应规定建设单位或工程师有权要求承包商选择更廉价的供应来源。

3. 调价文件法

这种方法是发、承包双方采取按当时的预算价格承包，在合同工期内，按照造价管理部门调价文件的规定，进行抽料补差（在同一价格期内按所完成的材料用量乘以价差）。也有的地方定期发布主要材料供应价格和管理价格，对这一时期的工程进行抽料补差。

4. 调值公式法

根据国际惯例，对建设项目工程价款的动态结算，一般是采用此法。事实上，在绝大多数国际工程项目中，发、承包双方在签订合同时就明确列出这一调值公式，并以此作为价差调整的计算依据。

建筑安装工程费用价格调值公式一般包括固定部分、材料部分和人工部分。但当建筑安装工程的规模和复杂性增大时，公式也变得更为复杂。调值公式一般为：

$$P = P_0 \left(a_0 + a_1 \frac{A}{A_0} + a_2 \frac{B}{B_0} + a_3 \frac{C}{C_0} + a_4 \frac{D}{D_0} + \cdots \right)$$

式中　　　　　P——调值后合同价款或工程实际结算款；

　　　　　　　P_0——合同价款中工程预算进度款；

　　　　　　　a_0——固定要素，代表合同支付中不能调整的部分占合同总价的比重；

$a_1, a_2, a_3, a_4, \cdots$——代表各有关费用（如：人工费、钢材费用、水泥费用、运输费等）在合同总价中所占比重，$a_0 + a_1 + a_2 + a_3 + a_4 + \cdots = 1$

$A_0, B_0, C_0, D_0, \cdots$——投标截止日期前 28 天与 $a_1, a_2, a_3, a_4, \cdots$ 对应的各项费用的基期价格指数或价格

$A, B, C, D, \cdots$——在工程结算月份与 $a_1, a_2, a_3, a_4, \cdots$ 对应的各项费用的现行价格指数或价格。

在运用调值公式进行工程价款价差调整时，应注意以下几点：

（1）固定要素通常的取值范围在 0.15～0.35 左右。固定要素对调价的结果影响很大，它与调价余额成反比关系。固定要素相当微小的变化，隐含着在实际调价时很大的费用变动，所以，承包商在调值公式中采用的固定要素取值要尽可能偏小。

(2)调值公式中有关的各项费用,按一般国际惯例,只选择用量大、价格高且具有代表性的一些典型人工费和材料费,通常是大宗的水泥、砂石料、钢材、木材、沥青等,并用它们的价格指数变化综合代表材料费的价格变化,以便尽量与实际情况接近。

(3)各部分成本的比重系数,在许多招标文件中要求承包方在投标中提出,并在价格分析中予以论证。但也有的是由发包方(业主)在招标文件中规定一个允许范围,由投标人在此范围内选定。例如,鲁布革水电站工程的标书即对外币支付项目各费用比重系数范围作了如下规定:外籍人员工资 0.10~0.20、水泥 0.10~0.16、钢材 0.09~0.13、设备 0.35~0.48、海上运输 0.04~0.08、固定系数 0.17。并规定允许投标人根据其施工方法在上述范围内选用具体系数。

(4)调整有关各项费用要与合同条款规定相一致。例如,签订合同时,甲乙双方一般应商定调整的有关费用和因素,以及物价波动到何种程度才进行调整。在国际工程中,一般在15%以上才进行调整。如有的合同规定,在应调整金额不超过合同原始价5%时,由承包方自己承担;在 5%~20%之间时,承包方负担 10%,发包方(业主)负担 90%;超过 20%时,则必须另行签订附加条款。

(5)调整有关各项费用应注意地点与时点。地点一般指工程所在地或指定的某地市场价格。时点指的是某月某日的市场价格。这里要确定两个时点价格,即签订合同时间某个时点的市场价格(基础价格)和每次支付前的一定时间的时点价格。这两个时点就是计算调值的依据。

(6)确定每个品种的系数和固定要素系数,品种的系数要根据该品种价格对总造价的影响程度而定。各品种系数之和加上固定要素系数应该等于1。

10.6.3 甲供料款的处理

甲供料是工程建设中经常出现的现象。它把工程建设中所需材料中的一部分或全部改由业主来提供。其中材料全部由业主提供的叫"包清工"。而提供部分材料的工程中,这部分业主提供的材料则称为"甲供料"。

1. 甲供料方式的利弊:

甲供材料的原因有以下几种:

(1)业主存有大量此项材料,借以减少库存。

(2)业主有该项材料的供货渠道,可以得到物美价廉的物资。

(3)业主对某项材料情有独钟,一定要采用此项材料。

(4)承包商资金困难,无法支付货款,只好请求由业主采购。

(5)业主对承包商采购材料的质量及价格不满意,改由自己采购供应等等。

甲供料的利弊各人所见不同。一般来说业主对自己采购提供的材料应该是质量合格的产品。但也不排除质量低劣产品混入其中,由此而产生的工程质量问题,就容易发生相互推诿的情况。同时,承包商对于甲供料的使用和保护,也难免有不精打细算,增大材料消耗的现象,从而增加了成本。同时甲供料由于是业主采购,对承包商来说减轻了资金的压力,可是相对来说产值也可能有所减少,对利润也有一定的影响。

2. 甲供料款的扣回

甲供料款的扣回也是工程造价管理中一项经常性的重要的工作。特别是在一些工程环节多,工程重大的工程,甲供料的管理就更显出其重要性。

（1）业主在采购甲供料必须注意是具有生产许可证的企业生产的合格产品,质量保证书齐全,任意抽样检验完全符合规范标准。业主与承包商应做好甲供材料的交接手续,做到数量及质量双方指定专人签字认可。进出库账目清楚。

（2）甲供料款的扣回一般有以下几种方式:

1)竣工结算时一次扣回;

2)在每月结算工程进度款时按实际消耗量扣除甲供料款;

3)提供甲供料的下月按月按比例分期扣回。

但无论采用什么方式,在竣工结算时都应该对甲供料的数量、单价及已扣回甲供料的款项,在竣工结算时一并结清。另外,在结算工程款扣除甲供料款时,一般应放在税前进行。

10.6.4 小型工程的工程结算

工程规模不大,投资额较小,承包合同总价在 100 万元以下,或工期较短,一般在 6 个月以内的工程,可以称为小型工程。小型工程工程款的结算可以采用较简单的办法,一般可分为两种结算方式:

1. 分阶段预支

竣工结算,按合同预算造价,在工程开工前预支 30％的工程款。当工程进度达到或超过50％时,再预支 30％。其余工程款在工程竣工后一次结算。包清工的工程可采用开工后预支20％,基础完成预支 30％,结构完成预支 20％,竣工后预支 15％。其余 5％在竣工结算时一次结清。

2. 竣工后一次结算

小型工程在预支工程预付款后,中途不再预支任何费用。在工程竣工后,承包商根据原施工图预算为基础,按合同规定和施工中实际发生的情况,调整原施工图预算。如变化较大,也可按新的设计方案及施工中其他有关签证,重新编制施工图预算,并按其进行工程竣工结算。

另外,对于承包合同总价略高于 100 万以上的工程款结算,一般主张:以合同约定形式,采用当月完成多少下月支付多少的方式进行较妥。

10.6.5 关于"建筑工程一切险"

1. 建筑工程一切险的投保人与被保险人

建筑工程一切险多数由承包商负责投保。如果承包商因故未办理或拒不办理投保,业主可代为投保,费用由承包商负担。负责分包工程的分包商也应办理其承担的分包任务的保险。建筑工程一切险的保险契约生效后,投保人就成为被保险人,但保险的受益人同样也是被保险人。该被保险人必须是在工程进行期间承担风险责任或具有利害关系即具有可保利益的人。如果被保险人不止一家,则各家接受赔偿的权利以不超过其对保险标的可保利益为限。

建筑工程一切险的被保险人可以包括:

（1）业主或工程所有人;

（2）总承包商;

（3）分包商;

（4）业主或工程所有人聘用的监理工程师;

（5）与工程有密切关系的单位或个人,如贷款银行或投资人等。

凡有一方以上被保险人存在时,均须由投保人负责交纳保险费,并应及时通知保险公司有关保险标的在保险期内的任何变动。

由于被保险人不止一家而且各被保险人为其本身的权益以及义务而向保险公司投保,为了避免相互之间追偿责任,大部分保险单都加贴共保交叉责任条款。根据这一条款,每一被保险人如同各自有一张单独的保单,其责任部分的损失就可以获得相应赔偿。如果各个被保险人发生相互之间的责任事故,每一责任的被保险人都可以在保单项下获得保障。这样,这些事故造成的损失,都可以由出保单的公司负责赔偿,无须根据责任在相互之间进行追偿。

2. 建筑工程一切险的承保范围

建筑工程一切险适用于所有房屋工程和公共工程。建筑工程一切险承保的内容有:

(1)工程本身。指由总承包商和分包商为履行合同而实施的全部工程。包括:预备工程,如土方、水准测量和临时工程,如引水、保护堤以及全部存放于工地的为施工所必需的材料。

包括安装工程的建筑项目,如果建筑部分占主导地位,也就是说,如果机器、设施或钢结构的价格及安装费用低于整个工程造价的 50%,亦应投保建筑工程一切险。如果安装费用高于工程造价的 50%,则应投保安装工程一切险。

(2)施工用设施和设备。包括活动房、存料库、配料棚、搅拌站、脚手架、水电供应及其他类似设施。

(3)施工机具。包括大型陆上运输和施工机械、吊车及不能在公路上行驶的工地用车辆,不管这些机具属承包商所有还是其租赁物资。

(4)场地清理费。这是指在发生灾害事故后场地上产生了大量的残砾。为清理工地现场而必须支付的一笔费用。

(5)第三者责任(亦称民事责任)。系指在保险期内对因工程意外事故造成的依法应由被保险人负责的工地上及邻近地区的第三者人身伤亡、疾病或财产损失,以及被保险人因此而支付的诉讼费用和事先经保险公司书面同意支付的其他费用等赔偿责任。

但是,被保险人的职工的人身伤亡和财产损失应予除外(属于雇主责任险范围)。

(6)工地内现有的建筑物。指不在承保的工程范围内的、所有人或承包人所有的工地内已有的建筑物或财产。

(7)由被保险人看管或监护的停放于工地的财产。

建筑工程一切险承保的危险与损害涉及面很广。凡保险单中列举的除外情况之外的一切事故损失全在保险范围内。建筑材料在工地范围内的运输过程中遭受的损失和破坏,以及施工设备和机具在装卸时发生的损失等亦可纳入工程险的承保范围。

3. 建筑工程一切险的险外责任

按照国际惯例,属于除外的情况通常有以下几种:

(1)由军事行动、战争或其他类似事件,如罢工、骚动、民众运动或当局命令停工等情况造成的损失(有些国家规定投保罢工骚乱险);

(2)因被保险人的严重失职或蓄意破坏而造成的损失;

(3)因原子核裂变而造成的损失;

(4)由于合同罚款及其他非实质性损失;

(5)因施工机具本身原因即无外界原因情况下造成的损失,但因这些损失而导致的建筑事故则不属除外情况;

(6)因设计错误(结构缺陷)而造成的损失;

(7)因纠正或修复工程差错而增加的支出。

4. 建筑工程一切险的保险期和保险金额

建筑工程一切险自工程开工之日或开工之前工程用料卸放于工地之日开始生效,两者以先发生者为准。开工日包括打地基在内(如果地基亦在保险范围内)。施工机具保险自其卸放于工地之日起生效。保险终止日应为工程竣工验收之日或者保险单上列出的终止日,同样,两者也以先发生者为准。

建筑工程一切险的保险终止常有三种情况:

(1)保险标的工程中有一部分先验收或投入使用。这种情况下,自该验收或投入使用日起自动终止该部分的保险责任,但保险单中应注明这种保险责任自动终止条款。

(2)含安装工程项目的建筑工程一切险的保险单通常规定试车期(一般为一个月)。

(3)工程验收后通常还有一个保修期(一般为一年)。保修期的保险自工程临时验收或投入使用之日起生效,直至规定的保修期满之日终止。

建筑工程一切险的保险金额按照不同的保险标的确定:

1)合同标的工程的保险总金额:即建成该工程的总价值,包括设计费、建筑所需材料设备费、施工费(人工费和施工设备费)、运杂费、保险费、税费以及其他有关费用在内,如有临时工程,还应注明临时工程部分的保险金额。

2)施工机具、设备及临时工程:这些物资一般是承包商的财产,其价值不包括在承包工程合同的价格中,应另列专项投保。这类物资的投保金额一般按重置价值,包括出厂价、运费、关税、安装费及其他必要的费用计算重置价值。也有些工程按该项目在保险期内的最高额投保、而根据各个保险期的实际情况收费。

3)安装工程项目:建筑工程一切险范围内承保的安装工程,一般是附带部分。其保险金额不超过整个工程项目保险金额20%。如超过20%,则应按安装工程险费率计算保险费;如超过50%,则应按安装工程险另行投保。

4)场地清理费:按工程的具体情况由保险公司与投保人协商确定。场地清理费的保险金额一般不超过工程总额的5%(大型工程)或10%(中小工程)。

5)第三者责任险的投保金额,根据在工程期间万一发生意外事故时,对工地现场和邻近地区的第三者可能造成的最大损害情况确定。

5. 建筑工程一切险的免赔额

工程保险还有一个特点,就是保险公司要求投保人根据其不同的损失,自负一定的责任。这笔由被保险人承担的损失额称为免赔额。工程本身的免赔额为保险金额的0.5%~2%;施工机具设备等的免赔额为保险额的5%;第三者责任险中财产损失的免赔额为每次事故赔偿限额的1%~2%,但人身伤害没有免赔额。

保险人向被保险人支付为修复保险标的遭受损失所需的费用时,必须扣除免赔额。支付的赔偿额极限相当于保险总额,但不超过保险合同中规定的每次事故的担保极限之总和或整个保险期内发生的全部事故的总担保极限。

6. 建筑工程一切险的保险费率

建筑工程一切险的保险费率通常要根据风险的大小确定,没有固定的费率表,其具体费率系根据以下因素结合参考费率表制定:

(1)风险性质(气候影响和地质构造数据如地震、洪水或水灾等)。

(2)工程本身的危险程度、工程的性质及建筑高度、工程的技术特征及所用的材料、工程的建造方法等。

(3)工地及邻近地区的自然地理条件,有无特别危险存在。

(4)巨灾的可能性,最大可能损失程度及工地现场管理和安全条件。

(5)工期(包括试车期)的长短及施工季节,保证期长短及其责任大小。

(6)承包商及其他与工程有直接关系的各方的资信、技术水平及经验。

(7)同类工程及以往的损失记录。

(8)免赔额的高低及特种危险的赔偿限额。

建筑工程一切险,因保险期较长、保费数额大,可分期交纳保费,但出单后必须立即交纳第一期保费,而最后一笔保费必须在工程完工前半年交清。

如果在保险期内,工程不能完工,保险可展延,不过投保人须交纳补充保险费。展延期的补充保险费必须在原始保险单规定的逾期日以前几天确定、以便能在此期间了解各种情况。

实施工程所需设备的保险费率可以按年度确定或者一次确定。

大多数情况下,建筑工程一切险的承保期可包括为期一年的质量担保期。但在此担保期内,工程险的担保责任仅限于:赔偿被保险人为履行其合同义务而造成的保险标的损失与赔偿因施工期间的原因导致的在担保期发生的损失。

10.7 工程价款结算管理与争议的处理

10.7.1 工程价款结算管理

工程价款结算管理,应遵循以下原则:

(1)工程竣工后,发、承包双方应及时办清工程竣工结算,否则,工程不得交付使用,有关部门不予办理权属登记。

(2)发包人与中标的承包人不按照招标文件和中标的承包人的投标文件订立合同的,或者发包人、中标的承包人背离合同实质性内容另行订立协议,造成工程价款结算纠纷的,另行订立的协议无效,由建设行政主管部门责令改正,并按《中华人民共和国招标投标法》第五十九条进行处罚。

(3)接受委托承接有关工程结算咨询业务的工程造价咨询机构应具有工程造价咨询单位资质,其出具的办理拨付工程价款和工程结算的文件,应当由造价工程师签字,并应加盖执业专用章和单位公章。

10.7.2 工程价款结算争议的处理

1. 合同价款争议

工程造价咨询机构接受发包人或承包人委托,编审工程竣工结算,应按合同约定和实际履约事项认真办理,出具的竣工结算报告经发、承包双方签字后生效。当事人一方对报告有异议的,可对工程结算中有异议部分,向有关部门申请咨询后协商处理,若不能达成一致的,双方可按合同约定的争议或纠纷解决程序办理。

2. 工程质量争议

发包人对工程质量有异议,已竣工验收或已竣工未验收但实际投入使用的工程,其质量争议按该工程保修合同执行;已竣工未验收且未实际投入使用的工程以及停工、停建工程的质量争议,应当就有争议部分的竣工结算暂缓办理,双方可就有争议的工程委托有资质的检测鉴定机构进行检测,根据检测结果确定解决方案,或按工程质量监督机构的处理决定执行,其余部分的竣工结算依照约定办理。

　　3. 争议的解决

　　当事人对工程造价发生合同纠纷时,可通过下列办法解决:

　　(1)双方协商确定;

　　(2)按合同条款约定的办法提请调解;

　　(3)向有关仲裁机构申请仲裁或向人民法院起诉。

参 考 文 献

[1]　刘武成.土木工程施工组织学.北京:中国铁道出版社,2003.

[2]　全国建筑企业项目经理培训教材编写委员会.全国建筑企业项目经理培训教材——施工组织设计与进度管理(修订版).北京:中国建筑工业出版社,2002.

[3]　中国建设监理协会.全国监理工程师培训教材——建设工程进度控制.北京:知识产权出版社,2002.

[4]　建筑统筹管理分会.工程网络计划技术规程教程.北京:中国建筑工业出版社,2000.

[5]　于立君,孙宝庆.建筑施工组织.北京:高等教育出版社,2005.

[6]　韩同银,刘庆凡.建设项目施工组织与管理.北京:中国铁道出版社,2000.

[7]　李建华,孔若江.建筑施工组织与管理.北京:清华大学出版社,2003.

[8]　陈乃佑.建筑施工组织.北京:机械工业出版社,2003.

[9]　陈燕顺.建筑施工组织与进度控制.北京:机械工业出版社,2003.

[10]　高民欢.工程项目施工组织设计原理与实例.北京:中国建材工业出版社,2004.

[11]　赵正印,张迪.建筑施工组织设计与管理.北京:黄河水利出版社,2003.

[12]　李辉,蒋宁生.工程施工组织设计与管理.北京:人民交通出版社,2003.

[13]　张宝兴.建筑施工组织.北京:中国建材工业出版社,2003.

[14]　李志成.建筑施工.北京:科学出版社,2005.

[15]　张贵良,牛季收.施工项目管理.北京:科学出版社,2004.

[16]　应惠清.土木工程施工.北京:高等教育出版社,2004.

[17]　曹吉鸣,徐伟.网络计划技术与施工组织设计.上海:同济大学出版社,2000.

[18]　朱弘毅.网络计划技术.上海:复旦大学出版社,1999.

[19]　毛义华.工程网络计划的理论与实践.杭州:浙江大学出版社,2003.

[20]　全国造价工程师执业资格考试培训教材编审委员会.全国造价工程师执业资格培训教材——工程造价计价与控制.北京:中国计划出版社,2006.

[21]　中国建设监理协会.全国监理工程师培训教材——建设工程投资控制.北京:知识产权出版社,2002.

[22]　袁建新,迟晓明.工程量清单计价实务.北京:科学出版社,2005.

[23]　王玉龙.工程项目工程量清单计价实用手册.上海:同济大学出版社,2003.

[24]　李希论.建设工程工程量清单计价编制实用手册.北京:中国计划出版社,2003.

[25]　中华人民共和国建设部.建设工程工程量清单计价规范(GB 50500—2003).北京:中国计划出版社,2003.

[26]　陈建国.工程计量与造价管理.上海:同济大学出版社,2001.

[27]　宁素莹.建设工程价格管理.北京:中国建材工业出版社,2005.

[28]　孙昌玲,张国华.土木工程造价.北京.中国建筑工业出版社,2000.

[29]　庞永师,陈德义.建筑工程造价手册,2版.广州:华南理工大学出版社,2002.

[30]　李立新,王广连.工程造价.大连:大连理工大学出版社,2000.

[31]　胡德明.建筑工程定额原理与概预算,2版.北京:中国建材工业出版社,1996.

[32] 廖小建,杜晓玲.建设工程工程量清单计价快速编制技巧与实例.北京:中国建筑工业出版社,2005.

[33] 北京广联达惠中软件技术有限公司工程量清单专家顾问委员会.工程量清单的编制与投标报价.北京:中国建材工业出版社,2003.

[34] 投资项目可行性研究指南编写组.投资项目可行性研究编制指南.北京:中国电力出版社,2002.

[35] 中华人民共和国国家计划委员会,建设部.建设项目经济评价参数,2版.北京:中国计划出版社,1993.

[36] 鲍锦祥.工程造价管理与概预算编制手册.北京:机械工业出版社,2003.

[37] 张国珍.建筑工程概预算.北京:化学工业出版社,2004.

[38] 国际咨询工程师联合会中国工程咨询协会.FIDIC施工合同条件.北京:机械工业出版社,2002.

[39] 孙震.建筑工程概预算与工程量清单计价.北京:人民交通出版社,2003.

[40] 丁春静.建筑工程概预算.北京:机械工业出版社,2003.

[41] 李玉芬.建筑工程概预算.北京:机械工业出版社,2005.

[42] 俞国风,吕茫茫.建筑工程概预算与工程量清单.上海:同济大学出版社,2005.

[43] 郭婧娟.建筑工程定额与概预算,2版.北京:清华大学出版社,2004.

[44] 刘宝生.建筑工程概预算与造价控制.北京:中国建材工业出版社,2004.

[45] 马楠.建筑工程预算与报价.北京:科学出版社,2005.

[46] 张守健.土木工程预算.北京:高等教育出版社,2002.

[47] 本系列教材编写委员会.土木工程造价.北京:中国建筑工业出版社,2000.

[48] 许焕兴.工程量清单与基础定额.北京:中国建筑工业出版社,2005.